U0244048

辽宁区域经济发展研究基地
辽宁省东北地区面向东北亚区域开放协同创新中心
研究成果

新常态下中国职业安全与健康规制研究

The Study of Occupational Safety and Health Regulation under China's New Normal

张秋秋　著

中国财经出版传媒集团

图书在版编目（CIP）数据

新常态下中国职业安全与健康规制研究/张秋秋著．
—北京：经济科学出版社，2018.5
ISBN 978-7-5141-9247-6

Ⅰ.①新… Ⅱ.①张… Ⅲ.①劳动安全-监管制度-研究-中国②劳动卫生-监管制度-研究-中国
Ⅳ.①X9②R13

中国版本图书馆CIP数据核字（2018）第083441号

责任编辑：于海汛　朱　涛
责任校对：靳玉环
责任印制：李　鹏

新常态下中国职业安全与健康规制研究
张秋秋　著
经济科学出版社出版、发行　新华书店经销
社址：北京市海淀区阜成路甲28号　邮编：100142
总编部电话：010-88191217　发行部电话：010-88191522
网址：www.esp.com.cn
电子邮件：esp@esp.com.cn
天猫网店：经济科学出版社旗舰店
网址：http://jjkxcbs.tmall.com
北京季蜂印刷有限公司印装
710×1000　16开　16.5印张　260000字
2018年5月第1版　2018年5月第1次印刷
ISBN 978-7-5141-9247-6　定价：52.00元
（图书出现印装问题，本社负责调换。电话：010-88191510）

前　言

职业安全与健康是关乎每个劳动者切身利益的重要内容，也是新常态下中国实现经济结构调整、产业转型升级的重要保证。职业安全和健康规制属于社会性规制，也是国家的重要监管制度。规制以“预防”为原则，通过制定和完善相关的法律法规，不断提高用人单位的主体责任，为就业者提供全面的劳动安全保障。

本书共分为六章。

第一章是职业安全与健康规制理论综述，从国外和国内两个方面对职业安全与健康规制研究的学术观点进行梳理。由于造成事故和职业病的影响因素较复杂，劳动者无法获取足够的劳动风险信息，部分用人单位出于节约成本、安全意识薄弱等原因没有提供劳动保护设施。因此，必须由政府通过规制的方式为劳动者提供保障。尽管国内、外学者普遍认同政府在职业安全与健康规制活动中的引导作用，但是国外学者在研究中更侧重从成本—收益的视角分析政府规制的效果，以及政策实施会对企业、劳动者产生的影响，在“规制俘获”、采取激励式规制措施等方面提出大量有价值的学术见解，体现“规制是必要的，而实施需谨慎”的特点。国内对职业安全与健康规制的研究起步较晚，主要从规制制度的建立、规制参与主体之间的博弈、规制实施的效果等方面进行研究，并通过国际比较的方式，对工作事故造成员工死亡的生命价值进行评价，对规制政策的制定提供宝贵且科学的建议。

第二章是中国职业安全与健康规制的演进，从规制的发展进程和变迁的动因两个方面进行较为详细的论述。中国古代人们就开始注意安全生产，并在实践中总结了一套劳动保护措施。近代以后，在帝国主义列强侵略下的中国劳动者几乎得不到安全保障，工作中伤亡事件屡屡发生，人数之多、事故之惨烈令人发指。中国共产党成立后，在党组织的领导下，通过一系列斗争部分改善了工人的劳动条件，并在晋绥、晋冀鲁豫边区颁布并实施劳动安全保护条例。但是，在特定的历史背景和社会环境下，广大劳动者的劳动安全还没有得到保障。中华人民共和国成立之后，职业安全与健康规制经历了初建期、调整期、冲击期、恢复发展期、新阶段建立期、完善发展期、改革与创新发展期。职业安全与健康规制在不同时期的变迁主要是通过政府的推动完成的，其效率也是所有主体中最高的，在改革中主要以局部和渐进式变迁为主、激进式为辅，强制性变迁与诱致性变迁共同作用的方式建立并完善中国职业安全与健康规制。

第三章是新常态下职业安全与健康规制面临的主要问题，选取职业压力和心理问题、老龄工作者、互联网背景下的新型工作、职业病高发四个热点问题进行分析。通过问卷调查和实证分析法发现员工心理问题已经成为影响职业健康水平的新型风险，并有加剧的趋势。在老龄化和国家实施延退政策的背景下，将有越来越多的老年劳动者继续工作或重返劳动力市场，并成为劳动适龄人口的重要补充。但是，目前劳动保护的相关法律体系还不完善，用人单位还没有对这一群体的工作安全和健康形成足够的重视，全社会也尚未形成有效的安全文化，具体保障措施存在空白。随着互联网在生活中的广泛应用，高科技使人们的工作效率更高、信息传递更便捷，但无形中也延长了人们的工作时间并加大了工作压力。同时，基于互联网的新型行业使职业安全与健康规制面临多种挑战，比较典型的是快递“小哥”和外卖“骑手”的劳动安全保障问题。经过几十年的努力，职业安全问题得到有效控制，但职业病却一直是威胁劳动者生命健康的杀手，出现只升不降的发展趋势，成为新常态下规制亟待解决的主要问题之一。

第四章是中国职业安全与健康规制的经济学分析，对各级政府、用人单位和劳动者三类主体在规制政策实施中出现的问题进行剖析。在中央政府与地方政府这一对主体中，问题的焦点是中央政府制定了较为完善的规制政策，但是具体到地方执行时会出现规制力度减弱甚至“串谋”的情况。通过建立中央和地方政府“委托—代理关系模型”的方式，采用预期效用函数进行具体分析。在地方规制机构与企业这一对主体中，建立职业安全的监督博弈，构建混合战略纳什均衡，并从四个角度得出分析结论。在用人单位和员工这一对主体中，以煤矿行业为具体实例建立矿主和工人的安全生产博弈模型，通过产权理论、补偿性级差工资等理论得出四个主要结论。

第五章是主要发达国家职业安全与健康规制的启示与借鉴，详细分析美国、英国、德国和日本在规制主体及规制机构、规制法律体系、规制的方法及特点三个方面的成功经验，为中国新常态下的规制改革提供借鉴。

第六章是新常态下中国职业安全与健康规制改革方向及对策，主要包括：采用“成本—收益”的原则评价政府职业安全与健康规制效果，以职业病防治为重点完善职业健康规制体系，促进工会为代表的社会团体参与规制活动，加强劳动安全科技投入提高规制水平，构建并完善老年职业安全与健康规制体系，将商业保险与社会保险相结合提高安全生产水平，培养“以人为本”的劳动安全文化观念。

上述六章是作者对中国职业安全与健康规制的粗浅理解，受学识和时间的限制，可能还存在一些问题，希望得到专家和学者的批评指正。

目　录

第一章　职业安全与健康规制理论综述

选择职业安全与健康规制作为研究的主要内容源于对中国安全生产的长期关注与思考。人们对工作场所的劳动安全问题虽然关注得比较早，但是进行真正系统性的研究却始于20世纪70年代。规制（regulation）①，是指依据一定的规则对构成特定社会的个人和构成特定经济的经济主体的活动进行限制的行为②。因此，在市场经济条件下，规制是国家干预经济政策，防止市场失灵的一个重要手段。政府规制已经成为现代市场经济不可或缺的制度安排③。政府可以通过设立的规制部门对工作场所的劳动安全等行为进行立法、监督和管理。政府规制又可以分为两大类，经济性规制（economic regulation）和社会性规制（social regulation）。职业安全与健康规制属于社会性规制的范畴，是政府对工作场所内劳动者的安全和健康进行保护的制度。

随着社会经济发展和快速的技术变革，人类社会的文明程度不断提高。人们在创造物质财富和精神财富的同时，更注重劳动过程中的安全与舒适。因为劳动安全是劳动者基本权利的保障，是经济健康发展的基础，也是建设和谐社会的重要保证。但是，由于工作原因造成的工伤事故或职业病极大地影响了人们的生命安全和健康，不但增加了社会总成本，而且给遭受事故的职工本人及家庭带来难以弥补的伤害。因此，保

---

① 根据《新帕尔格雷夫经济学大辞典》的解释，规制（regulation）是指国家以经济管理的名义进行干预，或者是政府为控制企业的价格、销售和生产决策而采取的各种行动，政府公开宣布这些行动是要努力制止不充分重视“社会利益”的私人决策。在这里，我们主要是参照日本学者植草益的翻译，译为规制更为贴切，作为对微观经济主体进行规范和制约的措施。

② 植草益：《微观规制经济学》，朱绍文译，中国发展出版社1994年版，第1页。

③ 谢地：《政府规制经济学》，高等教育出版社2003年版，第3页。

证人们在工作中的安全和健康已经成为世界各国研究的重要课题之一，不同国家和地区的学者从不同角度进行研究分析后提出了大量非常有价值的理论。本章从规制经济学的视角，对国外和国内的职业安全与健康规制理论进行综述。

第一节　国外职业安全与健康规制理论综述

早在 18 世纪就有学者对劳动安全问题进行了初步探讨，亚当·斯密（Adam Smith，1776）认为，工人将会要求那些可感觉到风险或者不愉快工作的级差工资报酬。也就是说，当工人意识到自己面临风险，劳动安全不能得到有效保障时，他们就会要求相对较高的工资作为补偿。进入 19 世纪，英国、德国等国家为保障劳动者的工作安全纷纷立法，政府作为规制主体对雇主和雇员的生产过程进行管理和监督。但是，对职业安全与健康规制的深入研究却始于 20 世纪 70 年代前后，随着各国成立专门的职业安全与健康规制机构，与劳动安全规制相关的理论逐渐丰富起来。

政府作为规制政策的制定者和实施主体，其所发挥的作用及其在规制过程中的有效性一直是研究的焦点。政府对企业进行职业安全与健康规制的主要目的在于减少工作中的不安全因素，通过检查提高企业对劳动风险的认识，并对不遵守相关法规的企业进行处罚。但是，很多学者对政府在职业安全与健康规制中的有效性持有不同看法。维西库西（Viscusi，1979）对美国政府的安全和健康规制政策研究后认为，规制政策对于减少工作风险并没有直接的影响。还有学者认为，在职业安全与健康规制过程中，规制机构和被规制者往往面临着私人利益和公众利益的冲突，规制机构很可能被被规制者俘获。凯撒（Keiser，1980）指出，从理论上看，尽管规制政策的制定和实施是独立的，但是规制的执行过程却具有政治色彩。当规制机构依赖于被规制行业的政治支持时，就很容易出现规制俘获。规制机构在对企业进行规制时就会出现违反规制条款的情况。爱德华·格林伯格（Edward Greenberg，1985）通过研究政府对煤矿行业的规制发现：政府在规制过程中可能被俘获，因为规制者和企业都面临着“安全和利益”的抉择，认为在煤矿安全规制俘获中的斗争是“政治生活的本质”。阿诺德（Arnold，2016）以英国20世纪70～90年代的煤矿矿工为例，发现矿工的安全受政策影响很大，尽管有时候政治的出发点并非是保障安全。但是，有的学者通过研究认为政府在职业安全与健康规制中的有效性非常明显。贝克和爱尔福特（Beck & Alford，1980）指出，在某些条件下，政府能够在劳动安全方面产生明显的规制效果。根据对美国煤矿安全的研究还表明，如果政府把规制内容与高危行业相联系，那么这种直接规制会更成功。也就是说，在规制过程中政府应当特别注意，将有限的规制资源放在煤矿这种极危险的行业，确保它可以和普通行业一样安全。卡米奇（Carmichael，1986）指出，虽然政府规制是现代劳动力市场无法改变的事实，但是没有任何一个领域比职业安全和健康受到的影响更大。

萨乐和罗森（Thaler & Rosen，1975）的研究表明，竞争性劳动力市场可以给工人提供信息，使他们的劳动力供给价格和雇主愿意支付的工资水平相一致。如果他们愿意的话可以选择具有高风险的工作（对应着高工资）。这一观点与亚当·斯密对劳动者安全的经济学分析方法相一致，通过补偿性工资差别刺激工人从事危险、劳动条件较差的工作。但是，奥伊（Oi，1973）、戴蒙德（Diamond，1977）和瑞尔（Rea，1981）的研究却指出，劳动力市场上的工人不能得到企业劳动安全情况的充分信息，事实上很多工人低估了每天工作的劳动风险。劳动力市场出现失灵，需要包括工人赔偿、劳动安全标准、企业违规制裁体系在内的政府规制。在现实情况中，由于工人不能掌握全部的信息，也不能完全了解工作的危险水平，在有些情况下，工人虽然通过工作可以很快知道肮脏、噪音等，也可以通过其他途径预测发生工伤的概率，但是对于一些潜伏期比较长的职业病，由于缺乏相关知识，在进行工作选择的时候并不知道这种危险的存在①，对这种危险的补偿性工资差别不可能在当时就产生。或者由于工人本身流动性差、没有一技之长，寻找其他工作有困难，因此大多数人不自愿地选择了这种“令人不愉快的工作”。在这种情况下，补偿性工资差别不能正常发挥作用，也就是市场不能充分有效地运行，因此需要政府对职业安全与健康进行规制。伊兰伯格和史密斯（Ehrenberg & Smith，1996，2015）对信息不对称条件下接受未

① 石棉肺是潜伏期较长的职业病，石棉粉纤维通过呼吸道和毛细孔进入人体，可积累在肺中，潜伏期相当长，甚至可达40年之久。

知风险的工人进行研究，认为政府对劳动安全进行规制是必要的，但是规制政策的制定要与工人减少危险的价值进行比较。如果政府发现工人的工作条件很危险，可以通过发布危险信息要求工人转岗，但是可能存在工人没有接到这一信息或者转岗存在困难的情况。所以，政府可以通过制定劳动安全政策或标准等形式强制性要求雇主和工人遵守。这种规制方式可以起到保护劳动者安全的作用，但对企业和劳动者来讲效用未必是最大的。他们的观点可以用图 1－1 来表示，劳动者的无差异曲线由不同组合的工资率和工伤风险组成，每一种可能的效用水平都只有一条无差异曲线，无差异曲线越平坦表明劳动者对风险的敏感程度越低，越陡峭表明劳动者越在乎个人的安全保障，属于厌恶风险的类型。工资与工伤风险组合形成的无差异曲线与通常看到的形状不同，是向右上方倾斜的，主要因为工伤风险具有“事故、伤亡”这类特征，因而当工作风险增加时，就必须提高工资确保劳动者效用不变。所以工伤风险越高工资率越高，形成凸出的无差异曲线，这是边际替代率递减的标准假设。为了避免一定的风险，工人就要放弃较高的工资。U_1 的效用水平高于 U_0 和 U_2，即在伤害风险程度一定的情况下，工资越高产生的效用越高。同样，工伤风险和工资率也形成了雇主的等利润曲线，一条相同的曲线上由不同组合的工伤风险和工资率组成。这条曲线也是凸起的，这是因为当工伤风险较高时，雇主进行安全投入的费用较高，但收益显著，而后再进行投入的成本会逐渐降低，工伤风险程度也随之下降。因而，雇主的等利润线也具有边际收益递减的特点。如果雇主要维持既定的利润率不变，降低工伤风险的办法就是大幅降低员工的工资。雇主的等利润曲线与代表不同效用水平的无差异曲线 U_0 和 U_2 相交于 B、C、D，对应的风险等级分别为 R_1、R_3、R_4。比如，接受某工作的劳动者工伤风险是 R_2，工资率是 W_1，他认为自己的无差异曲线是 U_1 上的 A 点。但是，实际上他从事工作的风险比想象得更高，不是在 A 点而是在 B 点。如果劳动者得知工作风险的真实信息，那么在工资率不变的情况，他的效用水平将从 U_1 下降到 U_0。但是，如何让员工有效地获得劳动安全信息呢？最直接和有效的方法就是由政府实施职业安全与健康规制，明确风险等级和从事该项工作所需的劳动保护及其他标准。如果政府通过法律规定雇主应当将工作风险从 R_1 下降到 R_4，这时劳动者的工资率将大幅下降至 W_4，劳动者的效用曲线从 U_0 移动到 U_2，此时的效用水平最低，对生活境遇将产生很大的影响，最终结果是员工自己承担了支付降低危险的成本。如果雇主的等利润线不发生变化时，政府的职业安全与健康规制政策要求将工作风险控制在 R_1 与 R_3 之间，那么员工的效用水平就会提高。所以，政府应当把制定规制政策的计划成本与员工得到的减少危险的价值进行衡量，同时要考虑政策制定及实施的成本与收益，只有这样的职业安全与健康规制才是社会需要且高效率的政策。

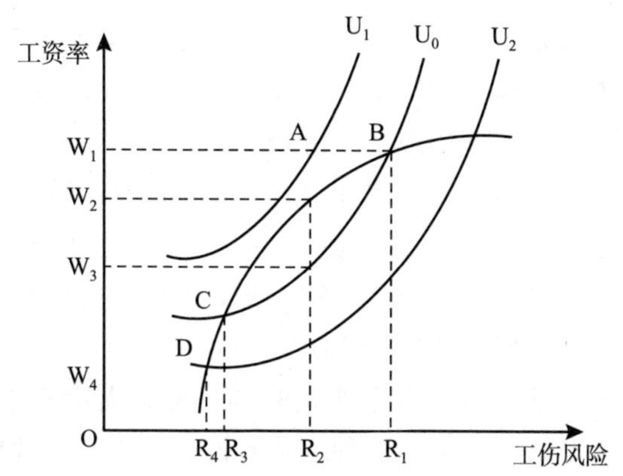

图1－1 职业安全与健康规制对企业和从业者的影响①

政府对职业安全与健康进行社会性规制的效果有时不如经济性规制明显，主要是因为与工作相关的风险具有发生的不可预测性、不能完全消除性等特点。尼可尔和扎克豪斯（Nichols & Zeckhauser，1977）在研究中指出，政府的职业安全与健康规制不能消除所有风险，因为“与竞争性地索取资源时发生灾难事故一样，我们也不得不接受一定程度的事故率，将它作为这项事业的成本”。

规制效果是评价职业安全与健康规制政策有效性的方法之一，可以从规制机构和被规制者（企业）两方面进行，通常采用事故的发生率或劳动者因工死亡率作为规制效果的评价标准。斯佩罗（Sparrow，2000）认为作为规制机构，政府在起草规制标准、执行规制政策以及进

① 罗纳德·G. 伊兰伯格、罗伯特·S. 史密斯：《现代劳动经济学理论与公共政策》，中国人民大学出版社2015年版，第245页。

行评价时都要考虑到规制的效果，将规制活动（比如，检查的次数或收缴的罚款额）和取得的成果对外公布，把解决劳动安全问题的实际情况作为评价自身工作及规制政策是否成功的指标。为了提高职业安全与健康规制的效果，政府可以把规制的目标锁定在高风险行业或者高事故率企业上，通过加强劳动安全规制降低事故风险，实现较低的死亡率。在评价政府职业安全与健康规制的效果时，要与预先设定的标准作对比，同时注意其他可能对规制效果产生影响的因素。卡丽·康丽兹、詹尼弗·纳什和托德·奥姆斯泰德（Cary Coglianese，Jennifer Nash & Todd Olmstead，2002）经过研究指出，在既定年份，除了规制机构的干预外，事故的数量可能由于其他的原因而波动。因此，在使用效果评价方法时，要将这些情况与正在实施的规制政策相联系，为了能够公正地评价规制机构，控制其他可能的影响因素是非常关键的。对于被规制者的企业，要了解政府设定的规制目标，有目的地进行安全生产改进。维西库西（Viscusi，1983）指出，以效果为基础的规制标准就是一种原则、规定或者标准，指定了目标结果让企业决定如何能达到目标。因此，以效果为基础的方法给被规制者或者企业判断的目标，无论它采用什么方法，规制对象都要满足这些标准。这种方式允许企业为达到理想结果进行创新和寻求使用较低成本的方法。

对风险不同的行业采用不同的职业安全与健康规制政策，赋予规制机构检查人员相关的权力可以提高规制政策的有效性。规制机构根据行业的危险程度来划分，越是风险高的行业检查次数越多，把检查次数建立在某些特殊行业的事故率上，对于那些事故发生率、死亡率高于全国平均水平的企业进行重点检查。莱汗（Linehan，2000）认为，赋予检查员必要的权力是非常重要的。为劳动者提供保护的法律体系一定要严格执行并且使法律能够贯彻下去，这样才能达到规制的目标。大部分国家采用多种多样的检查方式，确保安全和健康法律的实施。有一些国家将一部分权力赋予劳动检查员（如意大利），有些国家（如英国）则专门设立安全检查员单独进行管理。无论采用哪一种方法，安全检查员最重的职能就是根据法律对工作场所进行监督和管理，达到安全规制的目的。

随着职业安全与健康规制研究的深入发展，对政府规制政策的实施成本与收益的分析显得越来越重要。凯萨（Keiser，1980）认为，在规制过程中要考虑到规制的货币成本，政府在制定规制政策时应当考虑经济因素。多曼（Dorman，2000）指出，政府在保护工人健康和福利方面是很重要的，这是现代社会的目标。但是在所有的目标中，一个关键的概念就是成本。在政府规制政策中，经济因素扮演了很重要的角色。人们逐渐认识到，安全和健康是不能消费的，也是不可能推迟的，因为成本过高而不进行生产风险的防范是不能接受的理由。无论政府规制的效果如何，有一点是肯定的，即政府的劳动安全规制是必要的，但是成本过高的规制政策未必是一个好政策。因此，学者们把关注的焦点集中到采取何种方式降低职业安全与健康的规制成本方面，由此推动职业安全与健康规制理论进入更新、更广阔的领域。

伴随着政治和经济的发展，企业的组织结构相应发生变化，当生产中的新技术和新方法被大量应用时，要求工人拥有比以前更多的判断力、敏感性和较高的工作技能，这时出现了新的生产风险。因此，现有职业安全与健康规制出现滞后效应。解决这种滞后效应的最好办法就是采用经济性激励政策，它比规制政策能更好地适应技术变化带来的新风险。多曼（Dorman，2000）指出，经济性激励比烦琐、复杂、会有政治对抗的规制政策更能适应新情况下的劳动风险。职业安全与健康规制中的经济激励法已经成为各国研究的重点内容，这种方法被认为是“一种可以使利益群体共同组织起来达到政策目标的方法”（欧盟论坛，2004）。

目前，采用高额赔偿方式刺激企业减少事故率被认为是较为有效、直接的经济激励法。莫尔和维西库西（Moore & Viscusi，1989）指出，在缺少对工人事故赔偿规制的情况下，致命事故率上升20%以上。较高的风险水平使工人要求较高的工资，这种工资与风险的交易反过来为保障安全建立了市场激励，较高的工人补偿收益减少了工人在工资中对风险所要求的保险金额，而且工人的补偿基金机制也为安全提供了激励。在促进劳动安全文化方面，事故赔偿的机制在保障劳动者安全方面发挥了重要的作用。单纯依靠规制政策有时不能达到理想的效果，企业很可能出现检查时遵守相关政策、无人检查时放松管理的情况。但是也有学者认为，事故赔偿和安全之间的关系并不明显。车丽斯（Chelius，1982）、车丽斯和史密斯（Chelius & Smith，1987）、克鲁格（Krueger，1988）从不同角度进行了研究，得出基本一致的结论：由于存在“道德风险”会使事故赔偿增加，进而导致更高的事故率和更多的诉讼案件。一方面，因为设立了事故赔偿标准，很多工人在工作中放松了对劳动风险的警惕而导致事故伤害，所以这种方法并没有减少事故的发生率；另一方面，一旦发生事故，工人可能为了获取更多的赔偿而采取造假的方法，或是过分强调自己受伤的严重程度等。维西库西（Viscusi，1989）通过实证研究得出更进一步的结论：赔偿数额的提高会增加小事故的发生率，但是会减少死亡事故的发生率。因为在死亡事故中很少有“道德风险”，工人对于生命异常珍爱，很少有人拿高额死亡赔偿与生命进行交换。因此，假如分析工人的事故赔偿会给企业提供何种激励，就应当非常明显地反映在死亡事故率上。事故赔偿金的计算是职业安全与健康规制目前研究的一个重要内容，维西库西（Viscusi，1992，1993）、维西库西和莫尔（Viscusi & Moore，1988，1989）分别对美国的健康和安全法规进行成本—收益分析，将健康风险（包括死亡风险）的降低以美元价值来计算，使用补偿工资微分评估风险降低的价值。西蒙和克若普等（Simon & Cropper et al.，1999）采用多元回归方法以印度为代表，运用补偿工资微分，对印度制造业的致命性和非致命性伤害的风险进行评估。他们利用最近的职业工资调查，辅以《印度劳动力年鉴》中的工伤数据，估算出在印度，每个统计学上的生命价值在640万卢比至1500万卢比之间，生命价值与放弃收入的比值大于可比的美国研究数据。

现在的职业安全与健康规制方面还有其他的经济激励方式。进入21世纪后，通过“提高职业安全和健康经济激励影响”的欧洲论坛，提供了部分欧盟国家实行比较成功的规制经济激励方法，主要有：

（一）社会保险补助法

法国使用社会保险体系对企业的职业安全与健康规制进行经济激励，这种激励是建立在保险费多样性的基础上，对投资改善劳动安全条件的企业给予资金支持。法国的职业保险在社会保险体系内，通过国民健康保险和地方分支机构共同管理，企业支付的保费主要依据职业事故和疾病的成本以及企业的大小。这种方法对于雇员超过200人的大公司激励作用非常大，因为保费直接与事故的增加或减少相关，而对于不到10人的小公司激励作用减少，因为它们主要依靠行业风险情况来制定费率。如果不到200人的企业制定了四年期的预防事故合同，企业很可能从国民健康保险基金中获得资助（金额约为工作场所更新总成本的70%），资助的大部分用于技术性预防措施。

（二）税收激励法

荷兰使用这种方法鼓励企业购买用于减少劳动者身体负担、消除有毒物质和噪音的设备，购买指定金额和目录范围内的设备就可以享受税收返还，非营利组织也可以享受3.5%的税率折扣。每年有专门的专家进行设备评估，太常见和已经不用的产品将从税收优惠设备目录中删除。

（三）对减少劳动伤害的企业进行资助

这是丹麦政府的激励项目，主要对减少工人重复性劳动损害的企业进行资助。通过提供国家资助的方式，对减少重复性损伤的企业资助项目改造金额的50%，这种方式使患该类职业伤害的工人至少减少了25%。

国外采用经济激励法刺激企业改善安全生产，主要由公共行政机构、保险公司等部门具体执行。目前，这种方法的实证研究比较少，缺少专门的数据，难以直接对经济激励的效果进行科学分析。对于这种方法与政府规制政策如何更好地配合，如何更好地发挥作用目前还有待进一步的研究。另外，政府还采用对违规企业实行制定高额罚款的办法，作为刺激雇主进行安全投入的负激励政策，通过这种方法提高企业的安全投入，减少工人的劳动风险。维西库西（1979）采用实证分析法证明，中等水平的罚款会增加劳动安全，而太过严厉的罚款可能会起到负作用。

在职业安全与健康规制中辅以经济激励法的同时，规制政策的侧重点也相应地进行了调整。在欧盟许多国家，劳动安全方面的规制已经由过去对安全责任人的指令性条款转变为提供劳动安全指导方法。这种转变主要体现在两方面：一是改变过去规定过细的技术性条款，转变为实行简洁的大纲式条款，更利于企业在劳动安全方面的操作；二是把对安全生产责任人规定应该达到的各种规制要求转变为实施职业安全与健康科学管理系统（David Walters，2002）。

职业安全与健康规制由原来的政府强制执行、企业被动接受逐步发展为调动政府、企业和工人三方的积极性，规制过程全员参与。在加强政府规制政策和经济激励的同时，侧重对生产经营活动主体——雇员的职业安全与健康规制研究。维西库西（Viscusi，1979）通过研究发现，当企业改善工人的工作条件，提高劳动安全水平后，工人的劳动安全努力程度会下降。如图1-2所示：图中的劳动安全行动用a表示，它是边际收益曲线MB和边际成本曲线MC的交点。如果企业增加安全投入，边际收益减少，曲线MB移向MB′；边际成本增加，曲线MC移向MC′，MB′与MC′产生新的劳动安全行动点a′，工人防范劳动风险的行动水平降低。

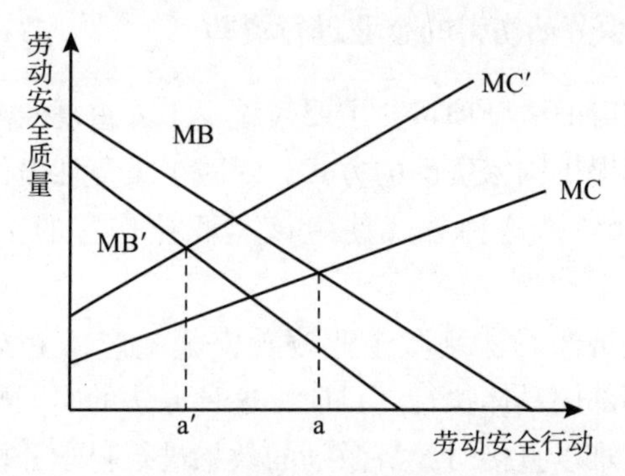

图1-2　劳动安全质量对工人劳动安全行动的影响

这种现象与职业安全与健康规制的初衷是相违背的。因此，很多学者根据维西库西的研究结果对职业安全与健康规制作进一步的分析认为，提高工人的自身安全意识要比外部劳动条件的改善、规制政策的完善更有效。

1931年，海因里希首先提出了事故因果连锁论，这是对“多米诺理论”的进一步阐述。该理论认为，事故的发生不是一个孤立的事件，尽管事故发生可能在某一瞬间，却是一系列互为因果的原因事件相继发生的结果。他指出，所有事故中88%以上都是由于人们的不安全行为引起，10%由物的不安全状态引起，2%由于不可抗因素引起。海因里希的事故因果连锁论，提出了人的不安全行为和物的不安全状态是导致事故的直接原因，该理论把大多数工业事故的责任都归因于人的缺点等，具有一定的局限性。但是，通过对工人劳动行为的分析，对于发展职业安全与健康规制框架，了解和预防事故的发生具有非常重要的作用。派德、安涛等（Pedro & Antao et al.，2006）通过故障树模型对北欧的船舶安全事故进行分析发现，通过改变人的操作行为可以大大降低事故发生率。对工人进行劳动安全培训，培养劳动安全文化氛围，加强安全宣传都有利于降低人为原因带来的事故率，提高规制的效果。

随着经济和社会结构的变化，日本、德国、芬兰等发达国家已经进入老龄化社会，这些国家的劳动力结构也出现了新变化，青壮年劳动人口数量减少，低龄老年人、女性、青少年和外来移民参与工作的比例逐渐增加，他们共同构成职业安全与健康规制关注的新群体。托马斯等（Thomas et al.，1999）对德国劳动力市场进行研究得出，外来移民在工作中比本国劳动者面临更多的风险。史密斯（Smith，2016）通过对比跌落事故，分析不同年龄可能发生事故的情况，提出应尽快针对老年劳动者的工作安全问题提供解决对策。

第二节　国内职业安全与健康规制理论综述

政府在职业安全与健康规制中扮演规制者的角色，国内学者对于政府在劳动安全规制中发挥的作用基本都持肯定态度，认为在经济转轨过程中政府有效地控制了安全事故的发生。曾海、曹羽茂和胡锡琴（2006）指出，外部性是事故频发的推动力，产权不明加剧事故发生，价格扭曲使许多行业只顾利益、忽略安全问题。因此，通过政府执行职业安全与健康规制政策，如将外部性内部化、明确公共产权以及对部分行业或资源进行合理定价等方法，可以有效地弥补上述不足。职业安全与健康规制体制是动态演进的，政府要根据实际发展状况不断进行政策调整。张嫚（2001）提出，中国还处于市场化进程的初期阶段，配套制度建设严重滞后，这是进行行政改革必须正视与考虑的问题，决定了要结合本国国情与制度背景进行改革，不能盲目效仿国外做法。潘石、尹栾玉（2004，2006）认为，政府规制是一种制度安排。建立“有限政府”，将有限精力用到最需要的领域去。无论从规制主体职能范围还是立法数量来看，很多领域中政府的社会性规制不是不够，而是太多，用“放松”原则来把握是不确切的。政府规制的现状是“越位”和“缺位”

并存，应当建立“适度型”社会性规制。这种规制模式的建立，主要包括以下三方面的内容：规制主体职能范围必须适度；规制立法程序必须规范；规制过程必须引入竞争。政府规制的“越位”与“缺位”在煤炭行业的职业安全与健康规制中表现最明显，这与煤炭行业的安全生产规制体制有关。劳动安全离不开企业的安全生产，如果规制体制不清晰，不但正常的生产活动难以保证，而且将极大地威胁劳动者的安全。横向看，多个行政管理部门都可以对煤矿进行管理，如国资委、原国土资源部、原工商局、原环保部、地方各级政府等。纵向看，我国的煤炭安全规制体制存在三个体系：一是安全生产监督管理局；二是煤矿安全监察局；三是在河南、山西等地仍保留的省、地级煤炭工业管理局[①]。这三个体系共同构成了国家、省、地区三级垂直的煤矿劳动安全规制体制。因此，从横纵两个方面，政府在担负安全规制责任时，一方面多个部门职能重叠、规制内容繁杂产生“越位”；另一方面多头管理、出现责任推诿现象（胡文国等，2007），权责不匹配产生“缺位”。李豪峰、高鹤（2004）认为，适当调整垂直的职业安全与健康规制体制，加大地方政府对所在地煤矿的规制责任，可以促使煤矿加强安全管理。因此，提高煤炭行业的职业安全与健康规制水平，必须对规制体制进行改革，理顺各级规制机构之间的关系，明确职能和权责范围，这样才能提高职业安全与健康规制水平。职业安全与健康规制除了与规制体制有关外，还受规制执行主体活动的影响。中央政府和地方政府是职业安全与健康规制的执行主体，处于劳动安全规制链条的最顶端。在具体规制活动中地方规制机构常常出现规制执行力度弱化的情况。由于受地方经济利益驱动等多方面因素的影响，地方政府在执行中央政府的规制目标时往往会产生偏差，发生规制效果减弱甚至消极执行的情况。对此，很多学者都从不同的角度对这一问题进行了研究。

从委托—代理理论的角度分析，在职业安全与健康规制中，中央政府作为委托人，地方政府作为代理人，二者之间的不同行为选择会对劳动安全规制的效果产生重要影响。薛澜（2003）认为，政府自身高度层级节制的组织结构和组织体系、各级政府之间的命令指挥与请示服从

---

① 2018年3月，根据党的十九大和十九届三中全会部署，通过《深化党和国家机构改革方案》对部分机构进行改革。本书中为了便于对职业安全与健康规制的发展历史和内容进行分析，仍采用原有的机构名称进行表述。

体系使得政府人员具有官僚作风倾向，对政府回应社会问题的快速反应能力具有制约性。地方规制机构会基于成本—收益，在与中央政府的委托—代理关系中作出不同的行为选择。钟开斌（2006）在煤矿劳动安全规制中通过引入一个地方政府的行为选择模型，考察地方政府瞒报事故的动机及其作用方式，指出一旦外在评估体系不够完善，地方政府官员就会“理性”地选择追求有形政绩而忽略无形政绩，与中央象征性合作、对中央政策选择性执行等虚假治理的倾向很有可能发生，从而容易成为所谓的“应付性组织”。童磊（2006）认为，由于地方保护主义的存在，政府对煤矿的劳动安全规制特别是对乡镇私营煤矿的规制成本大大提高。郝英奇、刘金兰（2006）指出，矿难频发是由于利益驱动冲垮了安全约束。钟开斌（2006）通过引入梯若尔等建立和扩展的地方政府治理选择模型得出，上级对下级的监管力度不够，地方官员为升迁会追求经济的最快增长而忽视安全生产。因此，导致安全事故频繁发生的主要原因是职业安全与健康规制体制发生扭曲，地方规制机构或规制人员与企业谋取私利导致事故发生。从博弈论的角度分析，夏永祥、王常雄（2006）认为，中央政府和地方政府政策博弈的凸显与加剧，制度性根源是市场取向的分权制以及以GDP为核心的政绩指标考核体系。制度性根源对政策博弈具有传导机制，消极影响就是中央政府调控能力大打折扣。刘穷志（2006）以中国煤矿行业的职业安全规制为例，构建了政府规制机构与煤矿企业的博弈矩阵，认为导致煤矿安全事故频发的主要原因是规制体制被侵蚀。地方政府利益保护、规制机构与矿主的合谋导致了煤矿安全事故发生。李豪峰、高鹤（2004）从煤矿安全监管的角度进一步分析认为，国家煤矿安全监察机构的检查力度与煤矿生产者对设施的改进具有高度正相关性。邸振伟、侯天佐（2007）使用博弈作为分析工具得出，中央政府和地方政府是两个相对独立的个体，是二者之间利益博弈的基本前提，即：地方政府有资格在获取或维护利益方面与中央政府博弈。

中央政府职业安全与健康规制的目标是使社会总劳动安全水平最大化，地方政府则追求地方利益的最大化，这两个目标往往不一致。由于多层代理关系的存在导致劳动安全规制部分失灵，因此中央政府面临的问题是如何设计一套激励机制，使地方政府在追求自身利益最大化的同时，与中央的职业安全与健康规制目标保持一致。经济学激励理论主要是依据委托—代理理论发展并完善的，该理论认为代理人的努力程度难以观察，需要建立以代理人业绩为基础的激励型报酬方案，通过风险分担和激励相容来激发代理人努力敬业（黄再胜，2005）。在职业安全与健康规制中，中央政府与地方政府均能实现最大效用的必要条件是同时取得两组最优值，而中国目前的现实情况是中央政府和地方政府都没有达到自身效用最大化（肖兴志，2007）。因此，很多学者对如何设计职业安全与健康规制的政府激励机制提出不同的看法。由于在非对称信息条件下，委托人不能观测到代理人的行为，只能对相关变量进行观察，所以设计合理的地方政府激励机制是非常重要的，现代激励理论的一个重要内容就是研究在信息非对称情况下人的行为，以及委托人如何设计合约来规制交易行为。朱杰堂（2001）指出，现代激励理论对地方政府行为具有规范作用，首先应该明确地方政府在现代经济生活中所处的地位、职能。通过建立激励机制，可以刺激地方政府与中央政府的劳动安全规制政策保持一致。激励并不是完全指正激励，应当建立激励与约束并存的规制体制，这是未来的发展趋势。在建立符合帕累托最优效率的职业安全与健康规制方面，肖兴志（2007）提出，在科学的激励和约束机制下，需要建立中央政府—地方政府安全生产基金，基金包括：地方政府按照一定的标准向中央政府上交一定的资金；中央政府对地方政府的奖励资金。同时，中央政府相应地实施约束政策，特别是对严重失信的地方政府予以重罚。职业安全与健康规制的激励政策要讲求持续性，通过科学合理的设计使其与规制体制相适应，并随着社会经济的变化做出相应的调整。

职业安全与健康规制是一个很复杂的过程，当参与的主体不同时，实施的规制政策和产生的规制效果也都相应发生变化。规制机构与企业行为选择也会对职业安全与健康规制效果产生重大影响，二者处于规制链条的中间阶段。孙洪志（2003）从政府与小煤矿博弈的角度分析，事故原因更多在于政府执法者与小煤矿行为策略博弈。刘穷志（2006）认为，当规制机构对煤矿不安全行为打击越大，煤矿安全设施合格率越大，发生事故的概率越小。肖兴志、齐鹰飞、李红娟（2008）采用VAR模型用实证的方法发现，中国煤矿业的安全规制政策在长期内会发挥重要作用，但是在短期内会被煤矿工人的逆向行为抵消。肖兴志、陈长石、齐鹰飞（2011）以煤矿行业为例，认为政府的规制放松和加强都会产生“波动”效应，重特大事故的发生就是规制水平由低转高的拐点。邹涛、肖兴志和李沙沙（2015）从政府实施规制力度的视角发现，规制力度提高会增加煤矿安全成本，而规制力度下降时会导致煤矿生产效率降低。同时，规制效果会因地域而出现较大的差异。职业病是我国规制工作中的难点，一直处于只升不降的状况，刘向晖、柯娜（2010）根据日本、韩国防治职业病的经验，认为政府在规制中需要加强相关法律框架的建设，明确规制主体的职责，防止地方政府由利益驱动而出现的“寻租和俘虏”行为。

陈宁、林汉川（2006）对煤矿企业的安全投入研究后认为，煤矿企业对劳动安全方面的投入，取决于规制机构的规制力度。但是，职业安全与健康规制机构与企业的关系不只是一种“检查与被检查”的简单博弈，地方规制机构与企业之间也存在共同的利益关系，因此就会产生企业向规制机构或规制人员“寻租”，导致劳动安全规制水平下降。为了解决这些问题，可以采用约束与激励相结合的方法。

首先，要完善职业安全与健康规制相关法律体系。谢地（2003）指出，与经济性规制相比，社会性规制更应重视从立法和执法入手。黄新华（2003）提出必须重视将政府规制的方法建立在法律、法规和规章的基础上，从而确保规制的正当性。赵军、张兴凯和王云海（2007）从法律法规实效分析的角度，对安全生产事故原因进行分析认为，立法指导思想滞后、立法目的的多元化、立法背景发生变化，导致法律更新没有跟上，煤矿劳动安全执法存在不足。目前，我国已经基本建立了职业安全与健康规制的相关法律体系，但是还不够完善，缺少一些配套制度，有一些在实践中缺乏具体的操作性，影响到职业安全与健康规制的效果。因此，健全职业安全与健康规制法律体系是未来改革的发展趋势之一。马佳凤（2014）认为目前职业病诊断过程中存在法律责任分担有偏差，从立法的视角还没有完善职业病患者的申请权、知情同意权等制度。

其次，建立科学合理的职业安全与健康规制标准，约束企业的不安全行为。林汉川、陈宁（2006）通过对煤矿企业安全保障体系的研究，提出要建立一套综合的、系统的、严密的、持续改进的煤矿安全生产保障体系与运行模式，从根本上解决煤矿事故：第一，要加大科学技术投入，加强与开采煤矿有关的基础学科建设，培养大量煤矿生产专业技术人才。第二，国家要制定新的煤矿安全技术标准。第三，采用激励机制提高企业劳动安全水平。职业安全与健康规制机构对企业的激励也分为正激励和负激励。这里的正激励是指，如果企业能够达到劳动安全标准，可以给予适当的奖励，比如实行工伤保险的费率下浮等措施。但是，规制机构与企业的激励，符合激励相容的激励政策主要应该是负向的（肖兴志，2007）。这里的负激励主要是指，当企业违反职业安全与健康规制的有关规定时，会受到严厉的处罚，通过这种方式刺激企业达到劳动安全标准。采取高额违规罚款、事故赔偿激励法等措施刺激企业主动进行安全改进，减轻政府职业安全与健康规制的负担。姜福川（2006）认为，规制机构对矿山的处罚力度要适宜，要根据抽查的比例大小、工作准确度高低以及矿山企业服从与不服从管理做相应的减弱或加强。但处罚力度不能过小，否则可能会徒劳无益。陈宁、林汉川（2006）也指出，要加大法律的惩罚力度，安全事故频发的一个主要原因就是法律的威慑力不够。童磊、丁日佳（2006）采用博弈的方法研究认为，提高预期惩罚对降低煤矿经营者违规生产的比例有积极作用。加强对违规企业的惩罚力度是一种负激励，也可以叫作约束。这种劳动安全约束机制要通过规制部门的监督检查来实现，但是目前我国的职业安全与健康规制监察还面临很多问题，与发达国家相比，我国的职业安全与健康规制力量相差悬殊，见表1－1。

表1－1　　我国与发达国家职业安全与健康规制力量和效果对比情况

国家	规制人员总数（人）	职工人数（万人）	每万人职工的平均规制人数（人/万人）	职业事故死亡人数（人/万人）
英国	4000	884.7	4.5	0.8
德国	4960	1142.8	4.3	3.4
美国	8000	3897.1	2.1	5.0
日本	3500	2582.0	1.4	4.5
意大利	1250	932.9	1.3	5.5
中国	<20000	23940	<0.83	约8.1

注：表中我国职业安全与健康规制人员的数量是根据我国机构编制人数统计情况估算出来的，国外专职职业安全与健康规制人数不含行政管理、后勤等人员，参考2005年“我国安全生产与发达国家的差距”计算得出。

资料来源：安全第一网，我国安全生产与发达国家的差距，2005年3月15日。

如果要达到发达国家的劳动安全水平所需要的专职规制人员总数（从业人数按 23940 万人计），按英国的水平我国需要有规制人员 10.77 万人；按德国水平应有 10.29 万人；按美国水平应有 5.03 万人；按日本水平应有 3.35 万人；按意大利水平应有 3.11 万人。从上面分析数据看，我国的职业安全与健康规制力量还需要增强。

企业与劳动者是规制链条的最末端，也是规制过程中最重要的一个环节。劳动者的安全直接与企业安全设施、安全投入、职业培训等相关。在这一环节导致职业安全与健康规制效果差主要有两个原因：一是企业的劳动安全投入少，安全设施不达标；二是劳动者缺少相关培训，由于劳动安全意识差导致事故发生。同时，我国企业缺乏严格的外部制约机制，劳动安全在企业内部的组织、生产制度、人员等诸多方面，得不到应有的重视和保障。杨光（2007）以煤炭行业 2005 年数据为例，以柱状图对比世界主要采煤国家百万吨死亡率，见图 1-3。

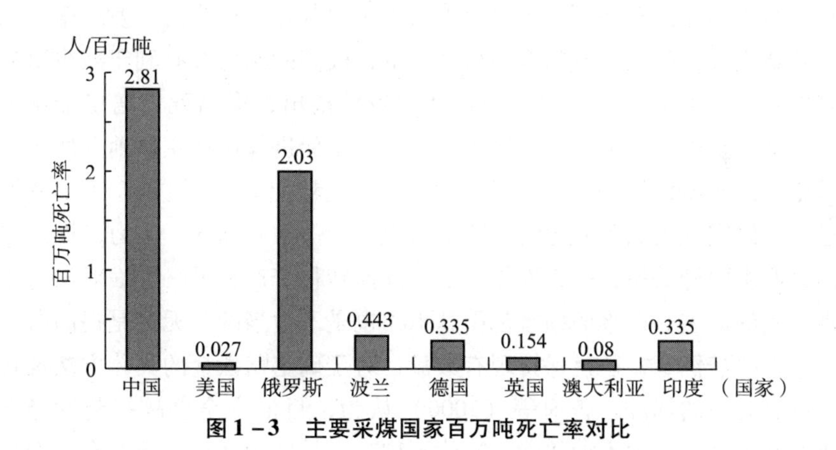

图 1-3　主要采煤国家百万吨死亡率对比

从图 1-3 可以看出，中国煤炭行业采煤百万吨死亡率位居各国之首，是美国的 105 倍，比亚洲同为发展中国家的印度高 8.5 倍。2014 年 1 月，国家安监局发布数据显示，中国的百万吨死亡率历史上首次降到 0.3 以下，但仍然为先进产煤国家的 10 倍。中国煤炭行业劳动安全水平低、事故高发，究其原因，就是很多煤矿缺少劳动安全投入，认为投入是成本，同时也没有建立有效的煤矿劳动安全社会制约保障机制。肖兴志（2006）指出，应该提高安全投入效率，使煤矿在投入比例不变的情况下尽可能降低事故发生的概率。因此，可以从静态和动态两个方面入手：一是鼓励煤矿企业引进先进工艺和设备，静态上提高安全保障效率；二是对煤矿企业安全预防过程进行评价监控，动态上提高劳动安全保障效率。企业追求自身效益最大化，使得企业价值与社会价值不统一，很多企业不重视劳动安全效益，出现事故后企业的风险成本也不高。为了解决企业不愿意进行劳动安全投入、劳动安全历史欠账较多的情况，国内学者的观点主要两种：一是提高对劳动安全欠账企业的高额惩罚；二是提高劳动安全事故的赔偿金额。郑爱华（2006）从动态博弈的角度提出，政府有效规制目标不是杜绝企业安全欠账行为，而是将其控制在一定安全范围内；加大对欠账企业的处罚力度，进而可以降低职业安全与健康规制总成本以提高工作效率。除了通过罚款促使企业改进劳动安全设施外，从事故赔偿的角度学者普遍认为，伤害赔偿是通过经济手段刺激企业进行劳动安全预防工作、节约政府规制成本的有效手段。李红霞（1999）通过对煤矿劳动安全进行委托—代理分析后发现，在目前市场经济条件下，当政府无法完全规制企业行为时，发生事故的赔偿金构成了影响企业收益的机会成本，较高的赔偿金有利于减少事故多发企业发生事故的倾向。杨春（2005）指出，提高死亡赔偿金增大了劳动安全事故发生后的机会成本，有利于促进煤矿业主事前采取预防措施，高额赔偿金是“以人为本”思想的具体体现。但是，有学者通过一些研究认为高额赔偿会产生负影响。程洁（2006）认为，提高赔偿会产生两种后果：一方面导致矿主提前转移资产；另一方面对没有主观过失的矿主，矿难的损害都由其承担也是不适当的。无论是提高劳动安全事故赔偿金，还是保持现有数额，对于确定赔偿金的具体方法现在还没有统一的标准。曾海等（2006）认为，目前安全事故引起的经济成本并不高，救护不如赔偿、赔偿不如死亡补助的现象广泛存在。如果不对生命价值合理界定，没有量的比较，安全问题很难实质性解决。目前，对于事故赔偿金额多少为宜，对生命价值的计算方面研究还是很少的。王亮、钱升（1991）设计了较为复杂的生命价值计算模型，并以体力劳动者为对象进行实证检验，计算的生命价值为 65. 76 万元。屠红绢等（2003）对我国人力资本法进行了补充和修改，估算出我国目前一名具有高中文化程度的职工生命价值为 72 万元。王玉怀、李祥仪（2004）以河北某国有重点煤矿为例，采用企业净产值推算出矿工的生命价值为 42. 5 万元。张建设、徐悠、王倩（2015）采用差异性分析方法，以河南省、四川省、江苏省为例，发现实际赔偿额与法定赔偿额均有差距。从上面的数字可以看出，目前国内学者评估生命价值的方法并不统一，实证研究很少，有待以后相关理论和计算方法的发展。

在劳动安全事故中，由于人为因素造成的伤亡占有很大的比例，大大降低了职业安全与健康规制的效果。比如，在劳动安全隐患最大的煤炭行业，从业者主要来源于农村剩余劳动力，通常他们受教育水平偏低、缺乏一技之长、基本没有煤矿劳动安全知识。很多中小型煤矿为了降低成本，基于农民工流性强的考虑，很少对农民工进行正式的劳动安全培训（邱风、朱勋，2007）。一些企业为了逃避事故责任，不与农民工签订合同，或者不为他们缴纳工伤保险，一旦发生劳动安全事故，工人的基本权益又得不到保障。刘照鹏（2005）认为，加强对员工培训和教育，进行劳动安全隐患、事故的实战训练，可以提高其劳动安全意识和劳动安全防护水平。李毅中（2006）提出，要宣传普及安全法律和安全知识，强制性进行安全培训和教育，并加强对安全生产的舆论监督和社会监督，将安全生产纳入“平安建设”。为了达到全面保障劳动者权益的目的，还应当在企业中普遍建立工会组织，使其成为维护劳动者合法权益的有效渠道。孟燕华（2007）提出，维护劳动者安全健康权益是工会维权的重要内容，完善劳动安全工作机制是工会面临的重大课题。李明霞（2016）对比了台湾地区和中国大陆经营者在职业安全卫生活动中的主体责任，认为要特别注意应对劳动者过度劳动、精神压力等造成的职业健康伤害，明确工会和劳动者参与职业安全与健康法规拟订的过程，监督经营者对员工的劳动安全保障活动。由于劳动关系的深刻变化，新常态下出现了各种区别于以往的新情况，迫切需要建立一种符合市场经济规律、适合非公有制企业需要、主动依法监督参与的工作机制。通过建立新型职业安全与健康工作机制，突破以往工会劳动安全工作的模式，实现工会维权方式的历史性跨越。

第二章 中国职业安全与健康规制的演进

第一节 中国职业安全与健康规制的发展进程

在人类发展的历史长河中，人们始终都在与自然灾害和工作伤害进行斗争，对于劳动安全的认识也在不断加深。古代人们对大自然产生一种敬畏，在社会实践中也总结出一些安全保护措施；到了近代，由于中国特殊的社会背景，职业安全与健康保护出现了断层，基本上没有主权意义的劳动安全规制体制，甚至出现了对工人生命的完全漠视；中国共产党成立后领导广大工人进行了坚决的斗争，在一定程度和范围内保护了劳动者的安全和健康；中华人民共和国成立至今，劳动安全保护步入正轨并良性发展，职业安全与健康规制体制逐步完善。

一、中国古代的劳动安全管理

从古代人们在劳动中就注意安全生产，并随着对自然及事物的不断认识提高了劳动保护的能力。开采年代起于西周早期止于西汉的铜绿山古矿遗址中，共有采矿井巷近500条，8座炼铜竖炉，有大量用于采矿、选矿和冶炼的铜、铁、竹、木、石制生产工具，并且发现在当时的作业中就采用了自然通风、排水、提升、照明以及框架式支护等一系列安全技术措施。隋朝巢元方编著的《诸病源候论》中记载：“……凡古井冢和深坑井中多有毒气，不可辄入……必入者，先下鸡毛试之，若毛旋转不下即有毒，便不可入。”[1] 北宋木结构建筑匠师喻皓在建造开宝

---

① 巢元方：《诸病源候论》，中国医药科技出版社2011年版，卷之三十六。

寺灵感塔时，每建一层都在塔的周围安设帷幕遮挡，既避免施工伤人，又易于操作。[①] 在我国古代采矿业中，记载了处理矿内瓦斯和顶板的“劳动安全技术”。明朝宋应星编著的《天工开物》中记载采煤掘进的情况：“深至五丈许，方始得煤。初见煤端时，毒气灼人。有将巨竹凿去中节，尖锐其末，插入炭中，其毒烟从竹中透上，人从其下施钁拾取者，或一井而下，炭纵横广有，则随其左右阔取。其上支板，以防压崩耳。凡煤取空，而后以土填其中。”[②] 我国古代劳动人民在生产过程中，通过自身实践和聪明才智积累了丰富的劳动保护和安全管理的经验。

二、中国近代的职业安全与健康规制

中华人民共和国成立前，劳动者受到帝国主义、官僚资本主义、封建主义三座大山的压迫，工人几乎没有劳动保护，伤亡事故不断发生，尤以煤矿行业为最。当时的煤矿大都是临时性的小斜井，采用滥采乱挖的作业方式，不但产量很少而且严重破坏了资源，损失率达到70%～80%。工人的劳动条件极度恶劣，采煤设备非常简陋，基本都是依靠人工进行操作。在用手镐刨煤、人力拉筐的工作环境中，旧中国平均每出2万吨煤死一个矿工。1917年，抚顺煤矿一次瓦斯爆炸死亡921人。1920年开滦煤矿一次瓦斯爆炸死亡921人。1935年，中日淄川煤矿北大井发生透水事故，淹死矿工536人。1942年本溪煤矿发生爆炸，日本侵略者为了减少矿井损失，不顾井下中国劳工的死活，命令地面风机停止送风并封闭井口，数千名劳工被闷死在井下，死亡1549人，造成了世界上最大的一次煤矿事故。可以说，在中华人民共和国成立以前，基本上没有完善和系统的劳动安全法规用以保护工人的安全和健康。

中华民国时期，北洋政府农商部于1923年3月29日公布了《暂行工厂规则》，内容包括最低的受雇年龄、工作时间与休息时间、对童工和女工工作的限制，以及工资福利、补习教育等规定。国民党政府则沿袭清末《民法草案》的做法，把劳动关系作为雇佣关系载入1929～1931年的《民法》中，并于1929年10月颁布了《工会法》，实际上是限制与剥夺工人民主自由的法律。

① 高艳彬：《安全网的自述》，载《建筑工人》1998年第1期，第26～27页。
② 宋应星：《天工开物》，中国画报出版社2013年版，煤石第十一。

中国共产党成立后，在部分地区党组织的领导下，发布了一些议案并进行了一系列的斗争，改善了工人的部分劳动条件。1922 年中国共产党召开“全国劳动大会”，通过《八小时工作制案》。1930 年中央苏区颁布《劳动暂行法》，第一次为工人建立了真正的社会保险，比如，规定长期雇佣的工人遇有疾病或死伤者，其医药费、抚恤费由业主给予，标准由工会自定。1931 年 11 月，中华苏维埃共和国在瑞金成立，正式颁布了《中华苏维埃共和国劳动法》，并于 1932 年 1 月 1 日起正式实施。其中规定：工人患病或发生其他暂时丧失劳动能力以及服侍家中病人时，雇主必须保留其原有的工作和原有的中等工资；当年老、残废（包括因工或非因工）工人可以领取残废或老弱优抚金等。1940 年陕甘宁边区政府制定了《陕甘宁边区劳动保护条例》，晋察冀边区政府制定了《边区政府工作人员伤亡褒恤条例》，晋绥边区政府制定了《关于改善工人生活办法草案》。1941 年 11 月 1 日晋冀鲁豫边区公布《晋冀鲁豫边区劳工保护暂行条例》。1942 年冀中总工会和农村合作社冀中总社制定了《关于各级社工厂职工待遇之共同决定》等，规定：机关工作人员疾病伤亡时，发给生活费；职工死亡厂方埋葬并酌情给予抚恤等。

解放战争时期，中国共产党为了保护工人的利益，1948 年在获得解放的第一个省会城市哈尔滨市政府制定了《战时劳动法》，同年 12 月 27 日颁布了《东北公营企业战时暂时劳动保险条例》。自 1949 年 4 月 1 日起在铁路、邮电、矿山、军工、军需、电气、纺织七个行业中试行，自 7 月 1 日起扩大到东北地区所有公营企业实行。这些法案及条例对工人的劳动保护内容有：职工因工负伤，企业负担全部医疗费，工资照发；因工残废，按其残废程度和致残原因，发给本人工资 50% ~ 60% 的抚恤金；非因工残废，发给救济金，数额为因工残废抚恤金额的 50%；职工因工死亡，发给丧葬费标准为最多不超过 2 个月的本人工资数，按致死原因及工龄长短定期发给相当于死者本人工资 15% ~50% 的遗属抚恤金。非因工死亡，丧葬费为最多不超过死者本人一个月的工资。按死者工龄长短一次性发给 3 ~12 个月的死者本人工资作为救济金，职工供养的直系亲属死亡，发给丧葬补助金，数额为职工工资的 1/3，等等。

中国近代的职业安全与健康规制体制是不健全的，在特定的历史背景和社会环境下，工人的劳动安全没有得到基本的保证，安全生产成为广大劳动者的梦想。

三、新中国成立之后职业安全与健康规制

（一）职业安全与健康规制的初建时期（1949～1957年）

1949年9月，中国政治协商会议决定成立中华人民共和国，并通过了《共同纲领》。在这部非常重要的纲领文件中，对劳动者的安全保护做了明确的规定，如第四章第32条规定："在国家私营企业中，实行工人参加生产管理的制度"，"公私企业目前一般应实行八小时至十小时的工作制，特殊情况斟酌办理。逐步实行劳动保险制度。保护青工、女工的特殊利益。实行工矿检查制度，以改进工矿企业的安全和卫生设备。"1950年6月中央人民政府委员会第八次会议通过了《中华人民共和国工会法》，明确规定工会组织在新民主主义国家政权下的法律地位与职责，如第7条规定："工会有保护工人、职员、群众的利益，监督行政方面或资方切实执行政府法令所规定之劳动保护、劳动保险、工资支付标准、工厂卫生与技术安全规则及其他有关之条例、指令等"。1951年，政务院公布了《中华人民共和国劳动保险条例》，在全国范围内凡有职工百人以上的国营、公私合营、私营和合作社的企业中实行。1953年政务院又对条例进行了修改，将实施范围扩大到工矿、交通企业的基本建设单位和国营建筑公司，并在第三章第12条对因工负伤、残废待遇作了具体的规定。为了保护特殊工种劳动者的身体健康，第15条还规定了可以提前退休的情况，比如，"井下矿工或固定在华氏三十二度以下的低温工作场所或华氏一百度以上的高温工作场所工作者"。1953年4月，《劳动保护工作中的几个问题》由工人出版社出版，这是新中国成立后第一本关于保护劳动者的专门著作，成为指导安全和健康管理的重要文献。

经全国人民代表大会常务委员会批准，国务院在1958年和1978年对《劳动保险条例》又进行了两次修改，提高了待遇标准。为了改善工厂的劳动条件，发展新中国的经济，1956年5月25日，国务院全体会议上通过了《工厂安全卫生规程》，这是中华人民共和国成立以来较为全面的劳动安全规程。这部规程在厂院，工作场所，机械设备，电气设备，锅炉和气瓶，气体、粉尘和危险物品，供水，个人防护用品的使

用和安全等方面做了非常具体的规定。比如第75条规定："在有危害健康的气体、蒸汽或者粉尘的场所操作的工人，应该由工厂分别供给适用的口罩、防护眼镜或防毒面具等。"同时还颁布实施了《建筑安装工程安全技术规程》和《工人职员伤亡事故报告规程》，对建筑施工的一般安全要求、施工现场、劳动者应配备的防护用品等内容进行详细的说明。这三项规程体现了社会主义建设初期国家对劳动者安全保护的重视，在一定程度上改变了旧中国遗留在企业中的不安全、不卫生的情况。1956年5月31日发布了《国务院关于防止厂、矿企业中矽尘危害的决定》，主要为了消除厂、矿企业中矽尘对职业接触者的危害，其中对工作中应当遵守的操作规程做了非常详细的规定。比如，要求矿山应该采用湿式凿岩和机械通风，彻底改进湿式凿岩方法和整顿通风系统，并且加强管理；必要的时候可采用吸尘、洒水等防尘措施。

我国在1957年超额完成了"一五"（1953~1957年）规定的任务，通过中华人民共和国成立初期一系列职业安全与健康法规的颁布和实施，使劳动者的工作安全得到了保护，极大地提高了劳动者建设社会主义国家的积极性。虽然这些法规实施的范围比较窄，只适用于国营、地方国营、合作社和公私合营的大型工厂，并且在具体待遇、劳动规程方面还存在一定的不足，但是在当时为保证劳动者的安全和健康方面发挥了重大的作用。

（二）职业安全与健康规制的调整时期（1958~1965年）

1958年5月，中共八大二次会议正式通过了"鼓足干劲、力争上游、多快好省地建设社会主义"的总路线。尽管这条总路线的出发点是要尽快地改变我国经济文化落后的状况，但是忽视了客观经济规律，经济建设出现了盲目冒进的现象，片面追求经济发展的高指标，导致事故率上升。1958~1961年是中华人民共和国成立以来伤亡事故的第一高峰期，工矿企业年平均事故死亡率比"一五"期间增长了近4倍。1960年5月山西老白洞煤矿瓦斯爆炸事故，死亡684人，成为中华人民共和国成立以来最严重的矿难。1960年中央开始纠正错误的发展倾向，1961年安全生产工作开始进行调整并逐渐转入正轨。1963年3月，国务院为了加强企业在生产过程的安全管理，颁布了《国务院关于加强企业生产中安全工作的几项规定》，对于安全生产责任制、安全技术措施计划、安全生产教育、安全生产的定期检查、伤亡事故的调查和处理等事项做了特别规定。为了弥补三年“大跃进”时期被破坏的劳动保护内容，国家对劳动安全工作加强了管理，颁布了大量法规，并对重点行业进行监管。1963 年 5 月 28 日，劳动部发布《关于加强各地锅炉和受压容器安全监察机构的报告》，正式在全国范围内公布，报告中提出由本地区各级劳动部门的锅炉安全监察机构和企业共同负责安全监察，保证了生产建设的顺利进行。1963 年 9 月 18 日又颁布了《国营企业职工个人防护用品发放标准》，对劳动者在生产过程中应当配备的劳动保护用品作了细致的规定，比如，规定从事冶炼、机械生产，从事地质勘探，从事化工生产的工人应当发给必要的劳动保护用品。1963 年 9 月 28 日经国务院批准，由劳动部、卫生部、中华全国总工会联合颁布了《防止矽尘危害工作管理办法》，这是一部为了保护职工的身体健康，针对生产中产生含游离二氧化矽 10% 以上具有粉尘危害的国营、公私合营厂矿企业和事业单位所颁布的法规。要求企业在防尘工作中必须设立专管机构，或指定专管机构进行管理，发现不符合防尘要求的，一律不准施工和投入生产。1963 ~ 1966 年这 3 年时间内，劳动部通过几个安全生产的调整性文件使劳动者安全保护工作又重新走上正轨，事故发生率明显下降。

（三）职业安全与健康规制受到冲击时期（1966 ~ 1977 年）

1966 年 5 月至 1976 年“文化大革命”期间，生产规章制度被破坏，劳动保护工作无人管理。这段时间由于受到“文化大革命”的冲击，刚刚好转的安全生产又遭到了破坏，安全生产和劳动保护被称为“资产阶级活命哲学”，规章制度被视为“管、卡、压”。1971 ~ 1973 年成为我国伤亡事故的第二个高峰期。1975 年国务院发布了《国务院关于转发全国安全生产会议纪要的通知》，这个文件要求在工矿企业中，领导要有计划地进行一次安全大检查，解决安全生产中存在的问题。这段时间对于劳动安全保护和生产安全的法规和指导性文件非常少，是安全生产工作遭到破坏和倒退的阶段。

（四）职业安全与健康规制的恢复发展时期（1978 ~ 1991 年）

1978 年党的十届三中全会召开，经济开始恢复正常，中国的职业安全与健康规制也重新开始完善。1979年4月，中共中央召开工作会议，提出“调整、改革、整顿、提高”的经济改革方案，成为中国改革开放的起始之年。国家非常重视重工业和轻工业的恢复与发展，通过扩大经营管理自主权等方式推动国企改革。随着工业的快速发展，国家也通过各种措施保障劳动者的职业安全与健康，这一时期的规制具有以下几个特点：

1. 规制力度加大

1979年7月，《中华人民共和国刑法》明确规定在生产、运输中发生重大责任事故的量刑标准。为了明确关于安全、健康和环境的标准，国务院颁布《国家标准管理条例》，对违反标准造成的不良后果及事故分别列明相应的惩戒措施。1979年10月，国务院发布了《中共中央关于认真做好劳动保护工作的通知》，再一次强调劳动安全工作的当务之急是将被“文化大革命”破坏的安全生产规章恢复起来，建立适合经济社会发展的劳动保护制度。

进入20世纪80年代后，我国开始加强职业安全和健康规制的法律体系建设，这一阶段根据不同行业和当时的情况颁布了大量规制条款，为经济的恢复发展提供了有力的保证。1980年，根据煤炭生产中暴露出来的问题，经过生产、建设及科研院所的共同调研，在听取多方意见的情况下颁布了《煤矿安全规程》。这部法规共计12章462条，符合当时煤矿安全生产的实际情况，对保障劳动者起到了重要作用。为了提高全社会的安全意识，国务院批准每年5月为“全国安全月”，开展安全与健康的宣传教育活动。1980年7月11日，国家劳动总局公布《蒸汽锅炉安全监察规程》，规定保证锅炉安全运行的具体内容。伴随着改革开放，合资企业开始进入中国，为了监管这类企业的安全生产情况，国务院在1980年7月26日颁布《中外合资经营企业劳动管理规定》，要求合资企业必须在订立劳动合同时规定工作时间、假期和劳动保护等事项，并且必须执行中国政府有关劳动保护的规章制度，保证安全生产和文明生产，中国政府劳动管理部门有权监督检查。12月22日，为了促进化学工业的发展并保障劳动者在生产中的安全与健康，化学工业部颁发《化工企业安全管理制度》，要求所有企业必须坚持“安全第一，预防为主”的原则，根据生产情况提供安全的工作环境。1981年，国家矿山安全监察局正式成立，在劳动总局的领导下负责监管矿山的安全与卫生工作。1982年2月，国务院颁布《锅炉压力容器安全监察暂行条例》《矿山安全条例》《矿山安全监察条例》，对规制活动的机构和职责权限作出明确规定。1982年8月，劳动人事部颁布《锅炉压力容器安全监察暂行条例实施细则》，用于防止事故发生。12月29日，劳动人事部、国家标准局通过研究所、冶金部安全技术研究所建立劳动防护用品质量监督检验站，代表政府对产品的申请及生产环节进行监督检查。1983年2月，化工部颁发《加强化工企业安全生产的八条规定》，强调安全生产是一门科学，应当使广大职工认识并提高安全生产的自觉性，要求化工企业必须严格执行各项安全制度，领导干部要负起安全监督检查的责任，定期开展安全活动，加强对职工的安全教育和安全技术训练，严格事故管理工作，将安全与经济责任制紧密相连，调动管理者和劳动者贯彻安全生产的积极性。为了提高安全监管的力度，劳动人事部通过增加编制的方式增加劳动保护安全监察干部的数量，认真做好各行业的安全生产和职业健康的管理工作。由于预防是提高职业安全与健康水平的关键一环，国家在1983年10月颁布《关于改革职工个人劳动防护用品发放标准和管理制度的通知》，要求用人单位必须按不同工种、劳动安全条件配备并发放防护用品，并且根据要求定期检查，避免失效或不合格用品进入生产环节，更不允许将防护用品转卖或通过现金方式替代，充分发挥劳动防护用品的重要作用。这一时期，乡镇煤矿是事故高发企业，为了遏制重大事故的发生，劳动人事部等机构在1984年10月联合颁发《乡镇煤矿安全生产若干暂行规定》，加强对集资和个人开办小煤矿的安全监管，对设计、申办、施工、生产和事故登记等方式都做出明确规定。之后，根据《关于乡镇煤矿实行行业管理的通知》，将乡镇煤矿由煤炭工业部实行行业管理。

1985年1月，全国安全生产委员会成立，作为在国务院领导下研究、协调和指导关系全局性重大安全生产问题的组织。同时劳动人事部、财政部、全国总工会发布《关于国营企业职工因工死亡后遗属生活困难补助问题的通知》，要求企业解决因工死亡职工的供养直系亲属生活困难问题，具体标准参照所在地区工资情况。

1991年5月，国家施行的《企业职工伤亡事故报告和处理规定》，规定的内容适用于中华人民共和国境内的所有企业，要求企业及时报告、统计、调查和处理职工伤亡事故，并积极采取预防措施，防止伤亡事故发生，并且对具体事故的报告、调查和处理等事项做了明确的规定，确定了企业应负有的责任和义务。

2. 采用试点方式重建职业安全与健康规制制度

在改革开放的新形势下，通过在试点地区重建职业安全和健康制度的方式，总结经验并推广到全国。1979 年 5 月，国家选择上海、黑龙江、四川、北京、天津五个省、市试点建立劳动保护室，将成功经验推广到全国。1982 年 3 月，国家劳动总局加强对重点行业安全生产措施的监管力度，通过《矿山安全条例》《矿山安全监察条例》《锅炉压力容器安全监察暂行条例》在四川、辽宁、吉林等 18 个地区的实施情况，总结经验，提出改进劳动保护和安全规制的工作方案。

3. 加强职业安全与健康方面的培训

1979 年 11 月，为了提高用人单位劳动安全管理水平，国家劳动总局对主管劳动保护工作的干部进行培训。1980 年 4 月，国家劳动总局针对噪声与射频辐射防护技术进行专门的培训。7 月和 10 月，国家劳动总局分别举办电气和起重安全技术、劳动保护与锅炉安全培训学习班，提高这两个高危行业的安全保护水平。为了提高乡镇企业劳动保护的水平，1987 年 7 月，劳动人事部、农牧渔业在《关于加强乡镇企业劳动保护工作的规定》中明确要求，乡镇企业及其主管部门和劳动部门应有计划、有组织地进行安全卫生教育与技术培训，通过厂、车间和班组三个层级开展安全教育，要求对从事特种作业的工人必须进行专业训练并取得资格证后才能上岗操作。1991 年 9 月，劳动部颁布《特种作业人员安全技术培训考核管理规定》。

4. 建立并完善职业病防治体系

1979 年，卫生部、国家劳动总局、全国总工会、国家医药管理局联合进行职业病普查工作，计划在三年内完成接触铅、苯、汞、有机磷、三硝基甲苯 5 种毒物工人的普查，根据调查结果采取预防措施。1979 年 2 月 24 日，卫生部颁布《放射性同位素工作卫生防护管理办法》，用于保障放射性工作人员和广大居民的健康与安全。国务院签发《关于加强厂矿企业防尘防毒工作的报告》，要求企业每年必须提取劳动保护经费用于改善劳动条件，并且不得挪用。8 月，国家颁发《工业企业噪声卫生标准（试行草案）》，规定了工业企业生产车间和作业场所的安全标准。1979 年 9 月 30 日，颁布《工业企业设计卫生标准》。

20 世纪 80 年代的农村，手纺石棉分布较广，从业人员较多，大多数采用简陋的设备加工石棉。尽管采用简易防尘罩等设备避免石棉危害，但是在并线等工艺环节没有适当的防护措施，造成大量接触人员患上职业病。1981 年 1 月，针对这一情况，国务院办公厅转发《关于手纺石棉尘危害情况和解决意见的报告的通知》，要求通过加强宣传教育，由石棉厂为农村纺户提供劳动保护，并逐步通过石棉湿法纺织的新工艺替代传统生产方式，并对患有石棉尘肺病的人员进行定期体检和治疗。1982 年 12 月 16 日，卫生部、国家劳动总局、全国医药总局联合进行中华人民共和国成立以来第一次大规模普查工作。为了重建职业病报告制度，卫生部和国家劳动总局在 1982 年 3 月颁布《职业中毒和职业病报告办法》，规定在遇到急性职业中毒、热射病和热痉挛、潜涵病发生时，应当在二十四小时内按规定格式填写，并向当地卫生监督机构报告。1984 年，国务院颁布《关于加强防尘工作的决定》，要求所有新建项目和技术改造项目都必须在设计阶段进行防尘规划，在验收环节要接受各级劳动、卫生部门和工会组织的检查。

1987 年 11 月，卫生部、劳动人事部等机构发布职业病名单，规定的职业病包括职业中毒、尘肺、物理因素职业病、职业性传染病、职业性皮肤病、职业性眼病、职业性耳鼻喉疾病、职业性肿瘤、其他职业病。1987 年 12 月 3 日，国务院颁布《尘肺病防治条例》，适用于所有粉尘作业的企事业单位，通过 28 条规定从总则、防尘、监督和监测、健康管理、奖励和处罚、附则六个方面保障从业者的职业安全与健康。1988 年 8 月，卫生部修订并颁布《职业病报告办法》，采用统计、分析、报告等方法掌握职业病发病情况，制定预防措施，保障劳动者的职业健康。1990 年 2 月，劳动部颁发《矿山安全卫生监察技术中心管理办法》，通过公益性的技术中心为矿山及相关的监察工作提供技术业务，同时提供矿山安全与健康的分析数据，为实施矿山规制政策提供支持。

1991 年，劳动部颁发《粉尘危害分级监察规定》，要求除矿山开采业以外具有生产性粉尘危害的企、事业单位必须每年按要求进行一次分级检测并建档，将结果报送当地劳动行政部门，同时制定预防和治理粉尘的规划，保证从业者的职业健康。

5. 恢复安全资格考试制度

1982 年 7 月，劳动人事部颁布《锅炉压力容器无损检测人员资格考试规则》，确保从业者具备检验锅炉压力质量的能力，保证设备安全运行。为了鼓励劳动保护专业人员的学习动力，劳动人事部劳动保护局和科技干部局联合发出《关于评定劳动保护专业干部职称问题的通知》，确定劳动保护专业干部的技术职称标准。1991年7月，劳动部颁发《关于对建筑企业实行安全资格认证的通知》，旨在以法律法规的方式规范建筑施工单位的安全管理水平，对合格单位发放安全资格证，对不达标的进行停产整顿或清除，彻底改变建筑业事故高发的不利局面。

6. 建立安全与健康科研机构

为了促进劳动科技成果的转化，1981年5月9日成立“中国劳动保护科学技术学会筹委会”。1985年1月，劳动人事部召开全国保护科学技术工作会议，制定“七五”时期劳动保护科研工作的方向和重点，明确依靠科研提高职业安全与健康水平的主要任务。同年3月，中国劳动保护科学技术学会正式成为中国科学技术协会成员，也是亚太地区职业安全卫生组织的核心成员，成为发展安全科学技术事业的重要社会组织。同年9月，劳动人事部颁布《劳动保护科学技术研究项目管理办法》，适用劳动保护局、矿山安全监察局、锅炉压力容器安全监察局安排的科研项目，涉及项目的申请、审核、鉴定和成果推广等内容。1986年10月，劳动人事部发布《关于设立“劳动保护科学技术进步奖”的通知》，旨在推动职业安全与健康科学技术的发展，对做出突出贡献的集体和个人给予表彰，调动全社会参与劳动保护的积极性，并推动科技成果的应用与推广。1988年10月，劳动部科学技术委员会和劳动部科学技术办公室成立，并设立职业安全卫生、矿山安全卫生和锅炉压力容器三个专项办公室。1989年1月，《中长期科技发展纲要（安全生产专题)》通过专家评审，标志着职业安全与健康成为国家科技发展确定的重点领域。

7. 加强对女职工及弱势群体的保护

为了保护女性职工的职业安全与卫生，1986年5月，卫生部、劳动人事部、全国总工会、全国妇联印发《女职工保健工作暂行规定(试行草案)》的通知，要求有女性职工的企事业单位、机关和团体必须坚持预防为主的方针，根据女性职工的生理特点和工作性质，按照规定为她们提供劳动保护。同年10月，国务院颁布《中华人民共和国民用核设施安全监督管理条例》，共计6章26条，旨在保证民用核设施的建造和营运中的安全，保障从业者和群众的安全与健康。在政府和各级机构的共同努力下，截至1986年全国有20个省、自治区和直辖市颁布了地方性的职业安全与健康法规或条例，劳动保护规制制度已经建立起来。1988年7月，国务院发布《女职工劳动保护规定》，充分考虑到女性的生理特点，明确规定女职工禁忌从事的劳动范围，充分维护女性劳动者的合法权益，成为保护女职工职业健康的重要法规。同年11月5日，劳动部、国家教育委员会等部门联合发布《关于严禁使用童工的通知》，要求各级劳动行政部门、乡镇企业主管部门、工商行政管理机关和工会组织加强对企事业单位，尤其是城乡集体企业、私营企业和个体工商户的管理，严禁招用未满十六周岁的青少年从事劳动生产，并对违法行为给予严肃处理。

8. 通过立法促进工会参与劳动保护监管活动

1980年6月，为了恢复被“文化大革命”破坏的劳动保护工作，中华全国总工会召开第三次工会群众劳动保护大会，将安全生产和卫生保障列为当务之急。为了充分发挥工会的作用，劳动人事部、国家经委、卫生部在1985年5月联合发出《关于转发全国总工会〈关于颁发工会劳动保护监督检查三个条例〉的通知》，主要包括：由工会组织代表群众参与劳动安全与卫生的监督工作，由市总工会以上各级工会劳动保护监督检查员负责宣传劳动保护政策，检查新建、扩建、改建项目的劳动保护设施，监督劳动保护经费的提取、使用和执行情况，在发现违章指挥等情况时有权向企业提出停产解决建议，并定期向同级工会劳动保护部门汇报工作等规定。由于1985年的事故率大幅上升，为了加强对劳动者的安全保障并扭转安全形势，中华全国总工会在1986年颁发《关于加强群众监督，大力减少伤亡事故的几项措施》，要求各级工会与同级相关机构共同对经济承包方案中是否有安全与健康保护内容进行审查，由基层工会劳动保护干部排查生产中的事故隐患，及时制止违章指挥和违章作业，当出现危及职工生命安全的情况时由工会劳动保护检查员及时向企业行政或现场指挥人员提出停产要求，并利用工会宣传优势加强安全技术培训和教育，参与查处重大伤亡事故等。1990年，全国工会劳动保护监督检查体系基本形成，各省、自治区和直辖市，以及全国产业工会、基层工会及工会小组都配备了安全监督检查员，履行并发挥工会在职业安全与健康规制中的重要作用。

综上所述，这一时期的职业安全与健康规制还不够完善，在恢复与重建过程中，由事故导致的重伤人数除了在1985年出现短暂上升外总体呈下降趋势，但是死亡人数减少幅度较小，在近十三年间仅减少5199人，见图2－1和图2－2。

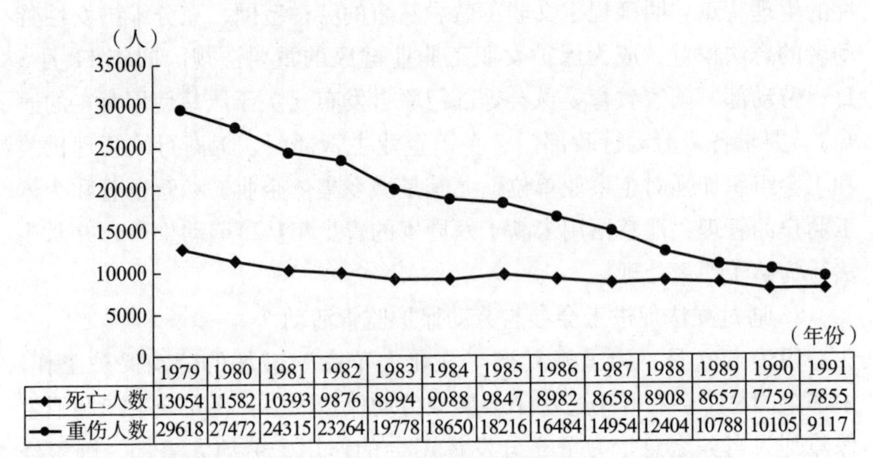

	1979	1980	1981	1982	1983	1984	1985	1986	1987	1988	1989	1990	1991
死亡人数	13054	11582	10393	9876	8994	9088	9847	8982	8658	8908	8657	7759	7855
重伤人数	29618	27472	24315	23264	19778	18650	18216	16484	14954	12404	10788	10105	9117

图2－1　1979～1991年全国企业职工伤亡人数统计

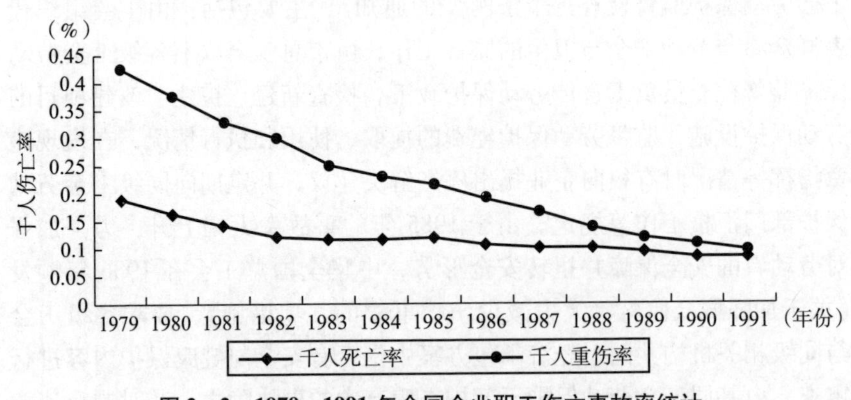

图2－2　1979～1991年全国企业职工伤亡事故率统计

这一阶段的职业安全与健康规制处于百废待兴的状态，无论是法律法规体系的完善，还是规制机构的设置都落后于社会变革速度，在经济体制改革中很多安全生产中的新问题开始逐渐暴露，规制工作的效果还不够明显。但是，党中央非常重视劳动者的职业安全与健康，从强化监管力度、完善法制体系、加强群众监督等方面入手，提高规制水平，并为下一阶段安全生产走向良性发展打下基础。

（五）社会主义发展新阶段职业安全与健康规制建立时期（1992～2002年）

以邓小平1992年“南方谈话”和1992年10月召开的十四大为标志，我国改革开放和现代化建设事业进入了一个新的发展阶段，确定我国经济改革的目标是建立社会主义市场经济体制。1993年11月，中共十四届三中全会召开，明确提出社会主义市场经济体制是同社会主义基本制度结合在一起的，要进一步转换国有企业经营机制，建立适应市场经济要求的现代企业制度。这一时期，国务院颁发了《关于加强安全生产工作的通知》，确定劳动部负责综合管理全国安全生产工作，职业安全与健康规制以“企业负责、行业管理、国家监察、群众监督”为原则，要求各地区、各有关部门和单位在机构改革和企业转换经营机制过程中，设立专门机构和人员负责安全生产工作，保障劳动者的生命安全，促进改革开放和经济建设的健康发展，职业安全与健康规制也随之进入一个新阶段，进入了适应市场经济体制的社会主义发展新时期。这一时期的规制工作主要有以下几个特点：

1. 通过颁布法律法规的方式继续加强规制力度

1994年，国务院发布《关于职工工作时间的规定》，要求全国所有机关、企事业单位实施职工每周工作44小时工作制，保护劳动者的休息权利。一年之后，将工作时间调整为每周5天工作制。随着经济体制改革的深入，大量外资企业成立并开展经济活动，为了弥补这一领域的法律空白并保护从业者的职业安全与健康，劳动部、对外贸易经济合作部在1994年8月21日联合颁发《外商投资企业劳动管理规定》，要求在中国境内设立的中外合资经营企业、中外合作经营企业、外资企业、中外股份有限公司必须严格遵守法律规定，并在招录人员、培训、保险、工资福利和劳动卫生等方面接受县级及以上劳动行政部门的监管，保障劳动者的职业安全与健康。

1995年1月，《中华人民共和国劳动法》正式施行，从促进就业、劳动合同和集体合同、工作时间和休息休假、工资、劳动安全卫生、女职工和未成年工特殊保护、职业培训、社会保险和福利、劳动争议、监督检查、法律责任等方面明确用人单位的责任和劳动者的权利，它是中华人民共和国成立以来调整劳动关系及其他社会关系的重要法律法规，也是职业安全与健康规制工作的重要指导性文件，对于保护劳动者的合法权益，建立和维护适应社会主义市场经济的劳动制度，促进经济和社会发展起到了非常重要的作用。6 月 20 日，劳动部颁发《劳动安全卫生监察员管理办法》，旨在加强对劳动行政部门执法人员的管理，规定从业资格和条件，要求监察员熟悉职业安全与健康的规制法规和技术规范，勤政廉洁，并每三年进行一次考核，对监管活动中应履行的职责做出具体规定。

1996 年 2 月，国家教委、劳动部、公安部等七部委联合发布通知，将每年 3 月最后一周的周一定为全国中小学生“安全教育日”，将安全教育工作从小抓起，促进中小学生的健康成长。1996 年 10 月，劳动部成立事故调查分析技术中心，主要加强对重特大事故的分析与调查，提供相关的技术报告，并完成国家或相关部门科研项目，为职业安全与健康规制工作提供科学和权威的技术支持。同年 12 月 20 日，劳动部、化学工业部联合发布《工作场所安全使用化学品规定》，旨在保障生产、经营、运输、贮存和使用化学品的单位和职工的安全与健康。1999 年，国家经贸委颁布《职业安全卫生管理体系试行标准》，并决定开展危险化学品登记注册工作。

2001 年 3 月，国务院办公厅下发《关于成立国务院安全生产委员会的通知》，安委会在国家安全生产监督管理局设立办公室，对全国安全工作进行统一的领导，组织安全监管和专项督察，负责特别重大事故的应急救援与调查处理，指导和协调全国安全生产行政执法等工作。2002 年 4 月，国务院常务会议通过了《使用有毒物品作业场所劳动保护条例》，从作业场所的预防措施、劳动过程的防护、职业健康监护、劳动者的权利与义务、罚则等几个方面对有毒物品作业场所的劳动者进行保护，以保障劳动者的身体健康和相关权益。2002 年 11 月，《中华人民共和国安全生产法》正式实施，从生产经营单位的安全生产保障、从业人员的安全生产权利义务、安全生产的监督管理、生产安全事故的应急救援与调查处理和法律责任等方面做出明确规定。

2. 建立工伤保险制度为劳动者提供保障

1992 年 1 月，劳动部、卫生部和中华全国总工会联合颁布《职工工伤与职业病致残程度鉴定标准（试行）》，这是适应“八五”计划和工伤保险制度改革的重要文件，充分考虑到伤残给职工劳动能力和社会心理带来的影响，采用科学的方法根据伤残程度进行分级，保障劳动者的合法权益。1996 年 10 月，《企业职工工伤保险试行办法》正式实施，通过差别和浮动费率的方式，对用人单位起到惩罚和激励作用，鼓励各行业积极采用预防措施降低事故率，并对已经遭受事故伤害或患有职业病的职工给予医疗救治、经济补偿和职业康复的权利，帮助他们重塑信心，维护社会的安定与团结。

3. 继续加强女职工和未成年工的安全与健康规制

1992 年 4 月，第七届全国人民代表大会第五次会议通过《中华人民共和国妇女权益保障法》，在第四章的劳动权益部分明确规定：任何单位均应根据妇女的特点，依法保护妇女在工作和劳动时的安全与健康，不得安排不适合妇女从事的工作和劳动。妇女在经期、孕期、产期、哺乳期受特殊保护。国家发展社会保险、社会救济和医疗卫生事业，为年老、疾病或者丧失劳动能力的妇女获得物质资助创造条件。同年 11 月 26 日，由卫生部、劳动部、人事部、中华全国总工会、中华全国妇女联合会颁发《女职工保健工作规定》，根据"预防为主"的原则，保障女职工的职业安全与健康，例如，第 6 条规定各单位的医疗卫生部门应负责本单位女职工保健工作。女职工人数在 1000 人以下的厂矿应设兼职妇女保健人员；女职工人数在 1000 人以上的厂矿，在职工医院的妇产科或妇幼保健站中应有专人负责女职工保健工作。

1995 年 1 月，《未成年工特殊保护规定》正式施行，旨在为年满十六周岁、未满十八周岁的劳动者提供保障，明确规定用人单位不得安排未成年工从事诸如国家标准中第一级以上的接尘作业等工作，未成年工患有某种疾病或生理缺陷时不得从事的工作范围，要求用人单位必须在安排工作岗位前，对工作满一年和年满十八周岁并距前一次体检时间超过半年的情况对其定期进行健康检查，并对未成年工进行与岗位相关的职业安全卫生教育和培训等。

4. 完善工会参与劳动与健康规制的法制体系

1992 年 4 月，第七届全国人民代表大会通过《工会法》，具体规定了工会在劳动安全中应当发挥的作用，如第 24 条规定"工会发现企业违章指挥、强令工人冒险作业，或者生产过程中发现明显重大事故隐患和职业危害，有权提出解决的建议；当发现危及职工生命安全的情况时，有权向企业建议组织职工撤离危险现场，企业必须及时作出处理决定。”1997 年 4 月，中华全国总工会颁布《工会劳动保护监督检查委员会工作条例》《基层工会劳动保护监督检查委员工作条例》《工会小组劳动保护检查员工作条例》的修订版，充分利用工会与职工紧密结合、了解安全生产实际情况的优势，发挥工会的监督检查作用，提高安全与健康规制的效果。

5. 经济体制转型中加强矿山安全规制

1992 年 6 月，劳动部颁布《矿山劳动卫生监察程序和办法》，针对全国各类国营矿山企业，要求各级监管机构每年定期或不定期对矿山的职业安全和健康情况进行打分，按照防尘、毒、噪声机构和制度，防尘系统和防尘、噪声措施，粉尘、毒、噪声标准，职工保健制度，计分方法五个监察程度进行评测，根据评价结果为矿山企业提出存在的问题及改进建议，并确定需要进行整改的企业名单。1993 年 3 月，劳动部颁布《矿山呼吸性粉尘危害程度分级实施方案》，以法律法规为依据对矿山呼吸性粉尘危害进行分级，根据分析与评价结果对尘肺高发矿山企业进行重点整治，加强对矿山职工职业健康的规制力度。同年 5 月 1 日，《中华人民共和国矿山安全法》正式施行，旨在促进矿山生产安全，从矿山建设、开采的安全保障，矿山企业的安全管理，矿山安全的监督和管理，矿山事故处理，法律责任等方面督促企业建立与完善安全管理制度，是我国职业安全与健康保护的重要法典之一。尽管国家对矿山安全与健康规制的力度不断加大，然而在社会主义市场经济体制转轨时期，很多用人单位只注重经济效益而忽略安全管理的主体责任，使事故出现高发的态势。1995 年 9 月，十四届五中全会提出实现“九五”计划和 2010 年远景目标的关键是实现两个具有全局意义的根本性转变：一是经济体制从传统的计划经济体制向社会主义市场经济体制转变；二是经济增长方式从粗放型向集约型转变。随着企业管理体制和经营机制的进一步改革，这一阶段国家加强了对煤矿等重点行业的职业安全与健康规制。以煤矿企业为例，通过国有重点煤矿、地方国有煤矿和乡镇煤矿的死亡人数和百万吨死亡率，反映 1992 ~ 2002 年的劳动安全规制情况，见表 2 – 1。

表 2－1　　　1992～2002 年全国各类煤矿事故死亡人数统计

年度	全国煤矿		国有重点煤矿		地方国有煤矿		乡镇煤矿	
	死亡人数（人）	百万吨死亡率（%）	死亡人数（人）	百万吨死亡率（%）	死亡人数（人）	百万吨死亡率（%）	死亡人数（人）	百万吨死亡率（%）
1992	4942	4.65	488	1.01	843	4.50	3611	9.20
1993	5283	4.78	498	1.12	957	4.90	3697	8.50
1994	7016	5.15	551	1.19	1070	4.82	4953	8.32
1995	6387	5.03	517	1.16	1045	4.90	4660	8.13
1996	6404	4.67	515	1.17	893	4.02	4734	7.70
1997	6753	5.1	665	1.45	931	4.13	4815	8.44
1998	6134	5.02	479	1.02	805	3.76	4575	8.60
1999	5518	5.3	432	0.92	777	3.73	4122	12.95
2000	5798	5.86	1018	1.9	814	4.19	3933	14.61
2001	5670	5.14	781	1.32	1044	6.41	3645	14.80
2002	6528	4.34	1828	1.22	669	3.31	4031	9.83

资料来源：根据煤炭工业经济运行中心统计数据和国家安全生产监督管理局统计数据整理。

如图 2－3 和图 2－4 所示，全国各类煤矿事故死亡人数有 3 个高峰点，分别是 1994 年、1997 年和 2002 年。煤矿企业的百万吨死亡人数以国有重点煤矿的百万吨死亡率最低，地方国有煤矿其次，乡镇煤矿最高，其中乡镇煤矿百万吨死亡率从 1998 年开始快速提高，在 2001 年达到最高点。这些情况的出现并不是偶然的，与当时的经济发展和体制变革有密切关系。1994 年，在煤矿行业除了电煤价格外，其余煤炭价格都已经放开。在市场经济的刺激下煤矿开采量比 1993 年猛增 1.78 亿吨。各类煤矿企业在利益面前，把经济效益放在首位而忽略劳动安全效益，因此 1994 年全国煤矿行业的死亡人数进入第一个高峰点。1996 年 10 月，劳动部颁布了《中华人民共和国矿山安全法实施条例》，对依法批准的矿区范围内从事资源开采的生产区域及其附属设施进行安全管理，为保障矿山建设的安全，对矿山开采的安全生产和矿山事故处理等内容做了具体规定。1997 年，全国 32 家国有重点煤矿开始成立公司，组建企业集团并上市，在国有企业转换经营机制的同时忽略了劳动安全，

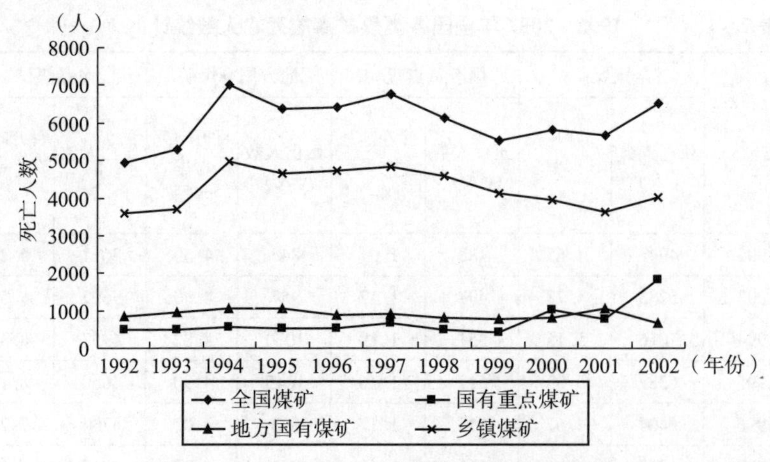

图 2－3　1992～2002 年全国各类煤矿死亡人数

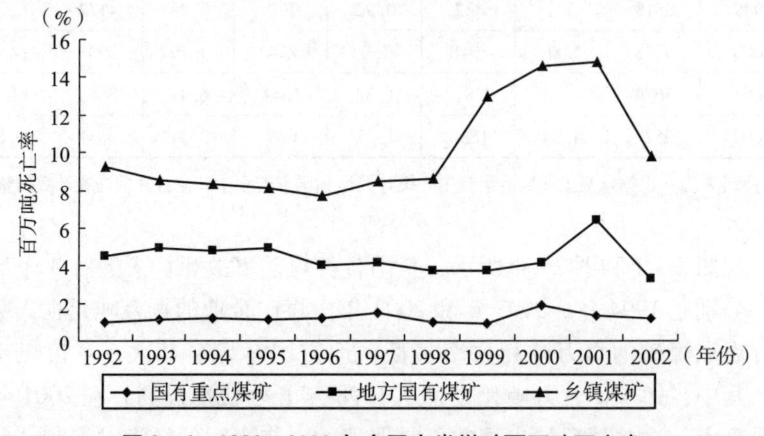

图 2－4　1992～2002 年全国中类煤矿百万吨死亡率

国有重点煤矿的死亡人数创历史新高，达到 665 人。1997 年 10 月，国务院办公厅又发布《国务院办公厅转发劳动部关于认真落实安全生产责任制意见的通知》，按照“企业负责、行业管理、国家监察、群众监督和劳动者遵章守纪”的总要求，要求各地区、各有关部门（行业）和企业本着“管生产必须管安全、谁主管谁负责”的原则，建立健全安全生产领导责任制并实行严格的目标管理。但是随着经济规模的迅速扩大，事故总量在 1996～1998 年增加，形成第三个事故高峰期。1998 年，政府机构改革，撤销煤炭部，国家经贸委下设国家煤矿工业局；原煤炭工业部直属和直接管理的 94 户国有重点煤矿下放地方管理。政府对探矿权人、采矿权人收取探矿使用费、采矿权使用费和国家出资勘察形成的探矿权价款、采矿权价款，但实际收取的费用很少，导致煤炭行业进入壁垒过低，大量乡镇煤矿开始经营。因此，从 1998 年开始乡镇煤矿的百万吨死亡率迅速增加。根据这种情况，国家加大了对重点高危行业劳动安全规制的力度。2000 年 12 月，《煤矿安全监察条例》正式实施，旨在保障煤矿安全，并从根本上规范了煤矿劳动安全规制工作，以保障煤矿行业劳动者的人身安全和身体健康。同时，国务院批准《国家安全生产监督管理局（国家煤矿安全监察局）职能配置、内设机构和人员编制规定》。2001 年，撤销国家煤炭工业局，有关行政职能并入国家经贸委，随着生产总值的快速增加，各类煤矿企业在 2001 ~ 2002 年的事故总量出现短暂的增加，成为我国第四个事故高峰期。为了控制事故高发，同年国家煤矿安全监察局正式挂牌成立，内设办公室、安全监察司、事故调查司、科技装备局和行业安全基础管理指导司，负责煤矿安全监察执法、检查指导地方政府煤矿安全监督管理、指导煤矿整顿关闭，煤矿事故调查处理、执法监督，煤矿标准、规范和安全技术装备保障，指导煤矿安全基础管理、安全培训等工作。

这一阶段是社会主义经济转轨的重要时期，也是中国改革开放后煤矿体制变迁的真实缩影，在每一个高峰点，国家都会采取强有力的安全规制措施防止安全事故进一步扩大。伴随着工业化发展和企业改制的不断加速，政府在控制事故高发方面做出积极的努力，制定了大量有关安全生产的法规，有效遏制了伤亡事故的进一步发展，保障了工作场所内劳动者的生产安全和健康。虽然这段时间安全生产存在一些问题，但是政府在规制方面积累了大量经验，中国的职业安全与健康逐步从初建阶段迈入良性发展时期。

（六）职业安全与健康规制的完善发展时期（2003 ~ 2015 年）

1. “十五”期间职业安全与健康规制

党的十六大以来，以胡锦涛同志为总书记的党中央以科学发展观统领经济社会发展全局，坚持“以人为本”的发展原则，在法制、体制、机制和投入等方面采取了一系列措施加强安全生产工作。2003 年 2 月，国家安全生产监督管理总局矿山救援指挥中心正式成立。由于安全生产形势严峻，截至2003年3月23日共发生特大事故35起，给人民群众生命与安全造成重大损失。3月29日，国防科工委转发《国务院办公厅关于进一步加强安全生产工作的紧急通知》，要求各单位加强管理，消除安全隐患，严格执行安全工作责任制，坚持预防为主的方针保障职工安全与健康。6月3日，国家安全生产监督管理局（国家煤矿安全监察局）印发《关于对安全生产违法行为实施经济处罚的意见》，使用人单位认识到违法行为的严重后果，通过实施经济处罚的方式，一方面追究违法者的经济责任，另一方面鼓励用人单位采取积极的安全管理预防措施，同时对经济处罚执法行为提供指导建议。这一时期安全规制的重点仍然是事故高发的矿山行业，8月19日山西省政府发出《关于对全省煤矿进行停产整顿的紧急通知》，10月27日国家安全生产监督管理局、公安部等机构联合印发《深化非煤矿山安全生产专项整治方案》的通知，继续开展安全生产专项整治工作，强化安全规制力度。

2004年1月，《工伤保险条例》正式实施，它使我国的工伤保险制度走上了法制化轨道，标志着我国工伤保险制度改革速度加快，保障了劳动者在工作过程中因为生产工作不幸遭受事故伤害时应享受的待遇，对于促进企业安全生产，维护社会安定起到了重要的作用。2004年1月7日，国务院第三十四次常务会议审议通过了《安全生产许可证条例》，严格规范安全生产条件，进一步加强了安全生产的监督管理工作。2004年1月20日，国务院公布《安全生产许可证条例》，旨在对矿山企业、建筑施工企业和危险化学品、烟花爆竹、民用爆炸物品生产企业施行安全许可证制度，通过这种方式进一步加强危险行业的安全管理。同时，为了规范安全专业技术人员的任职资格，国家安全生产监督管理局（国家煤矿安全监察局）颁布《注册安全工程师注册管理办法》，通过全国统一考试的方式，要求从业的安全工程师熟练掌握安全生产法及相关法律、安全生产管理和安全生产技术等方面的知识，并且可以通过安全生产事故案例进行分析总结。2004年7月1日，实施《危险废物经营许可证管理办法》，按照经营方式分别对危险废物的收集、贮存、处置经营活动发放许可证。2004年11月1日，国务院颁布《劳动保障监察条例》，明确由劳动保障行政部门、县级以上地方各级人民政府相关部门负责监察工作，要求用人单位应当遵守法律法规，接受并配合监管活动，并对劳动保障监察职责和具体实施情况做出明确规定。

为了控制国有煤矿特大瓦斯事故的发生，2005 年 1 月正式实施《国有煤矿瓦斯治理规定》，规定煤矿主要负责人是第一安全责任人，实施矿井瓦斯等级鉴定制度，建立和落实瓦斯监管制度。国家安监局科学技术研究中心更名为中国安全生产科学研究院，通过科学研究推动安全与健康管理的发展，为预防、监控和解决事故提供技术支撑。2005 年 2 月 28 日，为进一步加强国家对安全生产管理的组织领导，原国家安全生产监督管理局（副部级）正式升格为安监总局（正部级），其监管职能和权威进一步加强。4 月 19 日，第 10 届职业性呼吸系统疾病国际会议召开，从发病机制、诊断和治疗、有害因素监管等多个方面进行国际交流，为中国防治尘肺病提供宝贵经验。6 月 7 日，国务院发布《关于促进煤炭工业健康发展的若干意见》，特别强调对煤炭资源的规划管理，并要求落实安全生产责任制，通过中央、地方和企业共同投入资金的方式实现煤矿企业的安全改造。同年 7 月，国务院先后发出《国务院关于全面整顿和规范矿产资源开发秩序的通知》《国务院办公厅关于坚决整顿关闭不具备安全生产条件和非法煤矿的紧急通知》《关于清理纠正国家机关工作人员和国有企业负责人投资入股煤矿问题的紧急通知》，力图从源头上清理违规煤矿并解决矿产安全责任不清的问题，并通过《国务院关于预防煤矿生产安全事故的特别规定》落实安全生产执法监管的具体措施。为了增强煤矿的安全主体责任观念，国务院办公厅在 10 月 31 日转发《关于煤矿负责人和生产经营管理人员下井带班指导意见的通知》，要求实际负责人和生产经营管理者通过下井带班的方式，排查安全隐患，对发现的问题及时处理，并行使安全监管的责任。表 2－2 和图 2－5 是“十五”期间全国事故统计情况。

表 2－2　　“十五”期间（2001～2005 年）全国事故统计

年份	全国		一次死亡 10 人以上特大事故		工矿商贸企业		煤矿企业	
	起数（起）	死亡人数（人）	起数（起）	死亡人数（人）	起数（起）	死亡人数（人）	起数（起）	死亡人数（人）
2001	1000629	130491	140	2556	11402	12554	3082	5670
2002	1073434	139393	128	2341	13960	14924	4344	6996

续表

年份	全国		一次死亡10人以上特大事故		工矿商贸企业		煤矿企业	
	起数（起）	死亡人数（人）	起数（起）	死亡人数（人）	起数（起）	死亡人数（人）	起数（起）	死亡人数（人）
2003	963976	136340	129	2566	15597	17351	4134	6434
2004	803573	136755	131	2606	14704	16497	3041	5855
2005	727945	126760	134	3049	12826	15396	3341	5896

资料来源：《中国安全生产年鉴》2001～2005年历年版。

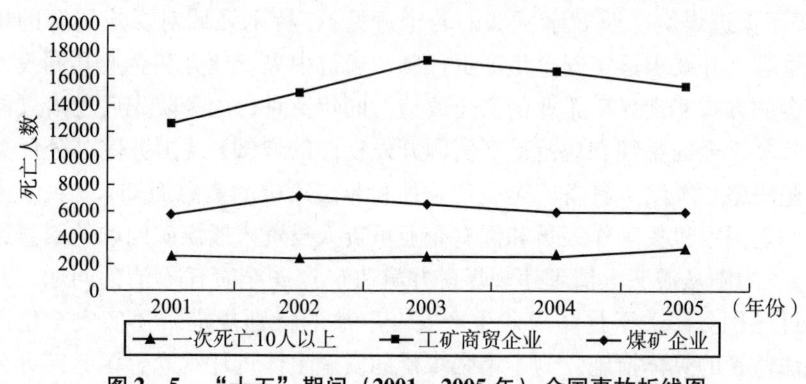

图2－5　“十五”期间（2001～2005年）全国事故折线图

2. “十一五”期间职业安全与健康规制

2006年1月，国务院制定《国家中长期科学和技术发展规划纲要(2006～2020年)》，将“重大生产事故预警与救援”列入重点研究项目。3月14日，全国人大四次会议通过《关于国民经济和社会发展第十一个五年规划纲要》，首次将“提高安全生产水平”作为专项内容，健全安全生产监管体制，重点加强对煤炭、危险化学品等危险行业的管理，通过建立安全生产指标考核体系的方式降低安全事故死亡率。根据“十一五”规划的内容，国家安全监管以煤矿为重点监管领域，在同年5～7月连续下发《关于制定煤矿整顿关闭工作三年规划的指导意见》《深化煤矿瓦斯综合治理和开发利用，推动煤矿安全生产和煤炭工业健康协调发展》，并在《〈刑法〉修正案（六）》对第134条和第135条进行了修改，对“强令他人违章冒险作业”加重量刑，并增加“群众性活动安全事故罪”与“不报、谎报安全事故罪”两项内容。通过刑法修正案加强对违规行为的震慑力度，强调安全生产责任的重要性与严肃性。2006 年 7 月 21 日，《安全生产“十一五”规划》正式实施，这是中华人民共和国以来第一部由国家组织编写的专项规划，以“三个代表”为指导思想，确定煤矿、非煤矿山、危险化学品、烟花爆竹、特种设备、建筑业等重点行业的安全目标，遏制煤矿重特大事故，强化重点行业和领域的监管，通过不断研发的安全技术提高安全生产水平，从源头预防并控制生产事故，加强对监管执法人员、企业主要负责人、安全生产管理人员和从业者的安全与健康培训，提高全社会的安全意识，建立安全信息管理平台，提高应急救援的能力和水平等。9 月，国家分别举办“第五届国际矿山救援技术竞赛”和“第三届中国国际安全生产论坛暨中国国际安全生产及职业健康展览会”，旨在通过国际交流的方式增进国际的交流与合作，学习国外先进经验并提高我国规制管理水平。为了促进中小企业的安全生产水平，国家安全生产监督管理总局和国家发改委在 10 月 26 日举办首届中小企业安全发展高层论坛，促进并鼓励广大中小企业积极提高劳动安全保护条件。11 月 22 日，国家发布《安全生产领域违法违纪行为政纪处分暂行规定》，旨在对国家行政机关、企事业单位中由国家行政机关任命的安全管理人员的行为进行管理，对违法违纪行为给予处分。

2007 年 1 月，国家发改委、国家安全生产监督管理总局、国家煤矿安全监察局、科技部联合下发《关于印发 2007 年煤矿瓦斯防治工作要点的通知》，国家安全生产委员会下发《关于开展煤矿安全生产和整顿关闭工作督查的通知》。4 月 28 日，国家安全生产监督管理总局与国际劳动组织举办“职业安全健康日”活动，通过为劳动者提供安全健康的工作场所，让体面的劳动成为现实。5 月 31 日，国家安全生产监督管理总局与美国利宝互助保险集团共同开展《发展保险制度，改善中国安全生产》的课题研究，拟通过发挥保险制度的优势为企业和劳动者提供多重保障，利用保险的激励机制发挥社会各界参与安全生产的主动性。8 月 30 日，全国人民代表大会常务委员会第二十九次会议通过《中华人民共和国突发事件应对法》，其中对事故灾难造成的突发事件做出应对规定，由国家统一领导，建立健全突发事件应急预案体系，事故发生后由发生地所在人民政府立即采取措施控制事态发展。其中第

22条和第23条明确规定所有单位应当定期检查各项安全防范措施，制定安全管理制度，并要求矿山、建筑施工单位和危险化学品等高危行业对生产、经营与运输过程制定具体应急预案，通过隐患排查的方式防止突发事件的发生。2007年9月23日，第十五届两岸四地职业安全健康研讨会召开，对职业安全健康政策、管理及规制情况，尤其是建筑和服务行业的安全情况进行经验交流。

2008年1月，建设部发布《建筑超重机械安全监督管理规定》，对纳入特种设备目录，在房屋建筑工地和市政工程工地安装、拆卸和使用起重机械的活动做出具体规定，由县级以上地方人民政府建设主管部门负责监管，防止和减少事故的发生。2月16日，国务院办公厅发出《关于进一步开展安全生产隐患排查治理工作的通知》，要求各单位保持住趋于好转的安全生产态势，警惕安全事故隐患，严格按照安全生产要求降低事故总量。9月16日，国家煤矿安全监察局发布《关于印发〈煤矿安全监察行政处罚自由裁量实施标准（试行）〉的通知》，从采掘工程、"一通三防"等方面将煤矿安全生产领域的违法行为分为22个类别，细化每种情况的处罚幅度，使监管人员按照规定执行规制活动。9月18日，国务院颁布《劳动合同法实施条例》，从劳动合同的订立、劳动合同的解除和终止、劳务派遣特别规定、法律责任等几个方面对职工进行安全保护，例如，第十四条规定劳动合同在订立时要规定劳动条件、劳动保护、职业危害防护等事项。由于下半年重特大事故频发，国家发改委、国家能源局、国家安全监管总局等机构联合发布《关于下达"十一五"后三年关闭小煤矿计划的通知》。11月8日，国家煤矿安全监察局要求各地区开展煤矿作业场所粉尘危害和粉尘监测工作的专项监管活动。11月19日，国家安全监管总局公布59项煤炭行业标准和81项安全生产行业标准，敦促煤矿企业按要求提高安全生产管理水平，并为监管执法工作提供法律依据。

2009年4月，国家安监总局颁布《生产安全事故应急预案管理办法》，这是继《中华人民共和国突发事件应对法》之后，为了有效地处理突发性事故而制定的办法，通过制定应急预案的方法将可能出现的事故损失降低到最小，保护职工的安全与健康。同时，为了降低群发性职业病的发病率，卫生部在5月24日发布《关于进一步落实责任，切实做好职业病防治工作的通知》，强调用人单位的防治主体责任，加大监管力度并对违法行为严惩不贷。由于职业病新病例不断增加，其中尘肺病从中华人民共和国成立后到2008年累计已经达到近64万例，国务院办公厅发出《关于印发国家职业病防治规划（2009~2015年）的通知》，明确规制的指导思想和基本原则，确定到2015年应实现的具体目标和主要任务，将尘肺病、重大职业中毒和职业放射性疾病作为重点防治领域。2009年6月15日，国家安监总局发布《作业场所职业健康监督管理暂行规定》，要求所有用人单位排查本单位的职业危害，为员工提供保障措施，保障职工的职业健康。这一年，因为“张海超开胸验肺”事件，使职业病问题再一次成为社会关注的焦点。河南农民工张海超在郑州振东耐磨有限公司打工期间因为接触大量粉尘而患有尘肺病，但是郑州市职业病防治所的诊断却是“无尘肺0+期（医学观察）合并肺结核”。张海超为了维权，在郑州大学第一附属医院做了开胸肺活检，证实他所患的并非结核而是尘肺病。为了纠正用人单位漠视职业危害的态度，强化地方卫生部门对职业病诊断和鉴定的重视，卫生部在8月20日发布《关于进一步加强职业病诊断与鉴定管理工作的通知》，要求相关机构提高认识，增强责任意识并进一步完善职业病防治和鉴定体系。9月7日，国务院通过《农业机械安全监督管理条例》和《放射性物品运输安全管理条例》，预防和减少农业机械事故，加强对放射性物品的安全管理，保障从业者和群众的生命与安全。

2010年2月，国家安全监管总局发布《关于进一步加强和改进生产安全事故信息报告和处置工作的通知》，要求各级安监部门和规制机构必须实行24小时不间断值班，建立和健全生产安全事故信息报告和事故举报核查及处置制度，加强事故现场督导，强化责任意识。除了安全管理以外，职业病仍然是国家规制的重点。随着石英在工业领域的大量应用，国家安监局在2009年的检测活动中发现其危害十分严重，其中的二氧化硅会导致肺纤维化，从业者如果没有职业防护设备极易在工作中因为吸入石英粉尘而患上矽肺病。因此，国家安全生产监督管理总局在4月21日发布《关于加强石英砂加工企业粉尘危害治理工作的通知》，要求石英砂加工企业必须整改作业场所粉尘问题，加强现场职业危害管理工作，关闭落后产能的小企业，通过技术改造改进生产过程，降低职工患病的风险。除了在石英生产领域应用科技外，国家还发布《安全生产先进适用技术工艺装备和材料推广目录》，促进安全成果在生产实践活动中的推广与应用。为了防止冶金企业煤气中毒事故的频繁发生，国家安全生产监督管理总局在2010年7月23日颁布《关于进一步加强冶金企业煤气安全技术管理有关规定》，要求冶金企业必须严格执行《工业企业煤气安全规程》，从19个方面加强安全管理工作。尽管国家的安全生产形势不断好转，但是很多企业仍然未落实主体责任，国家安全监管总局在8月20日颁布《关于进一步加强企业安全生产规范化建设严格落实企业安全生产主体责任的指导意见》，要求企业以科学发展观为指导，夯实基层管理的安全生产责任，全面实施安全生产规范化，强化用人单位各层级和职工对安全生产的重视态度。为了使煤矿企业适应经济发展的新情况，8月24日国家安全监管总局国家煤矿安监局发布《关于建设完善煤矿井下安全避险“六大系统”的通知》，即：建设完善矿井监测监控系统、煤矿井下人员定位系统、井下紧急避险系统、矿井压风自救系统、矿井供水施救系统和矿井通信联络系统。为了提高安全培训机构的教学质量，国家安全监管总局在12月2日印发《关于安全生产培训机构从业行为规范的通知》，要求培训机构按照法律规章、国家及行业标准的规定规范培训行为。表2-3和图2-6是“十一五”期间全国事故统计情况。

表2-3　“十一五”期间（2006~2010年）全国事故统计

年份	全国		一次死亡10人以上特大事故		工矿商贸企业		煤矿企业	
	起数（起）	死亡人数（人）	起数（起）	死亡人数（人）	起数（起）	死亡人数（人）	起数（起）	死亡人数（人）
2006	627158	112822	95	1570	12065	14382	2945	4746
2007	506376	101480	86	1525	11878	13886	2421	3786
2008	413752	91172	97	1971	10987	12844	1954	3215
2009	379244	83196	67	1128	9542	11536	1616	2631
2010	363383	79552	85	1440	8431	10616	1403	2433

资料来源：《中国安全生产年鉴》2006~2010年历年版。

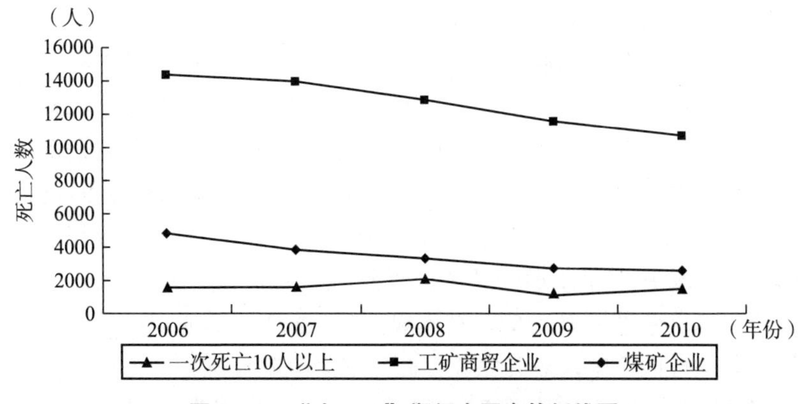

图2-6　“十一五”期间全国事故折线图

综上所述，“十一五”期间的职业安全与健康规制具有三个特点：

（1）职业安全规制效果显著，事故发生率大幅降低。“十一五”期间，全国由事故导致的死亡人数累计减少33270人，事故发生起数降低近2倍。取得这一成就的最主要原因就是，国家首次将安全生产列为经济与社会发展的重要内容之一，通过不断完善职业安全与健康规制体制，为劳动者提供越来越安全和体面的工作环境及工作条件。

（2）加强对安全监管执法者的管理。“谁去监管那些规制者”，一直以来就是各国在安全生产规制执法活动中面临的一个难题，它对规制效果能否达到预期目标有重要的影响作用。国家安监机构出台专门的法规，严禁监管者徇私枉法或进行违规执法活动，并对违纪违法行为给予严肃处理。同时，国家明确行政处罚自由裁量标准，使执法活动在法制的基础上具备了灵活性。

（3）完善突出事故应急处理体系。“十一五”期间，安全监管机构在强化安全监管的同时，还重点对突发事故可能给社会带来的危害进行专项研究，根据事故发生速度快、具有突然性和破坏性的特点，要求相关行业和单位必须做好应急或避险准备，并制定预案，减少事故给人民群众带来的生命和财产损失。

（4）通过国际交流与合作，提高职业安全与健康规制水平。为了促进我国职业安全与健康规制发展，“十一五”期间通过与发达国家和地区进行技术交流、召开展览会、课题调研等活动，学习先进的管理经验，并结合中国安全生产的实际情况，不断改进和完善规制体制。

3. “十二五”期间职业安全与健康

“十二五”期间中国经济实现持续快速发展，GDP年均增长7.8%，服务业成为第一大产业，工业化水平不断提高。尽管煤矿安全监管工作在“十一五”期间取得了重大的进步，事故起数和死亡人数大幅度降低，但是随着新技术在煤矿开采挖掘中的应用，出现大量新的危害隐患，尤其是瓦斯的预防与治理方面。2011年1月和3月，国家煤矿安监局印发《煤矿井下紧急避险系统建设管理暂行规定》和《煤矿井下安全避险“六大系统”建设完善基本规范（试行)》的通知，要求所有井下煤矿必须按照规定建立并完善煤矿井下紧急避险系统，提高对煤矿工人的保护水平。5月19日，国家煤矿安全监察局印发《煤矿生产安全事故通报约谈分析和督导制度实施办法》的通知，对发生重大事故、较大事故和一般事故的所在地区安全管理负责人进行约谈的方式，听取事故分析与总结和整改措施的报告，防止事故的再次发生。5月23日，国务院办公厅转发《关于进一步加强煤矿瓦斯防治工作若干意见的通知》，提高新建瓦斯矿井的准入标准，通过能力评估的方式对矿井安全情况进行排查，以推进防治技术创新的方式解决职业危害。6月15日，国家安全监管总局发布《生产经营单位瞒报谎报事故行为查处办法》，对隐瞒已发生和故意不报事故的情形做出规定，并由实施这种违法行为的主要负责人承担相应的责任。6月21日，国家安全生产监督管理总局公布《首批重点监管的危险化学品名录》，加强重点监管，帮助用人单位和职工在生产经营活动中提高安全责任意识。9月1日，《电力安全事故应急处置和调查处理条例》正式实施，旨在预防和控制电力安全事故的损害，要求电力企业、用户及相关单位和个人严格遵守安全规定，并对事故汇报制度做出明确规定。10月27日，国家安全监管总局发布《关于加强职业健康技术支撑体系建设的指导意见》，要求坚持“以人为本”的执政理论，通过技术加强对职业病危害的检测与评价，保障劳动者的生命健康权益。11月25日，国家安全监管总局和国家煤矿安监局发布《关于印发煤矿瓦斯防治工作“十条禁令”》的通知，旨在对煤矿生产行为进行严格的监管，严禁煤矿无证无照、证照不全、证照暂扣等非法生产建设行为和采掘活动，坚决遏制煤矿瓦斯事故。

2012年1月，国家煤矿安全监察局发布《中华全国总工会关于进一步加强安全生产群众监督工作的指导意见》，通过广播、电视以及新媒体的传递优势，及时发布安全生产信息及预防知识，尤其注重基层信息传递的建设工作，定期公布安全生产情况并及时公布违法信息及事故查处情况，建立健全县以上、乡镇、企业工会的群众监督网络，保证安全事故举报体系的畅通，开展广泛的群众性安全生产活动，充分发挥工会联系群众、保障人民生命安全的作用。2012 年 4 月 5 日，国家安全监管总局办公厅颁布《关于印发危险化学品重大危险源备案文书的通知》，用于规范危险化学品的记录文书式样，并在安监局的官方网站上提供下载链接。为了加强群众对安全生产行为的监督作用，5 月 2 日，国家安全监管总局等机构联合发出《安全生产举报奖励办法》，通过“12350”的举报投诉电话及时获得事故隐患及违法行为的信息，通过受理、核查、处理、协调、督办、移送等方式处理举报信息，并在调查核实结束后 10 日内向举报人反馈结果，并对有功的实名举报人给予现金奖励。5 月 28 日，国家安全生产监督管理总局颁布《煤矿安全培训规定》，规定从业人员准入条件，安全培训的具体内容，考核和发证的程序，对监督和管理及法律责任做出明确规定。7 月 30 日，国务院安委会办公室颁布《关于大力推进安全生产文化建设的指导意见》，要求将安全文化纳入社会文化建设的架构内，结合实际生产经营活动开展安全文化的普及，推动安全文化产业的发展与创新。9 月 17 日，国家安全监管总局颁布《关于加强安全生产科技创新工作的决定》，要求以安全科技保障为支撑，通过科研课题攻关的方式将研究成果应用于最亟待改善的安全生产领域，通过创新思路提高各行业的风险管控能力，完成“十二五”规划的任务和目标。11 月 4 日，国务院办公厅转发《关于依法做好金属非金属矿山整顿工作的意见》，争取在 2012 ~ 2015 年对矿山进行全面的整顿，通过“关闭、整合、整改、提升”的方式对安全生产不达标、无证开采、污染环境的小矿山进行取缔，保障劳动者的安全与健康。

2013 年 1 月，国家安全生产监督管理总局实施《煤矿矿长保护矿工生命安全七条规定》，要求煤矿矿长必须在批准区域正规开采，确保通风系统可靠，保证瓦斯抽采达标，落实井下探放水规定等内容。1 月 29 日，国家安全监管总局等部门颁布《关于全面推进全国工贸行业企业安全生产标准化建设的意见》，通过加强领导、明确责任和加强执法检查，淘汰安全水平低等落后设备，加强企业安全生产责任等方式提高工贸行业的安全生产水平。6月8日，国家安全监管总局印发《关于保护生产安全事故和事故隐患举报人意见的通知》，由安全监管监察部门加强对信访举报问题的保密工作，不得泄露举报人姓名、单位和住址等信息，也不得私自摘抄、复印或拍摄相关材料，并对信访工作中的回避情况做出具体的规定。为了加强对粉尘危害的进一步治理，国家安全监管总局在11月14日颁布《关于加强水泥制造和石材加工企业粉尘危害治理工作的通知》，要求各地区从摸清水泥制造和石材加工企业的数量、生产规模及危害入手，全面了解并掌握粉尘危害的状况，通过汇报机制协同规制机构进行有效的监管。8月23日，国家安全生产监督管理总局颁布《非煤矿山外包工程安全管理暂行办法》，明确安全生产责任，防止由于外包责任不清导致事故频发的情况。如果外包工程有多个承包单位的，发包单位应当对统一协调和管理外包单位的安全责任，通过激励和约束机制保障外包工程单位的职工安全。鉴于危险化学品事故的严重性，国家安全生产监督管理总局在7月15日颁布《化工（危险化学品）企业保障生产安全十条规定》，要求企业必须确保从业人员符合工作要求并培训合格，同时要控制危险源，当可燃和有毒气体泄漏报警系统处于异常状态时必须停止生产活动，严禁违章或冒险作业等。12月31日，国家安全监管总局办公厅颁布《职业卫生档案管理规范》，要求用人单位从职业卫生“三同时”档案、卫生管理档案、宣传培训、职业病危害因素监测与检测评价、职业健康监护等方面建立健全职业卫生档案体系。

2014年1月，《中华人民共和国特种设备安全法》正式施行，对特种设备的生产、经营、使用等内容做出规定，通过建立缺陷特种设备召回制度，完善特种设备的安全保障体系。3月28日，中国职业健康协会第二届科学技术工作委员会召开，提出“围绕安全生产和职业健康工作，研究和加强安全科技的创新交流推广应用”，充分发挥协会在加快新技术和成果应用的积极作用。4月8日，国家安全监管总局要求全体煤矿企业实施“1+4”工作法，即：坚持以人为本、生命至上的原则，通过煤矿安全“双七条”、50个重点县煤矿安全攻坚战、警示教育和安全安监干部与矿长谈心对话机制共同解决安全生产遇到的新问题与挑战。6月11日，国家安全监管总局和新华网共同打造《安全中国》栏目，这是专业的网络安全门户网站，旨在通过网络宣传的方式为浏览者提供新闻、文章、软件、论坛等频道内容。7 月 1 日，国家安全生产宣传教育数字传播中心正式成立，利用数字传媒传播速度快、信息量大的优势，普及安全生产知识，宣传安全生产模范案例，推进安全生产改革创新发展。8 月 1 日，国家安全监管总局召开工业化、城镇化、城乡一体化等条件下的安全生产理论研讨会，从思想、工作重心、工作目标等方面进行理论创新。9 月 19 日，国家安全监管总局等机构联合下发《隧道施工安全九条规定》，要求施工单位必须获得相应资质，从业人员具备上岗作业资格，提前对有毒有害气体、地质灾害等进行勘测，并设置逃生通道，严格规范爆炸物品的管理并制定应急预案。10 月 13 日，国家卫生计委颁布《职业性手臂振动病的诊断》等职业卫生标准，为长期从事手传振动作业人员提供职业保护。11 月 13 日，全国政协召开以“建筑工人工伤维权”为主题的座谈会，提出建立符合建筑行业的工伤保障制度，为从业者提供保障。12 月 1 日，修订后的《中华人民共和国安全生产法》正式实施，强调了用人单位的主体责任，强化基层政府的监管责任，并提高了事故处罚的标准。修订后的安全法透露出的强烈信号就是：人命大于天，严惩违法行为。

2015 年 2 月 28 日，国家安全生产监督管理总局颁布《企业安全生产应急管理九条规定》，要求用人单位通过层级式明确安全责任主体，建立安全生产应急管理机构和应急预案，每年至少组织一次演练，在发生事故后必须及时采取救护措施并向上级机构报告，同时对每年的应急情况形成总结。4 月 2 日，国务院办公厅颁布《关于加强安全生产监管执法的通知》，要求安全监管部门根据经济形势的变化完善和强化安全生产法治体系，继续加强对重点领域的监管，通过建立和完善“四不两直”（不发通知、不打招呼、不听汇报、不用陪同和接待，直奔基层、直插现场）的监督检查方式，强化执法的公正性，提高科学监管的水平和能力。4 月 3 日，国家安全生产监督管理总局颁布《用人单位职业病危害防治八条规定》，要求用人单位必须保证工作条件达到安全标准，并对存在职业危害的从业者配备防护用品，定期进行职业病危害检测，组织劳动者参加职业健康体检等。12 月 3 日，国家安全生产监督管理总局颁布《煤矿重大生产安全事故隐患判定标准》，明确规定 15 项重大事故隐患情形，并对相关内容进行详细的解读。表 2 -4 和图 2 -7 是“十二五”期间全国事故统计情况。

表 2-4　“十二五”期间（2011～2016 年）全国事故统计表

年份	全国		一次死亡 10 人以上特大事故		工矿商贸企业		煤矿企业	
	起数（起）	死亡人数（人）	起数（起）	人数（人）	起数（起）	死亡人数（人）	起数（起）	死亡人数（人）
2011	347728	75572	72	1113	7816	9703	1201	1973
2012	336988	71983	59	919	7237	8469	779	1384
2013	309303	69453	51	876	6490	8058	608	1086
2014	305677	68061	42	758	5774	7199	509	931
2015	281576	66182	38	768	4272	5982	249	538

资料来源：《中国安全生产年鉴》2011～2016 年历年版。

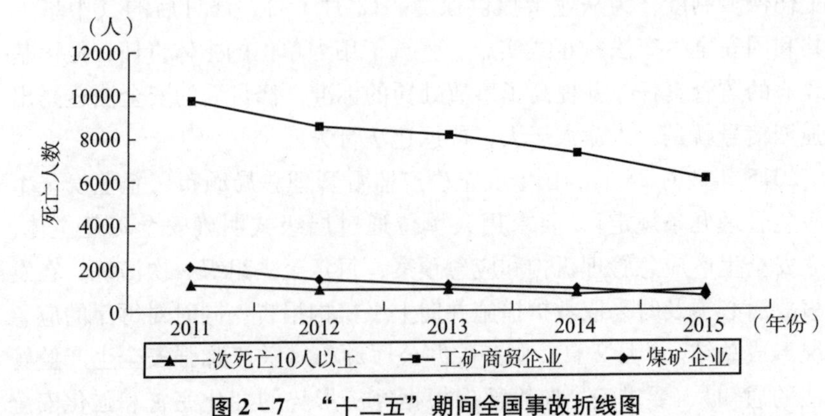

图 2-7　“十二五”期间全国事故折线图

综上所述，“十二五”期间的职业安全与健康规制具有三个特点：

（1）安全与健康规制法律体系更完善，职业健康监管成为未来工作的重点。“十二五”期间，中国经济的快速增长并没有出现事故高发，这主要得益于规制法律体系的完备和监管水平的提高。但是，职业病新增病例并没有得到有效控制，仍然呈上升趋势，其中占比最大的职业性尘肺病还没有得到有效控制。

（2）以煤矿为代表的重点行业，安全监管取得重大进步。“十二五”收官之年的 2015 年，煤矿百万吨死亡率是中华人民共和国成立以来历史最低值，十年间下降了近 13 倍，详见图 2-8。

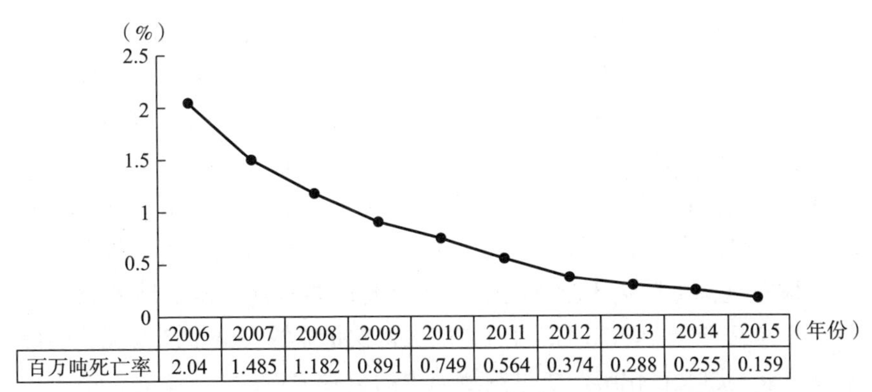

	2006	2007	2008	2009	2010	2011	2012	2013	2014	2015
百万吨死亡率	2.04	1.485	1.182	0.891	0.749	0.564	0.374	0.288	0.255	0.159

图2－8　“十一五”和“十二五”期间煤矿百万吨死亡率折线图

这一时期的煤矿安全规制工作具有“新、细”的特点，即：发现“新”危害，采用“新”方法，作“细”安全标准，便于安全管理和监管工作。尽管瓦斯突出并不是煤矿企业遇到的新问题，但是随着煤矿企业开采深度的不断增加，这一灾害又有死灰复燃的苗头，成为“十二五”期间煤矿业面临的最紧迫问题。安全监管部门将治理瓦斯隐患作为规制重点，通过强化矿长安全职责和“1＋4”工作法的方式，双管齐下治理煤矿隐患。制定“细”化的法律规章，为煤矿企业提供简单易行的安全操作规定，也为监管工作提供清晰的判定标准。

（3）将安全文化与新媒体技术相结合，提高全民安全素质。“十二五”期间的安全监管逐步呈现由“被动”向“主动”转变的趋势，即安全文化观念开始深入民众，从要求职工学习安全条例转变为百姓主动探寻安全常识。同时，随着互联网和数字技术的广泛应用，在传统媒体的基础上，安全监管部门开始使用手机软件、网络媒体、数字电视等多种新媒体向大众提供便利、海量和共享的职业安全与健康信息，成为新常态下安全文化建设的亮点。

（七）职业安全与健康规制的深化改革与创新发展时期（2016年至今）

2016年，全国共发生6万起事故，死亡人数为4.1万人，其中重特大事故发生32起，死亡人数571人。在32个省级单位中，有9个省份全年无重大事故，28个省份无特别重大事故，实现“事故总量下降、较大事故下降、重特大事故下降”和“行业安全形势平稳”。为了保持这一成果，1月25日，国务院安全生产委员会印发《安全生产巡查工作制度》的通知，通过巡查发现突出问题，检查安全生产和职业病防治执行情况，开展“打非治违”活动，推进安全生产领域的信用体系建设。为了适应新形势下的新变化，通过简政放权的方式转变监管职能，国家安全监管总局在2016年2月4日颁布《宣布失效的安全生产文件目录》，通过清理安全规制文件的方式，保证监管监察的统一性和权威性。为了配合化解钢铁行业过剩产能的活动，国家安全监管总局在4月15日颁布《国务院关于钢铁行业化解过剩产能实现脱困发展的意见》，要求各省级安全监管部门摸清所在地区钢铁企业的安全生产情况，明确整改要求，加大在化解产能过剩活动中的监管力度。7月2日，第十二届全国人民代表大会常务委员会第二十一次会议通过《中华人民共和国职业病防治法》（修订案），特别增加医疗机构防范可能产生放射性职业危害的规定，并要求用人单位在建设项目竣工验收前进行职业病危害控制效果评价，将监管机构修改为卫生行政部门和安全生产监督管理部门。为了彻底遏制尘肺病高发的态势，国家安全监管总局办公厅在7月25日发布《关于开展尘毒危害治理示范企业创建工作的通知》，通过树立尘毒防治示范典型的方式，促进相关企业进行技术改进，提高职业健康管理水平，要求各创建地区在2017年底建立两个示范企业的工作目标，为“十三五”期间降低职业性尘肺病提供经验借鉴。为了更好地评价各地安全监管工作的情况，国务院安全生产委员会在8月18日发布《2016年度省级政府安全生产工作考核细则》，通过责任落实、依法治理、体制机制、安全预防、基础建设和事故情况等一级指标和若干二级指标，通过分值量化的方式对省级政府安全生产工作进行考评。11月29日，国务院办公厅颁布《危险化学品安全综合治理方案》，要求相关单位吸取“8·12”天津瑞海国际物流有限公司危险品仓库火灾爆炸事故的教训，建立危险化学品信息共享机制，在2016年12月至2019年11月期间分三个阶段进行危险化学品综合治理工作，防止此类事故的再次发生。2016年12月9日，国务院颁布《关于推进安全生产领域改革发展的意见》，提出在“新常态”下警惕安全生产出现的问题，坚持安全发展和创新的原则，从源头防范职业危害，争取到2020年形成成熟的安全生产监管机制，大幅度降低事故总量，实现经济发展与安全管理的共同提高。12月20日，国务院办公厅发布《国家职业病防治规划（2016~2020年）的通知》，要求以《中华人民共和国职业病防治法》为依据切实解决职业病这一顽疾，坚决遏制职业病的高发态势，健全职业病防治体系，提高监测能力并解决不断出现的新问题，提高全社会对职业病危害的认知，采用加大监管力度和健全救助保障措施的方式保护从业者的职业健康。

2017 年 1 月 16 日，全国安全生产工作会议在北京召开，明确未来工作应当通过深化改革、创新发展和基础保障的方式让“事故总量、死亡人数和重特大事故”不断下降，积极研究安全生产中的新问题和新趋势，细化监管执法到“最后一公里”，让职业安全与健康规制成为“十三五”目标实现的推动力。

总体而言，中华人民共和国成立后的职业安全与健康规制经历了初建、调整、冲击、恢复、由计划经济体制向市场经济体制转变、不断完善和发展、深化与创新的多个时期。每一个发展阶段都与当时的社会经济发展大环境密切相关，都是在调整中不断发展和完善的。职业安全与健康规制不是一成不变的，监管工作逐渐由被动管理走向主动改进，由“亡羊补牢”走向“未雨绸缪”，由不了解安全条例变为全民安全文化建设，每一阶段都有演进的动因，这是我们要探讨的另一问题。

第二节　中国职业安全与健康规制变迁的动因

体制作为制度的一个层次，是对社会运行方式和机制的规定，是指一定的社会根本制度的实现方式、结构方式以及为其服务并使其正常运作的运行机制、调控机制和管理体系①。中国职业安全与健康规制作为体制改革的重要部分也经历了不同形式的变迁。本书把这种体制变迁作为制度变迁的内涵进行研究。制度变迁能够降低交易成本，促进经济增长，本节要讨论职业安全与健康规制变迁的原因、变迁的主体、变迁的模式及变迁的原则。

---

① 林识音：《体制革命：邓小平制度创新观的主要内涵》，载《湖南轻工业高等专科学校学报》2002 年第 2 期，第 54 ~ 57 页。

一、职业安全与健康规制变迁的原因

制度变迁是指“制度创立、变更及随着时间变化而被打破的方式”[①]。诺斯认为制度变迁的内在动因是主体期望获取最大的“潜在利润”，即“外部利润”，并分析了产生“外部利润”的原因，包括：(1) 规模经济；(2) 外部性，也就是外部成本与收益的变化；(3) 克服对风险的厌恶；(4) 市场失败以及不完善的市场，这里存在着交易费用，而且信息的使用是有成本的。由于这种“外部利润”的存在导致人们对制度变迁产生了需求，而一种制度不是只有需求就会自动变迁，还需要制度变迁的供给者。诺斯在《制度变迁的理论》中说道：“一个制度的改变可能涉及一个单独的个人，也可能涉及由自愿的协议组成的团体，或涉及被结合在一起或其影响决策的权力被置于政府管理的这类团体。”制度变迁的供给主体包括个人、团体和政府，三者之中政府对制度变迁供给的效率最高，尤其是在以政府作为主导的国家中。因此，中国的职业安全与健康规制变迁的供给主要是由政府完成的。

随着科技进步和工业化的不断发展，人们越来越关注与生命和健康密切相关的劳动安全，但是现实与理想目标是存在一定差距的，而且在发展过程中还不断产生新的劳动安全问题。例如，煤矿企业在开采过程会产生煤尘直接导致生产工人矽肺的患病率提高，或者由于安全条件不达标导致生产事故频发等，这些都属于非常明显的负外部性；在石油、化工、冶炼等高危险行业，人们发自本能地会对这类危及生命的风险产生厌恶；从事危险工作的工人没有得到相关的安全培训或者企业没有根据劳动安全法律规定的要求给工人提供必要的劳动保护措施等，这些都属于信息不对称的情况。政府对职业安全与健康进行规制的主要目的就是为了要消除事故的隐患，个人需要一种有效的制度保护自己在工作中不受伤害。因此当现有的劳动安全制度不能满足这些目标时，就会产生制度变迁的需求，也就是政府、团体、个人都会追求预期的净收益大于净成本这一制度安排的原因。例如，中华人民共和国成立初期的劳动安全相关法规只涉及国营、地方国营等大型工厂的劳动者，实施的范围太

① 诺斯：《经济史中的结构与变迁》，上海三联书店、上海人民出版社1994年版。

小，因此在职业安全与健康规制的调整时期政府又加入对特殊行业的监管，增加了诸如生产过程中会接触粉尘的国营、公私合营厂和事业单位工人的劳动保护内容。在职业安全与健康规制恢复发展时期，为了防止快速发展的经济引发重大事故，国务院专门成立了安全生产委员会，并且对女职工的劳动保护做了专项规定。在社会主义市场经济体制初建时期，为适应企业改组转制发展新时期的需要，国家在这一段时间内颁布了大量的劳动安全法规，并且确定劳动部专门负责全国的安全生产工作。进入21世纪，我国的职业安全与健康规制也迎来了新挑战和发展的新机遇，历经“十一五”和“十二五”发展时期，规制体制逐步完善。根据经济发展“十三五”规划，国家更注重通过改革和创新的方式解决新常态下的安全生产问题，安全生产的重要性已经深入人心，成为保障人民生命安全与健康、建设和谐社会的重要问题。

中国的职业安全与健康规制从无到有，从初建到新时期的不断完善，通过事故发生率的不断减少可以非常明显地印证规制的变迁过程是成功的，它使劳动者由基本没有安全保障到通过完备的安全生产规制体制保障个人权益，未来规制还会随着社会经济的发展而变化，但其趋势必然是走向稳定和良好的方向，劳动者体面而安全地工作将在不久的将来得到实现。

二、职业安全与健康规制变迁的主体

狭义的“制度变迁主体”是指制度的直接变革者或创新者，广义的“制度变迁”是指所有与制度变迁相关、表示相应态度、施加了相应影响和发挥了相应作用的主体，包括反对者、阻挠者。诺斯将制度变迁的主体分为初级行动团体和次级行动团体，这两个团体都是决策单位[①]。初级行动团体可能是个人或者团体，他们启动制度创新，并且影响着制度变迁的方向。次级行动团体可能是个人或团体，也可能是政府部门，是帮助初级行动团体获取预期纯收益而进行的制度变迁。制度变迁的主体并不是一成不变的，如果动态大跨度地观察制度变迁主体，就会发现不同主体的角色是变化的或可转换的。变迁的时间跨度越大，空

① 黄少安：《制度变迁主体角色转换假说及其对中国制度变革的解释》，载《经济研究》1999年第1期，第66～72页。

间范围越广，不同主体角色转换的可能性越大，转换的幅度也越大。在制度变迁的不同阶段，随着具体情况演变会发生主体的转换，包括在变迁过程中主体的作用和方向等都会发生变化。生产经营单位在最开始的规制阶段是作为职业安全与健康被规制的主体，是被动进行安全生产的，但是当形成良好的安全生产文化后，用人单位会自觉地增加安全投入，不再把这种投入当作成本，而是当作保护劳动者积极性、提高生产效率的一种投资，这时用人单位就会由被动的被规制者转换为主动的改进者。这种角色转换的根本原因就是利益关系，因为企业在安全投入中得到了回报，这种回报的收益大于成本。这些单位通过良好的安全生产纪录不但提高了企业形象，更重要的是在生产过程中减少了劳动者缺勤、怠工的情况，通过降低人员流动率、提高劳动生产效率、激发劳动者工作积极性等方法使用人单位获利巨大，通过这种方式获取的收入要远远大于安全投入的成本。

三、职业安全与健康规制变迁的模式

当制度的需求与供给发生矛盾时，制度的均衡变成非均衡产生了制度变迁的可能性，因为制度变迁就是用一种效率更高的制度代替另一种制度的过程。职业安全与健康规制的每一次变迁过程都是制度的需求与供给的不均衡造成的。在生产过程中产生了新的工作风险，消除工作风险的制度不完善或缺失，或者现有的劳动安全保护条例不能提供足够的保障时，就在制度的供给与需求方面产生了非均衡，这时职业安全与健康规制将会发生变迁。

（一）局部制度变迁为主

制度变迁的过程比较复杂，究竟采取哪种方式变迁取决于各种矛盾因素的交织变化。总体来说，我国目前的职业安全与健康规制体制变迁是一种局部制度变迁，制度变迁的主体以国家（政府）作为实施的主体。与局部变迁相对应的是整体制度变迁，它是特定社会范畴内各种制度相互配合，协调一致的变迁，这种变迁模式就是用一种新制度替代旧制度。1949 年中华人民共和国成立，标志着社会主义制度在中国的确立，从生产资料所有制方面进行了根本的变革，与社会主义建设相关的劳动安全规制体制脱离了中华人民共和国成立前的模式，采用全新的社会主义职业安全与健康规制体制保障新社会的广大劳动者。从这个角度看，当时的制度变迁不是对原有制度的修修补补，而是在社会主义制度基础上新建立的职业安全与健康规制体制，因此属于整体制度变迁。而在中华人民共和国成立以后，职业安全与健康规制的每一次变迁都是伴随当时阶段的经济和社会发展状况变化而变化的，由于国家的根本制度没有发生变化，因此属于制度的局部变迁。

（二）渐进式制度变迁为主，激进式制度变迁为辅

中华人民共和国成立后，中国职业安全与健康规制变迁的过程是渐进式的，国家采用平稳的方式进行。国家制定了《中华人民共和国国民经济和社会发展第十三个五年规划纲要》，这是职业安全与健康规制不断完善的纲领性文件，它明确进一步加强职业病防治工作，完善和落实安全生产责任，建立预警应急机制，加强安全与健康监管执法等几个方面的规划，确立了未来职业安全与健康规制的方向。在这一过程的实施中，需要通过不断的制度变迁以达到充分保障劳动者生命安全、建设和谐社会的目标。这种变迁的过程是比较平滑的，通过协调政府、企业、个人之间的关系，使安全生产的目标分阶段逐步实现。

与渐进式制度变迁相对应的是激进式制度变迁，它是指在短时间内采取果断措施进行制度变迁，这种方式的特点是时间短，效果明显，但是风险也很大。在制度变迁过程中，激进的制度变迁有时是非常必要的。我国煤炭行业中的乡镇小煤矿具有易发、多发事故的特点，国务院确定了“争取用三年左右时间，解决小煤矿问题”的工作目标，确定了“整顿关闭、整合技改、管理强矿”的三步走战略，确定三个阶段计划关井 9887 处的目标：第一阶段（2005 年 8 月 ~2006 年 6 月）计划关闭 5026 处，实际关闭非法和不具备安全生产条件的小煤矿 5931 处，取缔非法采煤矿点 1 万多处（次）；第二阶段（2006 年 7 月 ~2007 年 6 月）按照国办发〔2006〕82 号、国办发〔2006〕108 号文件要求，关闭破坏资源、污染环境、不符合国家产业政策的 16 种矿井，通过资源整合，淘汰落后的生产能力，改变小煤矿过多、过散的状况，进一步减少小矿点的数量，计划关闭小煤矿 2652 处，目前全国各地已经确定并公告 2723 处；第三阶段（2007 年 7 月 ~2008 年 6 月）关闭小煤矿 2209

处。根据《国务院安委会办公室关于印发2007年煤矿整顿关闭要点的通知》，国家通过制定淘汰落后生产力的经济政策，建立小煤矿有序退出机制，将不合格的煤矿在限期内强制关闭。虽然这种方式可能短时期内会影响地方经济总量，但是将极大地消除目前小煤矿普遍存在的无证开采、违规作业情况，有利于保障矿工的生命安全，长期来看对扭转全国煤炭行业生产形势产生了非常重要的影响和作用。

（三）强制性制度变迁与诱致性制度变迁共同发挥作用

强制性制度变迁是指由政府命令和法律引入实现的制度变迁，变迁的主体是国家及其政府。诱致性制度变迁是指现行制度安排的变更或替代，或者是新制度安排的创造，它由个人或一群人，在响应获利机会时自发倡导、组织和实行①。经济增长使人的经济价值不断提高，人们越来越重视自身的工作安全和健康，劳动者对生产安全的额外保障需求转向了对劳动安全权益的需求。当劳动者的正当权益得不到保护时，劳动者就会产生完善劳动安全规制的需求，通过集体组织或工会等渠道要求对职业安全与健康的规制内容进行补充和修订，这种自发倡导、组织的行动使职业安全与健康规制产生了诱致性变迁。由于诱致性变迁的主体是劳动者或工会组织，在企业进行生产安全谈判时成本会很高，而且工人与企业地位不对等使诱致性制度变迁无法产生，因此需要通过国家提供法律和政府命令等手段弥补诱致性变迁的不足，减少制度变迁的时间，降低制度变迁的成本。从实践看，中国的职业安全与健康规制的变迁进程是诱致性制度变迁和强制性制度变迁的结合，但近期则以强制性制度变迁为主。

① R. 科斯、A. 阿尔钦、诺斯：《财产权利与制度变迁》，上海三联书店1994年版。

第三章　新常态下职业安全与健康规制面临的主要问题

“新常态”是指中国在经历经济快速增长后，通过优化、调整、转型与升级进入新的稳定状态。这是中国战略发展的重要时期，传统竞争优势变弱，经济增速放缓，由高速转为中高速；经济发展从粗放型转向追求质量和内涵，要求经济结构优化升级；发展的驱动力从要素、投资逐步转向创新，通过“大众创业、万众创新”推动社会发展。“新常态”为中国经济与社会发展指明了方向，同时由于新技术、新环境的不确定性带来了新风险与新问题，需要采取措施积极应对，同时从区域发展、体制改革、民生改善状况等多方面进行改进与创新，保证社会和谐稳定发展。职业安全与健康是关乎所有劳动者权益的头等大事，新常态下的规制工作需要突破传统的监管模式，通过对新问题的分析与预测，切实保障劳动者的生命安全。

第一节　职业压力和心理问题

在经济结构调整和产业转型升级的背景下，很多职场员工都面临激烈的社会竞争与工作压力，在不断加快的生活节奏和情感欠缺等共同因素作用下，以抑郁症为代表的心理精神类疾病的发病率正在逐年提高，职业压力和心理问题已经成为影响职业健康的新问题。国内某知名企业不断出现员工因为压力过大而自杀的事件，引发了全社会的关注与思考。在世界范围内，受焦虑和抑郁困扰的人数在 2013 年达到 6.15 亿，短短二十几年间增加了近 2 亿，每年全球经济因此而损失 1 万亿美元。根据世界卫生组织 2016 年颁布的《抑郁症和焦虑治疗投资可带来四倍回报》的数据显示：在数亿人备受心理疾病困扰的同时，各国政府在医疗预算中用于心理和精神健康领域的比例平均只有3%，低收入国家则不足1%。这种巨大的失衡已经超越公众健康领域的其他问题，成为阻碍经济和社会可持续发展的障碍。在转型期，"对员工关心"的定位已经不单纯是发放福利、补贴等物质补助，具有良好的企业文化、易于平衡的工作—生活关系、可以舒缓压力的服务等逐渐成为员工亟需的福利项目。世界500强中的绝大部分企业已经发现这一问题，并采取向第三方专业机构购买服务的方式，以"员工帮助计划"（employee assessment program，EAP）为代表，向员工及其家属提供心理健康方面的服务。现阶段，国内很多用人单位受发展规模、经济承受能力、对精神卫生的认知程度等多种因素的制约，还没有将员工心理健康纳入管理范畴。

由于影响心理健康的因素比较多且复杂，本章在实证调研中选用中国疾病控制中心职业卫生所提供的《工作场所健康需求评估：工作场所评估问卷》（选取8个问题）和戈尔德伯格（Goldberg）编制的《一般健康调查表（GHQ）》（12个问题）作为调查问卷。这两种评估工具经过大量实践检验，具有较高的信度和效度，是目前最常用和最佳的心理健康测量工具，也是一种可用于心理障碍识别的有效方法。抽样调查问卷共计20个问题，回答时间设定为5～10分钟，用于评测员工在最近一个月内的心理健康状况。2016年9月，由经过培训的沈阳大学人力资源专业本科学生担任数据采集员，通过随机抽样的方法对辽宁省不同行业和规模的单位在职职工进行问卷调查，采用现场填写并回收的方式，发放问卷共计600份，有效问卷586份，达到统计要求。根据对数据的整理与分析，发现如下问题：

一、用人单位对员工心理健康的关注较差

根据《劳动法》的规定，用人单位应当成为保障劳动者健康权益的主要责任人。随着社会的不断发展与进步，用人单位对提高职业安全与健康的认知有了显著提高，但是还远远没有达到"重视"的程度。调查中只有56.3%的单位有关于提升健康状况及福利方面的政策，仅有25.9%的单位专门制定了关于职业紧张等心理健康方面的政策。

如果将职业安全与健康划分为"身体和心理"两个方面，有形的

人身安全较容易得到重视，但是其保障程度也并不理想。在调查中只有49.8%的用人单位在工作场所配备了急救设施，而对于无形的“心理健康”的关注度则是比较低的，详见表3－1。

表3－1　　用人单位实施员工心理健康活动评价情况

心理健康评价内容	人数及比例	
	是的，已提供	暂时没有
提高员工心理健康意识的材料，比如海报等	304（51.9%）	282（48.1%）
关于职业紧张问题的座谈会	159（27.1%）	427（72.9%）
发放如何应对职业紧张的书面材料	140（23.9%）	446（76.1%）
关于如何获取私密性咨询服务的书面材料	69（11.8%）	517（88.2%）
关于压力控制技巧方面的书面材料	129（22.1%）	456（77.9%）
提供私密性咨询服务	66（11.2%）	520（88.8%）
工作中运用卫生安全机构的管理标准和程序	180（30.7%）	406（69.3%）
开展职业紧张监测工作	70（11.9%）	516（88.1%）

在上述8项心理健康评价内容中，用人单位仅在“发布海报等用于提高员工心理健康意识”这一项达到51.9%，其他选项中近70%或以上的用人单位均处于“暂时没有”的状态，其中没有“为员工提供私密性咨询服务和开展职业紧张监测”的单位比例高达88%以上。这些数据表明：如果员工由于工作原因产生了心理困惑，却无法从用人单位那里得到缓解和诉求。然而，在访谈中的很多用人单位却大倒苦水，他们的普遍观点是：对员工心理健康的关注较少并非本意，而是在激烈的市场竞争中为了谋生存、求发展，根本无力配备专项经费和人手，甚至个别小微企业都没有听过类似的心理健康服务，有些用人单位的管理者认为心理健康与工作并没有太大的关系，属于员工个人私事，不应当由用人单位负责。

二、超过1/3的员工处于心理障碍的危险区域

在衡量员工心理障碍的《一般健康调查表》中，积极项目（如在某事中正发挥着有益作用）和消极项目（如因焦虑而失眠）各占6题，每

个题都有4个备选项目，量表采用WHO的评分标准，即“0-0-1-1”的方法，取值范围在0~12分，最佳分界值为3/4。① 根据得分情况可以划分为三种类型，即：心理障碍高危人群（GHQ总分≥4）、中危人群（GHQ总分为2或3）、低危人群（GHQ总分≤1）。② 抽样调查数据显示：有34.7%的员工得分高于4分，处于心理不健康的危险状态，有33.8%的员工得分处于中度危险状况；仅有31.5%的员工属于低危人群。在高危人群中有63.2%的人经常因为焦虑而失眠；有57.9%的人对自己一直没有信心；有51.3%的人总是感到过度紧张和易躁。如果不能及时为员工提供缓解措施，不但无法解决现有的心理障碍，还可能导致处于中、低度风险的员工进入高度危险区域，使问题变得愈发严重。

三、工作与生活的平衡成为影响员工心理健康的重要因素

在心理健康需求项目的调查中，选择“利于家庭团聚”的员工比例高达93.5%，选择“灵活就业时间”的比例达到91.7%，而“防止欺辱同事”、“工作中预防骚扰”和“禁止在工作场所使用暴力”等方面的心理需求则明显回落，只占员工总数的51%左右。这些数据传达了两方面的信息：一是从员工自身来看，国内越来越多的职场人士开始重视家庭与工作之间的关系，“工作第一”已经不再是最佳选择，而如何减少由于工作原因导致的家庭关系失衡成为焦点问题；二是从用人单位来看，对员工的关注还停留在工作绩效方面，为员工提供有利于生活的工作模式仍处于空白区域。在访谈中，很多员工对于不能尽到教育子女的责任、不能照顾年迈的父母等都心存愧疚，并坦承这些压力会直接影响情绪和工作效率。因此，无法契合的工作与生活关系，不但会给员工带来沉重的心理压力，而且不利于组织的可持续发展。“工作只是工作”的思维已经成为过去式，将家庭因素纳入工作规划中已经成为未来职业安全与健康规制发展亟待解决的重要课题。

---

① 杨廷忠、黄丽、吴贞一：《中文健康问卷在中国大陆人群心理障碍筛选的适宜性研究》，载《中华流行病杂志》2003年第9期，第769~772页。

② 张杨、崔利军、栗克清等：《增补后的一般健康问卷在精神病流行病学调查中的应用》，载《中国心理卫生杂志》2008年第3期，第188~192页。

李艺敏、李永鑫：《12题项一般健康问卷（GHQ-12）结构的多样本分析》，载《心理学探析》2015年第4期，第355~359页。

四、超过42.1%的员工有高度职业紧张感

职业紧张通常是指由于工作压力较大，从而造成从业者在心理和情绪上的失调。不同职业的紧张源差异较大，但都会从心理、生理和行为方面出现类似的症状，比如，抑郁、焦虑，肌体患病、过度依赖药物、工作满意度下降、事故频发等情况。[①] 在调查中，有92.6%的员工关注到自己具有职业紧张感，认为自己处于高度水平的占比达到42.1%（其中处于极高状态的比例为7.4%），而职业紧张感低的员工仅占23.1%，“疲于奔命”已经成为超过四成员工的标签。

五、公众对心理健康的认知度较低

在访谈中很多员工坦言，尽管遇到挫折是正常的，但是无法有效地排解这些烦恼是造成心理障碍的重要原因。比如，工作压力、人际关系、家庭生活、子女教育等方面带来的困惑无法找到合适的途径倾诉。调查中，有88.8%的员工不知道如何获得私密性心理咨询服务，无法接受去医院挂号看心理门诊的方式；有69.3%的员工不知道国家有职业健康、心理卫生方面的管理标准和规定；有88.1%的员工不知道长期的高度职业紧张会产生的后果，认为心理障碍连疾病都算不上，就算讲出来也无法解决。虽然样本数据是有限的，但足以反映全社会对心理健康的认知还处于较低水平，从政策制定、单位责任和个人意识等方面还没有形成完善的保障体系。

综上，员工在工作和生活中产生的心理问题远比我们想象的要复杂和严重。1979年，舒尔茨构建了“人力资本理论”而获得诺贝尔经济学奖。他提出“人的质量是决定经济发展的关键因素，通过劳动者的知识、技术、工作能力和健康状况体现”。然而近40年过去了，员工的心理健康水平还远远没有达到高质量人力资本的要求，这不但不能配合目前经济转型的需要，还可能变成未来发展的掣肘。因此，面对职业压力和心理健康这一新问题，现有的职业安全与健康规制并没有体现出高效

① TH Homes，RH Rache. The social readjustment rating Scale［J］. Psychosomatic Medicine，1967，11：213.

率和好效果。如何创新规制模式解决这一问题呢？本书将在第六章进行具体的对策分析。

第二节　老龄化带来的新挑战

老龄化是世界很多发达国家和地区面临的现实问题，各国在职业安全与健康规制中不断改进策略提高老年就业者的劳动安全水平，并已经取得了良好的效果。中国在老龄化背景下的职业安全与健康规制与其他国家不同，面临更大的困难与挑战，主要是因为中国目前处于经济结构优化和产业转型升级的关键时期，老龄化发展速度较快，给劳动安全规制留下研究与改进的时间较少，导致老年就业者的安全与健康问题集中出现。为了保证“十三五”规划的顺利实施，促进老年人力资源开发，从根本上解决老年就业者的劳动保护问题是新常态下职业安全与健康规制必须要处理好的重要议题。实施有效的规制政策，必须对中国老年人口及就业情况进行分析。本小节主要通过对国家统计局发布的数据及专业统计年鉴的梳理，发现目前老年群体就业中有如下特点和问题：

一、老年女性劳动者增长迅速且非全日制用工比例明显提高

《中华人民共和国老年人权益保障法》中，将老年人定义为60周岁以上的公民，这与世界卫生组织的划分标准是一致的。中国老年人占总人口的比重在不断增长，劳动适龄人口的减少使参与就业的老年劳动者在近十年内快速增长。根据《国民经济和社会发展统计公报》（2007～2016年）的历年数据，可以发现：如果将16～59周岁定义为劳动年龄人口，其占总人口的比重在2007～2009年之间处于稳定状态，2010年经历短暂的提高后连续五年持续下降，截至2016年末劳动年龄人口和占总人口比重均为近十年内最低值，见表3－2。

表3-2　16周岁以上至60周岁以下（不含60周岁）的劳动年龄人口

单位：万人

	2007年	2008年	2009年	2010年	2011年	2012年	2013年	2014年	2015年	2016年
劳动年龄人口	91169	91633	92081	94051	94072	93727	91954	91583	91096	90747
占总人口比重（%）	69.0	69.0	69.0	70.1	69.8	69.2	67.6	67.0	66.3	65.6

资料来源：《国民经济和社会发展统计公报》2007~2016年历年版。

2006~2015年的老年抚养比分别为：11%、11.1%、11.3%、11.6%、11.9%、12.3%、12.7%、13.1%、13.7%、14.3%，近十年间增加了3.3个百分点①。中华人民共和国成立初期，我国人均预期寿命为40岁左右，1996年为70.80岁、2000年为71.40岁、2005年为72.95岁、2010年为74.83岁、2015年为76.34岁。这表明，中华人民共和国成立以来我国老年人口数量、人口结构都发生了较大的变化，并对社会经济发展产生重大影响。根据《中国劳动统计年鉴》2006~2015年历年版的数据分析结果表明：老年人参与劳动就业情况与人口发展结构极为密切，劳动适龄人口越少，老年人就业规模越大，其中参与社会经济活动的60岁以上女性劳动者增长速度较快。根据表3-3的数据，2010年是劳动适龄人口近十年的最高值，这一年60岁老年劳动者参与就业的比例最低，之后随着适龄人口的减少而逐年提高，其中以女性劳动者尤为突出，60~64岁的女性老年劳动者在十年间提高1.83倍，65岁以上提高1.67倍。

表3-3　按就业身份、性别分的全国就业人员年龄构成　单位：%

年份	男				女			
	50~54岁	55~59岁	60~64岁	65+岁	50~54岁	55~59岁	60~64岁	65+岁
2005	10.7	7.0	4.0	4.0	9.4	5.5	3.0	2.4
2006	11.2	7.6	4.4	4.9	10.0	6.3	3.3	3.3
2007	10.7	7.6	4.3	4.4	11.3	8.2	4.6	5.1
2008	11.2	8.6	4.7	5.2	10.0	7.4	4.1	3.8

① 资料来源：《中国国家统计年鉴》2007~2016年历年版。

续表

年份	男				女			
	50~54岁	55~59岁	60~64岁	65+岁	50~54岁	55~59岁	60~64岁	65+岁
2009	10.3	8.8	4.9	5.0	9.1	7.5	4.2	3.6
2010	8.2	6.1	2.1	1.5	5.3	3.5	1.5	1.0
2011	7.4	8.0	4.3	4.1	6.3	6.8	3.9	3.4
2012	7.8	8.0	5.0	4.4	7.0	7.0	4.6	3.8
2013	8.8	8.3	5.1	4.5	7.8	6.9	5.1	3.9
2014	10.0	7.7	5.5	4.7	8.8	6.4	5.5	4.0

资料来源：《中国劳动统计年鉴》2006~2015年历年版，其中2010年是城镇就业人员年龄构成数据，其他年份均为全国数据。

现阶段，随着老年劳动者的增加，就业形式也发生了变化，老年全职工作者的比例降低。根据《劳动合同法》的规定，如果劳动者在同一用人单位平均每日工作量不超过4小时、每周不超过24小时，可以作为非全日用工形式。为了研究退休后劳动者就业时间情况，以1~19小时为样本，根据《中国劳动统计年鉴》的数据整理如表3-4所示。通过分析发现：近10年内60~64岁老年就业者的比例和增长速度均高于50~59岁的劳动者，其中65岁及以上的劳动者参与就业的比例明显提高。另外，女性老年劳动者参与社会经济活动的比例高于男性，60~64岁这一年龄段女性为男性的2.2倍，65岁及以上为1.7倍。

表3-4　按年龄、性别分的城镇就业人员工作1~19小时构成　单位：%

年份	男				女			
	50~54岁	55~59岁	60~64岁	65+岁	50~54岁	55~59岁	60~64岁	65+岁
2005	1.2	1.9	3.7	7.0	3.6	5.6	7.7	11.6
2006	1.5	2.4	4.2	11.3	4.8	7.9	9.1	21.1
2007	1.8	3.0	6.1	12.1	6.7	11.0	14.4	23.2
2008	1.8	3.2	6.8	13.6	5.9	10.7	15.0	21.4
2009	1.6	2.9	5.9	13.0	6.3	9.3	15.0	20.7
2010	1.1	1.8	4.1	8.4	3.2	5.5	8.4	13.7

续表

年份	男				女			
	50~54岁	55~59岁	60~64岁	65+岁	50~54岁	55~59岁	60~64岁	65+岁
2011	1.9	2.7	6.9	12.3	4.8	8.6	12.1	21.0
2012	1.3	2.0	4.4	10.2	3.8	7.4	10.4	18.8
2013	1.3	2.5	5.9	12.1	4.1	8.4	12.0	19.8
2014	1.6	2.2	5.8	12.1	4.1	8.2	12.3	20.1

资料来源：根据《中国劳动统计年鉴》2006~2015年历年版数据整理。

这些数据是人口老龄化的一个缩影，但其释放的信号却非常明确，即：随着人口老龄化的加剧，老年就业人员的数量将不断扩大，未来将有更多的老年劳动者，尤其是女性加入就业队伍。在这种情况下，老年职业安全与健康保障的最直接和有效的方法就是由用人单位承担主体责任，这同时也是法律明确规定的雇主责任。然而，现实情况却是老年人的劳动安全权益经常受到侵害，在法律不完善和规避责任等因素的影响下，很多用人单位选择用最简单的“使用”方式对待老年劳动者，“保护与开发”这些珍贵的人力资源成为纸上谈兵。劳动保障监察等规制机构受人力有限等多种因素的制约，目前多采取宣传的方式，提醒再就业的老年劳动者在用工时一定要签订劳动协议，协议内容尽可能的详细，并保存工资条、考勤记录等维权可以用到的材料。但是，具有老年劳动者生理特点、性别差异和工作风险评价体系的职业安全与健康规制体系还没有得到完善，这是劳动力老龄化过程中亟待解决的问题。

二、老年职业安全与健康规制法律体系不健全

在《中华人民共和国老年人权益保障法》（2015年修订版）中，明确提出保障老年人合法权益是全社会的共同责任。在人口老龄化的大环境下，国家和社会应当重视老年人力资源的开发，积极发挥老年人的专长，鼓励老年人在自愿和量力的情况下依法从事经营和生产等多种活动。国家、社会和用人单位应当为他们提供良好的就业环境，保障他们在经济活动中的合法权益不受侵犯。《老年人权益保障法》第70条明

确规定：任何单位和个人不得安排老年人从事危害其身心健康的劳动或者危险作业。然而，现实情况却是老年劳动者在就业活动中的权益很容易被损害，法律法规对他们的保护并不充分，还存在亟待改善的地方。目前，我国法定退休年龄执行标准主要由1953年的《中华人民共和国劳动保险条例》和1978年发布的《国务院关于安置老弱病残干部的暂行办法》《国务院关于工人退休、退职的暂行办法的通知》确定，即：除特殊群体外，男职工退休年龄是60岁，女干部是55岁，女工人是50岁。如果继续按现行政策，在适龄劳动力不断减少的情况下，将无法应对经济和社会发展的正常需求。现行标准使最早与最晚退休年龄之间的差距达到10年，很多有精力的劳动者实质上是"退职没退场"，在离开工作岗位后仍然活跃在劳动力市场上，继续进行生产劳动。由于退休人员已经超过法定劳动年龄，并且开始领取社会保险，重返劳动力市场后与用人单位形成的是"劳务关系"而非"劳动关系"，双方在就业中的权利和义务主要通过双方协商确定，如果发生争议并不适用《劳动法》和《劳动合同法》。根据《最高人民法院关于审理劳动争议案件适用法律若干问题的解释三》中第7条规定："用人单位与其招用的已经依法享受养老保险待遇或领取退休金的人员发生用工争议，向人民法院提起诉讼的，人民法院应当按劳务关系处理。"因此，老年劳动者要保证自己的合法权益，就需要与用人单位签订劳务合同或聘用合同，对劳动收入、劳动时间、劳动保护等内容进行协商。比如，退休返聘的老年劳动者因其与用人单位的劳务关系，如果在工作中受伤将不属于工伤认定的范围，并不受《工伤保险条例》的保护，其权益需要通过其他途径解决，最佳的方法就是依据劳动协议中的约定内容依法处理。事实上，很多老年就业者与用人单位并未签订书面劳动协议，或者只是通过口头方式约定相关事项，导致出现争议或者损害自身权益时无法进行合理维权。

三、商业保险在保障老年职业安全与健康方面还没有充分发挥作用

老年就业者在退职后拥有养老保险和医疗保险，但是原有劳动关系中要求用人单位必须缴纳的工伤保险却随着退休而中止。当老年劳动者

重新就业时，就会面临工作安全无法得到有效保障的现实问题。如果用人单位要规避老年劳动者在工作中因事故伤害发生的纠纷并降低赔偿成本，那么最好的方式就是购买人身意外伤害保险。这种商业保险比较灵活，目前适合企业参保的产品主要有两种，即：（1）如果老年劳动者人数较少，可采用单独投保的方式；（2）如果老年劳动者人数较多，可采用团体参保方式，选择综合意外险或雇主责任险。

第一种：单独投保。如果按照商业保险公司的投保须知，为一名年龄不超过80周岁，能够正常工作和生活，日常生活能够完全自理，身体健康，且不存在有既往症、投保时已患病住院或投保前因病假或其他原因不在岗达10个工作日以上情形的老人投保，那么当选择保险金额为最低档和中间档这两种方案时，缴纳的保费分别为450元和900元，详见表3－5。

表3－5　　老年人综合保险方案对比

	方案1保险金额	方案2保险金额
意外身故/残疾	50000元	100000元
意外伤害医疗	3000元	5000元
猝死	25000元	50000元
意外伤害骨折津贴	5000元	15000元
意外伤害住院津贴	50元	100元
合计缴纳保费	450元	900元

注：数据信息来自“中国平安保险商城——老年人综合保险”（2017年）。

第二种：团体投保。企业团体综合意外险，可以由3人及以上的老年劳动者组团投保，这种模式相对单独投保价位便宜，但是保障范围很有限，对年龄和从业者所属行业有明确的要求。比如，被保险人仅承保职业风险在1～4级的行业，如果被保险人从事5类及5类以上职业或拒保职业的工作发生意外事故，不属于保险责任范围。同时，团体综合意外险的适用人群限定为18～65周岁的在职职工，并且还具体划分为18～50周岁和51～65周岁两个年龄段，区别在于后者不提供疾病保障类型的保险。具体数据见表3－6。

表 3-6　企业团体综合意外险“实惠计划（3 人团）”分年龄段比较

保险类型	保障范围	18～50 周岁	51～65 周岁
一般意外	意外伤害身故、残疾	100000 元	100000 元
	意外伤害医疗	10000 元	10000 元
疾病保障	重大疾病	10000 元	—
	疾病（含猝死）身故/伤残	10000 元	—
保费合计		466.8 元（155.6 元/人）	376.8 元（125.6 元/人）

注：数据信息来自“中国平安保险商城——企业团体综合意外险”（2017 年）。

企业还可以选择雇主责任险，这类保险要求参保企业必须全员投保，最低投保人数为 5 人，仅适用于中国大陆地区从事住宿业、餐饮业、居民服务、零售业以及商业服务业的企业，且被保险人的年龄限定在 16～60 周岁。如果企业曾经投保过该险种，并且有过出险记录，那么在续保时费率将可能出现浮动。表 3-7 为最低和最高保险金额的对比数据。

表 3-7　雇主责任险（5 人）方案对比

	方案 1 保险金额	方案 2 保险金额
工伤及职业病身故/伤残	100000 元	200000 元
医疗费用报销	15000 元	30000 元
误工津贴	50 元/天	50 元/天
合计缴纳保费	840 元（168 元/人）	1630 元（326 元/人）

注：数据信息来自“中国平安保险商城——雇主责任险”（2017 年）。

通过上述分析可以看出，现阶段当工伤保险无法继续为老年劳动者提供保障时，商业保险成为最有力的补充。商业保险通过设置不同的保险金额和项目，由被保险人根据实际情况进行选择，在一定程度上降低了用人单位和老年就业者的风险。然而，企业对于购买商业保险的热度较低，主要基于两方面的客观原因：一是保障范围有限。在对比这两种商业保险数据后可以直观地发现，尽管团体险的保费相对便宜，但是限制条件较多，无法对 65 周岁以上的老年劳动者提供保障，并且将危险性较高的行业排除在外。事实上，越是行业危险性大的企业，其参加保险的动力越强，越想通过保险的方式分散风险。但是，目前商业保险公司并未针对5～6级行业的用人单位和老年就业者设计较为适合的保险产品，出现“想买没有”而导致劳动者安全无法保障的困境，这对从事该类行业的老年群体是非常不公平的。二是费用和人员流动的困扰。目前用人单位与老年就业者不签订书面劳务合同的情况比较常见，因为双方可以随时终止劳务关系，就直接导致用人单位在选择是否参加商业保险时有很多顾虑。一方面，如果老年就业人数较多，需要缴纳的保险费对中小微企业将是一笔不小的费用；另一方面，如果投保成功后出现人员流动，那么变更被保险人的程序较复杂，且有比例限制。比如，在雇主责任保险中，如果要变更雇员，那么需要提供“有已签章的《雇主责任险变更申请书》，含变更前后的雇员姓名、证件号码及职业类别的被保险人变更清单；投保人组织机构代码证或税务登记证复印件；保险单正本；保险公司要求提供的其他相关资料”共计四项材料。如果要减少雇员人数，则要在上述材料的基础上，额外附加收款账号资料，并同时满足“被保企业必须全员投保，最低投保人数为5人”的要求。因此，在老龄化速度加快的背景下，现有商业保险模式还没有为用人单位和就业者提供有力的支撑，还有很大的改进与发展空间。

四、“量多质少”的老年就业群体职业健康机能较差

随着人口老龄化的加剧，老年人口的基数不断增加。根据国家统计局在2018年2月发布的《2017年中国国民经济主要数据统计公报》，截至2017年末，60周岁及以上人口24090万人，占总人口的17.3%；65周岁及以上人口15831万人，占总人口的11.4%。如果对比十一年前的数据，2007年60周岁及以上人口15340万人，占总人口的11.7%；65周岁及以上人口10636万人，占总人口的8.1%。

老年人口的快速增长，是开发老年人力资源的有利条件，经验丰富、身体健康的老年就业者将成为中国新常态下的第二次人口红利。但是，中国老年群体面临数量巨大，健康状况较差的现状。根据2010年第六次全国人口普查数据，60～64岁的老年人口中，健康男性占32.7%，基本健康男性占14.7%，健康女性占28.1%，基本健康占

17.7%；65~69岁的老年人口中，健康男性占26.5%，基本健康男性占18.3%，健康女性占21.8%，基本健康女性占21.4%。在60~69岁年龄段的劳动者中，只有不到半数的老年人能达到用人单位对身体状况要求"良好"的基本条件。尽管影响老年人身体健康的因素比较多而且复杂，但是可以通过统计的方法按迹循踪。根据《中国卫生和计划生育统计年鉴》中的数据，以"城市和农村居民年龄别疾病别死亡率"为分析样本发现，在50~69周岁的群体中造成死亡的前三项疾病主要为：恶性肿瘤、心脏病和脑血管病。表3-8以脑血管病为例，根据2006~2014年"城市居民年龄别疾病别死亡率"的数据显示由该病造成的死亡率整体在逐年提高，60岁以上死亡率开始加快，65岁以上的致死率则显著增加。男性脑血管病死亡率高于女性，除了55~59岁之外，其他年龄段男性死亡率约为女性的2倍。

除了造成死亡的重大疾病外，根据2016年《中国中老年健康状况白皮书》，中国55岁以上的老年痴呆患病率明显提高，认知功能障碍在十年间增加了85%，对老年人的记忆、语言、计算和判断能力等产生了极大伤害。尽管随着年龄的增长，身体机能的下降是自然规律，但是保持健康水平并非天方夜谭。科学的锻炼方式、良好的生活习惯、定期医学检查都已经被证明是提高老年身体健康水平的有效方法。目前，在老年人职业安全与健康规制中，对"何时开始预防老年从业者疾病及预防的方法"等还没有指导性文件，这一领域有待完善。

表3-8　2006~2014年城市居民年龄别疾病别死亡率（1/10万）（合计）——脑血管病

年份	男				女			
	50~54岁	55~59岁	60~64岁	65~69岁	50~54岁	55~59岁	60~64岁	65~69岁
2006	68.29	99.23	168.23	315.26	35.71	58.09	95.97	210.59
2007	60.34	104.61	157.32	291.75	27.83	45.39	87.20	183.25
2008	71.79	104.25	173.59	298.13	29.47	52.21	95.64	188.69
2009	77.10	121.76	192.10	327.07	30.45	54.78	106.68	205.87
2010	83.15	128.89	226.81	404.24	35.25	62.79	128.29	225.46
2011	80.42	123.49	204.57	362.00	28.19	49.79	107.29	210.58

续表

年份	男				女			
	50～54岁	55～59岁	60～64岁	65～69岁	50～54岁	55～59岁	60～64岁	65～69岁
2012	68.75	114.12	189.45	333.68	27.96	52.67	100.77	199.34
2013	85.63	126.8	221.72	390	35.41	50.87	113.95	224.87
2014	89.8	112.9	230.99	424.23	35.46	46.6	114.4	241.83

资料来源：根据《中国卫生和计划生育统计年鉴》2007～2015年历年版数据整理。

第三节 “互联网+”时代的工作模式与新兴行业

互联网发源于美国，通过网络与网络之间的连接，拉近了人与人的距离，改变了工作与生活模式，并在此基础上形成了全球化的发展趋势。互联网思维模式使各国重新审视自己的优势和挑战，各类企业也通过不断发展的新信息和交流技术提升自己在市场中的竞争力。在这种背景下，不但传统的工作模式发生了变化，而且催生了新的工作种类，并出现了新的职业安全与健康问题。

一、愈发灵活的工作模式却带来更大的工作压力和更长的工作时间

传统工作模式主要是指员工在指定的工作场所，按照预先约定好的工作时间从事本职工作。这种工作模式的工作地点和时间比较固定，当出现特殊或紧急事件时，只能通过请假或辞职等方式离开，有时会给用人单位和员工带来损失，也带来时间、人力和资源等方面的浪费。比如《劳动法》《女职工劳动保护规定》都明确提出：“用人单位不得在女职工孕期、产期、哺乳期降低其基本工资，或者解除劳动合同。”这一规定在保护女职工合法权益的同时，也使用人单位对雇佣适龄女性员工有顾虑，由此出现的就业歧视和劳动争议不断。同时，随着人口老龄化的加剧及“二孩”政策的放开，照顾家庭成员成为很多在职员工面临的现实问题，固定的工作时间和地点显然已经不适合现状。互联网成为缓

解这些问题的一剂良方，它通过便捷和快速处理信息的方式有效地维持了特殊劳动者的就业能力，也为充分挖掘潜在劳动力提供了技术平台。随着无线网络的广泛应用，笔记本电脑、平板电脑和智能手机使工作变得更灵活，只要满足分散化工作所必备的软件、应用程序、服务和数据，在有服务器和存储系统的条件下帮助员工实现远程交流，无论是在家、出差或者旅游，通过互联网就可以处理工作。然而，世间事皆有利弊。

新技术和技术变革改变了现有的工作模式，并且不断创造新的工作形态。互联网使人们可以随时随地获取工作信息，人们可以依赖这种模式传递和查阅自己想要的资料。搜索引擎可以给人们提供数以万计的信息，人们一方面感叹信息时代的巨大力量；另一方面却忽略了处理信息的能力有限，在浩如烟海的数字化时代期许着效率的提高，最终使工作压力不断加大，甚至高于传统的工作模式。尽管这种以时间和空间为特征的灵活就业模式不依靠固定的工作地点和规定的时间，移除了传统模式的界限，但是它也导致工作与私人生活的边界开始模糊。同时，很多企业对员工的期待也不再是传统意义上的“做好本职工作”，而是希望以互联网为基础，培养员工的创新思维，并以此提高工作效率和企业的竞争力。因而，企业在对员工进行绩效评价时，更倾向采用工作结果考量的方式。这种考评方式不但使考量变得更容易，还可以降低由于实施灵活工作时间可能导致偷懒的风险。但是，员工为了获得较好的绩效评价结果，可能会占用非工作时间去完成分内工作，并随之产生工作压力和为了按时完工而带来的紧迫感。因而，利用下班后和周末时间，熬夜工作的员工数量开始大幅增加。对于很多员工来说，更灵活的工作时间并不意味着更多的自由，反而使规划工作和闲暇时间变得更困难了，甚至达到或超过了法律规定的标准工作时间。[①] 长时间处于较大的压力下，人们难免会患上各类疾病，甚至由于精神负担较重，影响到正常的工作和生活。

① Institute for Employment Research（IAB）Brief Report No. 21，November 2013：58% of all workers now work at night，at the weekend，or work shifts，at least from time to time.

二、井喷式新兴行业带来“利益驱动型”职业伤害：工时长、安全保障差

互联网的快速发展，使我们进入到一个数字经济的时代，覆盖范围越来越广泛的IT系统，降低了用人单位的生产成本，也使人们以此在世界范围内实现更便捷的人与人、人与社会的沟通。高度发达的自动化和传感技术、信息物理系统将虚拟世界与真实世界相连，3D打印成为一种新型的生产方法。智能软件系统、大数据使消费者的偏好发生了显著的变化，数字转化带来传统商业模式的革命，颠覆了整个行业，引导新的生产、物流链、产品和服务的发展。互联网带来的数字化模式不只改变了现实社会的形态，也改变了社会意识形态及人们的偏好和价值观。生活变得更多样化，也更便捷，其中包括对中国亿万消费者影响最大的电商模式。人们通过电脑或者手机，就可以下单购物，点餐订票，并由此产生了一批新型职业，比如外卖“骑手”和快递“小哥”。他们是各类电商相互竞争，并通过“物流之战”获取市场份额的中坚力量和典型代表。以互联网为平台进行交易时，“当日送达”“订单时限”等字眼成为消费者选择电商的关键词，其背后却是那些骑着电动车满载货物为消费者拉近“最后一公里”的快递员，是那些穿街过巷的送餐员。随着电商行业的井喷式发展，相关从业人员的数量也随之快速增长。由于快递员和送餐员的工作流动性大、用人单位目前不规范等原因无法获得准确的从业人数，但是通过这两种新兴行业的发展规模可略见一斑。以网络购物和网上订餐为例，根据中华人民共和国国家邮政局公布的《2016年邮政行业运行情况》的数据显示：2016年，全国快递服务企业业务量累计完成312.8亿件，同比增长51.4%；业务收入累计完成3974.4亿元，同比增长43.5%。其中，同城业务收入累计完成563.1亿元，同比增长40.5%；异地业务收入累计完成2099.3亿元，同比增长38.8%；国际/港澳台地区业务收入累计完成429亿元，同比增长16.1%。中国互联网络信息中心在2017年1月发布《中国互联网络发展状况统计报告》，其中：（1）在网络购物方面，截至2015年12月用户规模达到4.13亿，占网民总体的60%，其中手机用户规模为3.4亿，占手机网民总体的54.8%；截至2016年12月，用户规模达到

4.67亿，占网民总体的63.8%，其中手机用户规模为4.41亿，占手机网民总体的63.4%。（2）在网上订外卖方面，截至2015年12月，用户规模达到1.14亿，占网民总体的14.3%，其中手机外卖用户规模为1.04亿，占手机网民总体的16.8%；截至2016年12月，用户规模达到2.09亿，占网民总体的28.5%，其中手机外卖用户规模为1.94亿，占手机网民总体的27.9%。对比数据见表3-9。

表3-9　2015~2016年中国网民各类互联网应用的使用率

	2015年		2016年		
应用	网民规模（万）	网民使用率	网民规模（万）	网民使用率	全年增长率
网络购物	41325	60.0%	46670	63.8%	12.9%
网上订外卖	11356	16.5%	20856	28.5%	83.7%

资料来源：第39次《中国互联网络发展状况统计报告》，中国互联网络信息中心，2017年1月。

从表3-9中可以看出，2016年网上订外卖的全年增长率高达83.7%，这是被统计的网络互联网应用中增长比例最高的一项，网络购物年增长率也达到12.9%，这种发展速度吸引了大量劳动力进入该行业。无论是送件还是送餐，其从业人员的收入主要由"底薪+计件绩效"构成，但是当被用户投诉或者差评时就会产生罚款。目前，外卖配送员和快递员还有一定区别，即：快递员每天的送件量基本固定，收件是收入增长点，而外卖配送则通过送餐的数量来计算收入，这就导致从业人员如果要获得更高的收入，就必须通过完成更多的"计件"来实现，而且还要减少被罚款的概率。

以外卖行业为例，目前大部分平台企业都对新上岗的员工进行安全培训，并定期与交警支队合作共同开展安全教育，通过视频、案例和交通法规的讲解提高"骑手"的安全意识。但是，外卖配送员为了获得更多的收益，往往会选择工作更长的时间，或者用更快的速度获得用户好评。然而，天气、交通等不可控因素是快递员或送餐员无法主导的，于是通过闯信号、逆行、违章超速等方式节约时间的从业者大有人在，并由此导致了大量事故的出现。2017年1月4日，《工人日报》发表题为"外卖送餐员：与时间赛跑的'辛酸'"一文，里面以某外卖企业的全职送餐员为例，对“骑手”的工作安全问题进行了报道：

杜金阳曾是郑州地区的一名全职送餐员，最近因为身体原因打了离职报告转成了兼职。他说：“全职每天要工作13个小时以上，送餐高峰期一次接六七个单子是常有的事，长时间下来，身体实在吃不消了。”而事实上，在杜金阳所在的配送站点，像他一样因为身体“吃不消”而离职的“骑手”几乎每天都有。一位从事送餐员入职培训的讲师甚至对新人调侃：“今天在座的等待入职的外卖员或许有100人，然而隔壁就是办离职的房间，可能会有150人离职。”而对于“骑手”们来说，受制于公司有关安全标准的处罚规定和人员管理不规范而导致的社会保险的缺失等因素，一旦出现安全事故，往往都是不敢报备，自认倒霉。杜金阳的同事杨兵，送餐时就曾出过3次交通小事故。他说：“都没敢跟公司说，说了不光没有医药费，还要扣你200块钱，公司安全标准中有明文规定。”

记者调查发现，目前主流餐饮外卖平台对于“骑手”的管理大多采用的是第三方公司劳务输出。这一现状加之外卖送餐员流动性大的特点，公司很少有为“骑手”缴纳社会保险和人身意外险的情况，仅仅以罚款和监督员形式引导“骑手”遵守交通秩序。

针对当前外卖送餐员“辛酸”的生存状态。业内人士认为，新阶段下，正式员工的保障、合理的休息时间和有尊严的对待是送餐员提出的新需求。而底层员工的辛酸和尴尬处境长期发展，将直接影响用户体验，从而对企业长期发展造成负面影响。相反，增加关怀、给予员工适当的福利是企业获得更大竞争优势的良方①。

外卖“骑手”和快递“小哥”面临的职业安全与健康问题还包括：（1）工作时间：配送多集中在吃饭的时间段，一般是上午11点到午后2点，傍晚4点到晚上8点，骑手们是“饿着肚子给别人送餐”。（2）工作内容：尽管很多企业已经采用智能规划配送路线等方式，但是“限时、计件和罚款”犹如戴在配送员头上的紧箍咒一样，“多送快跑、态度好”成为多赚钱的唯一破解之法。如果不能按时到达或者被客户投诉，出现违规提前点击到达等行为会采用罚款的方式惩戒员工。“会抢单、认得路”本来应当是“骑手”的主要技能，然而受天气、交通、助动

① 《“外卖送餐员：与时间赛跑的“辛酸”》，载于《工人日报》2017年1月4日。

车、手机信号等多种客观因素的影响，为了抢回被这些不利因素延误的时间，“会抢道”也变成很多“骑手”的必杀器。无论是派单还是抢单，都需要“骑手”紧盯手机，通过智能软件完成接单、送单的全部过程。(3) 工作条件：几乎是户外作业，面对雨雪等恶劣气候，甚至不适合室外活动的重度雾霾天气，他们依然奔波在路上。

目前，对这类行业从业人员的职业安全与健康问题上，规制机构采取的主要措施有：开展交通安全管理监察工作，比如，北京市由交通和邮政管理部门联合成立“交通安全委员会”，由各层级行业安委会监督寄递企业主体责任的落实情况，包括对安全教育培训、违法违章情况等进行通报，提高从业人员的安全意识。企业采取的措施主要有：通过不同颜色的车辆、头盔和工装区分不同企业，接受社会的监督；为新员工提供上岗培训；制定安全标准，对违规行为给予处罚；请交警支队为员工进行安全培训等。用人单位采取的预防措施主要有：为部分员工个人购买意外险，提高员工安全意识的教育等。但是，规制机构对外卖配送平台的安全监管还远远不够，某些有利于提高安全水平的措施仅限于个别地区，还没有得到推广，安全监管力度不足，与新兴行业配套的规制法律法规体系还没有建立起来。从个人看，外卖“骑手”大多数年轻且缺少一技之长，而配送行业入职门槛低，短期培训就可以独立从事工作。他们普遍认可“高风险、高收入”的原则，通过对比后认为在传统行业辛苦劳动所得要远低于做一个配送员的收入。然而由于工作辛苦、管理不规范、没有五险一金等因素，这类行业人员流动性较大。

总体而言，目前互联网背景下的工作变化和新兴行业的职业安全与健康规制还没有发挥重要作用，企业作为责任主体的职责还远远没有承担起来，类似外卖配送平台的员工劳动安全问题亟待解决。

第四节　职业病是新常态下规制的重点领域

职业病，是指企业、事业单位和个体经济组织等用人单位的劳动者在职业活动中，因接触粉尘、放射性物质和其他有毒、有害因素而引起的疾病。职业病防治事关劳动者的生命安全和身心健康，事关经济转型升级与社会和谐发展的成败。中华人民共和国成立以来，国家颁布一系列保障劳动者职业健康的法律法规，通过对工作场所的不断检查完善规制体制。2015 年，国家卫生计生委、人力资源社会保障部、安全监管总局、全国总工会发布《职业病危害因素分类目录》，其中粉尘包括 52 种，化学因素 375 种，物理因素 15 种，放射性因素 8 种，生物因素 6 种，其他因素 3 种。但是，全国职业病新增病例却呈现总量增长、速度加快的情况，与职业安全不断下降的规制效果对比呈现鲜明的反差。新常态下，科学技术和新材料大量应用于生产过程，某些物质是否会在未来对职业接触者产生危害尚不明确。目前，职业病规制中存在的问题主要反映在以下几方面：

一、职业健康规制体制亟待完善

中华人民共和国成立以后，我国职业健康规制工作主要由卫生部门负责，劳动部门、工会等共同进行管理，职能上存在重复和交叉的情况，大大降低了规制的力度和效果。2003 年，国家进行政府机构改革，通过“定机构、定职能、定编制”的方式将原由卫生部负责的作业场所职业卫生监督检查职责划转至国家安全生产监督管理局。2008 年，国家安监局设立职业安全健康监督管理司，专门负责相关工作。2010 年，由中央机构编制委员会办公室下发《关于职业卫生监管部门职责分工的通知》，明确：（1）卫生部负责职业病诊断与鉴定，职业病监测与调研，化学品毒性、个人剂量监测等职业病技术服务机构资质的认定与监管，审批和监管职业健康、职业病诊断医疗机构，管理和发布职业病报告，负责医疗机构放射性危害控制的监管，开展职业病防治科学研究，职业病法律法规和防治知识的宣传。（2）安全监管总局负责起草职业卫生法规，制定用人单位卫生监管规章，拟订职业危害因素的相关标准，职业卫生监督检查，“三同时”的审核及监督，用人单位职业危害项目申报工作，职业卫生安全许可证的发放，职业卫生检测、评价技术服务机构的资质认定和监管，监督检查用人单位建立职业危害和劳动者职业健康保护机制，汇总并提供职业危害因素信息。（3）人力资源和社会保障部负责劳动合同的实施监管，根据职业病诊断结果做好社会保障工作。（4）全国总工会依法参与职业危害事故调查处理，反映劳动者职业健康诉求。

2014年，国家安监局已经全部完成31个省（市、区）的职业卫生监管职能划转工作，当年共有监管人员6000余人。2015年，根据《中国疾病预防控制工作进展》的数据，国家卫计委对全国134个县3600多家企业重点职业病进行监测，覆盖人群近17万人。这些监管活动对于庞大的就业人群和各行业的用人单位，可谓“杯水车薪”，现有的监管人员应对目前的职业健康规制工作有很大的难度。

二、职业病发病呈上升趋势

根据安监局的数据，全国每年新报告的职业病持续增加，2016年更是创历史新高，全年总报告病例达到31789例。2000～2016年，职业病报告病例在17年内增长超过2.7倍，除了个别年份小幅下降外，总体呈现上升趋势。职业性尘肺病增长速度和发病速度更快，在17年内超过3.09倍，2016年新增病例达到28088例，约占职业病报告例数的88.4%。

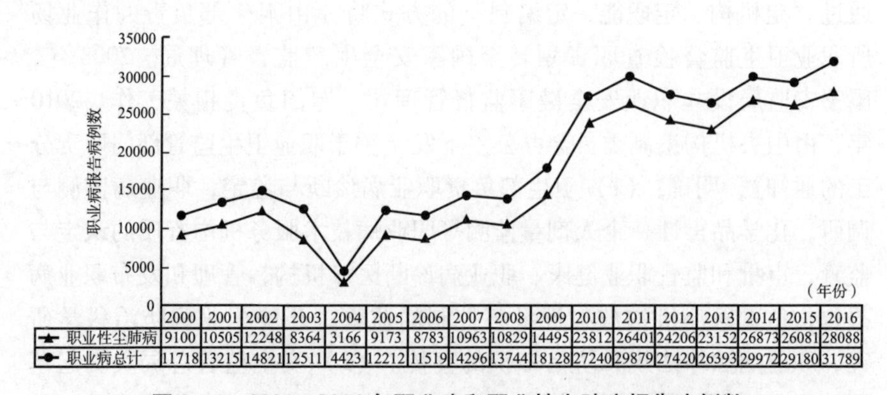

	2000	2001	2002	2003	2004	2005	2006	2007	2008	2009	2010	2011	2012	2013	2014	2015	2016
职业性尘肺病	9100	10505	12248	8364	3166	9173	8783	10963	10829	14495	23812	26401	24206	23152	26873	26081	28088
职业病总计	11718	13215	14821	12511	4423	12212	11519	14296	13744	18128	27240	29879	27420	26393	29972	29180	31789

图3－1　2000～2014年职业病和职业性尘肺病报告病例数

以职业性尘肺病、急性职业性化学中毒、职业性肿瘤、职业性耳鼻喉口腔为代表的各类职业病发病数量均呈上升趋势。表3－10为2007～2014年的全国职业病报告情况，根据这些数据，有几个值得注意的特点：（1）煤工尘肺和矽肺是尘肺病发病较高的两类职业病，然而矽肺的增长速度明显过快。2007年初矽肺的报告病例数只有3956例，同期煤工尘肺是其2.5倍，而到2014年两者的发病数量接近，矽肺在近8

年内增加了近2倍。同时，全国不同省份也出现这种情况，比如，2011年根据广州职业病防治院发布数据，尘肺是广州新发职业病的首位，主要因为从事石料加工的中小企业和私营企业增多，在生产过程中不注重对劳动者的职业健康保护，导致矽肺病出现爆发式增长。2015年辽宁省卫计委公布全省职业病报告，尘肺病占职业病报告总例数的85%，其中矽肺和煤工尘肺分别为722例和621例。（2）苯和石棉是导致职业性肿瘤的主要接触性物质，其中由石棉导致的职业病是8年前的7倍，成为职业接触者的头号杀手。石棉对人体的危害较强，人们发现石棉会导致尘肺病。然而，欧洲发达国家在20世纪通过研究发现，即便不是生产石棉的工人，如果在工作过程中长期接触低浓度的石棉颗粒也可能会引发间皮瘤这类职业病，其潜伏期可长达20年以上，因而在20世纪90年代末就全面禁止使用石棉，之后美国、日本等国家也将其列为生产违禁材料。目前，石棉带来的职业病已经引起我国安监部门的注意。（3）职业性接触生物因素的劳动者罹患疾病的风险大大提高。2014年报告病例为427例，在8年间增加了近9倍。根据《职业病危害因素分类目录》，生物因素主要包括：艾滋病病毒（仅限于医生和警察）、布鲁氏菌、伯氏疏螺旋体、森林脑炎病毒、炭疽芽孢杆菌。比如，在畜牧业及毛皮加工工业，患病的牛、马、羊可以通过职业接触者的皮肤或呼吸道传播职业性炭疽病。从事森林作业的采伐工人易感染森林脑炎，这是一种由蜱虫传播的急性传染病。

表3-10　　2007~2014年全国职业病报告情况　　单位：例

		2007年	2008年	2009年	2010年	2011年	2012年	2013年	2014年
职业病总计		14296	13744	18128	27240	29879	27420	26393	29972
职业性尘肺病	总计	10963	10829	14495	23812	26401	24206	23152	26873
	煤工尘肺	9798	9672	13319	12564	14000	12405	13955	13846
	矽肺	3956	4492	5544	9870	11122	10592	8095	11471
职业性化学中毒	急性	301	309	272	301	590	296	284	295
	慢性	1638	1171	1912	1417	1541	1040	904	795

续表

		2007年	2008年	2009年	2010年	2011年	2012年	2013年	2014年
职业性肿瘤	总计	48	39	63	80	92	95	88	119
	苯	16	17	22	49	52	53	41	53
	石棉	4	12	11	18	8	19	19	27
	焦炉	25	10	19	10	25	17	18	28
职业性耳鼻喉口腔等	总计	1047	945	1106	1314	1255	1446	1587	1632
	职业性耳鼻喉口腔	290	236	424	347	532	639	716	880
	职业性眼病	349	280	161	251	226	94	129	55
	职业性皮肤病	280	230	176	226	138	148	141	109
	物理因素所致	54	82	111	225	172	201	233	143
	生物因素所致	48	90	192	201	146	293	316	427
	其他	26	27	42	64	41	71	52	18

资料来源：各年度全国职业病报告情况。

三、用人单位还没有依法承担保障职业健康的主体责任

职业病与其他安全事故有明显的区别，即：职业病可预防、难治疗。诸如我国职业病占比最高的尘肺病，如果严格遵守法律规定进行防护可以极大地降低发病率，而一旦患上尘肺病，则无法治愈。由于职业病是在工作中通过职业接触而发生的疾病，用人单位应当是职业病防治的首道防线和第一责任主体，它直接关系到劳动者的健康甚至生命安全。

在前期预防上，很多用人单位没有按法律规定为员工配备职业防护设备，也没有客观地进行职业危害预评价。为了能够招到足够数量的员工，某些用人单位采取避重就轻的方式逃避责任，例如，没有如实履行

职业危害告知责任，缺少对员工工作操作规程的培训，很多企业也没有为员工建立职业卫生档案和劳动者健康监护档案。很多用人单位对保障劳动者生命健康安全的规定视而不见，以各种理由搪塞，甚至省略。

如果现阶段用人单位无法为从事有毒有害作业的员工提供更好的防护，那么参加工伤保险可以算作员工保障的最后一道屏障。《中华人民共和国职业病防治法》第 7 条明确要求用人单位必须依法参加工伤保险，但仍然有很多劳动者没有享受到这项法定权利。从 2006 ~ 2015 年，工伤保险覆盖的人数在不断增加，十年间增加了 1.1 亿人。2015 年年末，参加工伤保险的人数为 2.14 亿，参保比例在不断提高，但是与 7.75 亿的就业总人数相比，目前仅有 27.7% 的劳动者被纳入工伤保险保障范围，见表 3 - 11。

表 3 - 11　2006 ~ 2015 年中国就业人员与年末参加工伤保险人数　单位：万人

	2015 年	2014 年	2013 年	2012 年	2011 年	2010 年	2009 年	2008 年	2007 年	2006 年
就业人员	77451	77253	76977	76704	76420	76105	75828	75564	75321	74978
年末参保人数	21433	20639	19917	19010	17696	16161	14896	13787	12173	10269

资料来源：《中国统计年鉴》2006 ~ 2015 年历年版。

四、职业危害出现转移的情况

职业危害并不是停留在某个地区或行业，而是受社会经济发展、行业变化和生活习惯等因素的影响发生转移。目前，职业危害转移主要有四个特征：

第一，大型企业向小微企业转移。很多易发生职业病的大中型企业在经济转型和产业结构调整过程中，逐步采用更安全、更环保的材料，降低职业接触可能对劳动者产生的危害。2016 年，国家安全监管总局组成职业病危害防治评估组通过抽样调查的方法，对全国 31 个省（区、市）及新疆生产建设兵团的 2015 年度职业病危害防治工作进行了评估，发现小微型用人单位的职业健康保障水平最低。在负责人培训率、管理人员培训率、劳动者培训率、危害因素检测率、职业健康检查率、危害告知率、警示标识设置率和监督覆盖率这几项评估指标中，与其他规模用人单位相比，除危害因素检测率外，其他指标均垫底；与往年相比，除负责人培训率和危害因素检测率外，其他指标均有所下降。在“大众创业、万众创新”的背景下，小微企业在激烈的市场竞争中更注重经济效益，尽管它们吸纳大量劳动力就业，但也成为职业风险较突出的领域。比如，小化工企业无力购买先进的设备，很多仍然使用工艺落后、污染重的设备，缺少安全投入经费和对从业者的培训，不但经常发生化工事故，也成为职业病高发“地带”，同时也成为导致公害事件的隐患。目前，中小企业是吸纳劳动力的主体，如果用人单位没有为从业者提供法定的健康保障，在政府监管力度不够的情况下就会导致职业病发病率提高，危及劳动者的安全与健康。

第二，由普通从业者向农民工转移。根据国家统计局《2015 年农民工监测调查报告》，中国现有农民工 2.7 亿人，约占人口的两成。尽管农民工已经成为劳动力大军中的重要组成部分，但是他们的职业安全与健康权益却没有受到同等保障。2015 年，用人单位与农民工签订劳动合同的比例仅为 36.2%，较上年有所下降。农民工因为流动性较大，而职业病又具有一定的潜伏期，经常出现“离职后再发病”的情况。如果没有与用人单位签订劳动合同，一旦发现患病，将会出现职业病鉴定取证难，用人单位主观不配合、推诿等情况。同时，受经济收入、家庭条件差等因素的影响，农民工的正当权益不但无法得到保证，而且使很多患上职业病的农民工不能及时得到救治。

第三，职业病危害从东部地区向中西部地区转移。随着中西部经济的不断开发，流入人口开始增加，2015 年在中部地区务工的农民工有 5977 万人，增长 3.2%，高于同期东部地区近 3 个百分点。但是，吸纳劳动力最多的中小企业对工作风险的防护亟待加强。根据国家安全监管总局办公厅颁布的《关于 2015 年度职业病危害防治评估情况的通报》，中西部地区的职业病危害防治工作明显弱于东南部，防治水平地区不平衡的情况依旧严重，且有逐步扩大的趋势。其中，负责人培训率、管理人员培训率、危害因素检测率及职业健康检查率省际最大差距均在 60 个百分点以上。中西部的边远地区职业卫生服务条件落后，落后于东南地区，潜在的职业病危害非常严重。

第四，从传统行业向新兴行业转移。2015 年，根据复旦大学健康风险预警治理协同创新中心发布的《我国职业病危害预警与治理研究报告》，职业危害开始从传统行业（煤炭、化工等）向新兴行业（计算机、生物医药等）转移。比如，长期伏案工作者易患上颈椎病；使用电脑工作的人易患“鼠标手”和“电脑眼”；经常加班和具有时限要求的工作使员工面临较大的精神压力和抑郁风险；快递员等户外工作者容易受到雾霾天气的危害等。随着新兴行业的不断涌现，其带来的工作风险并没有纳入职业危害目录。随着新常态下更多的新材料和新技术进入生产经营领域，可能对劳动者造成伤害的因素需要及时进行评估，并形成预警和防控体系。

根据前面的分析，新常态下职业安全与健康规制出现了新情况，就需要采用新办法来解决这些问题，而提出解决方案前应当全面考察“政府、企业和员工”这三方的特点及关系，使对策研究“因时而变，随事而制”。

第四章　中国职业安全与健康规制的经济学分析

目前我国职业安全与健康规制中的规制主体主要是政府，政府既是规制政策的制定者，也是执行者。随着社会和普通民众对安全生产的重视程度逐步提高，用人单位、劳动者和以工会为代表的社会团体、非政府组织积极地参与职业安全与健康规制活动。近年来，尽管煤炭、化工等易出现重特大事故的行业安全生产水平明显提高，但是类似瞒报事故这样的恶劣事件仍时有发生。比如，2017 年 2 月 14 日，湖南涟源市祖保煤矿发生瓦斯爆炸事故，当班下井的 29 人中，20 人于当天获救。事发后，涟源市委宣传部通报称，事故共造成 9 人遇难。然而在事故救援处置过程中发现 1 名伤者身份存疑。在专案组调查核实后发现，祖保煤矿采用冒名顶替方式，瞒报 1 名遇难人员，实际遇难人数为 10 人。至此，该起煤矿事故性质由较大事故转为重大事故，包括涟源市委常委、常务副市长在内的 3 名官员被立案调查，另有多人被警方控制。因此，各级政府在执行职业安全与健康规制政策中存在规制力度逐级减弱、地方政府受地方经济利益驱动与中央制定的规制政策相背离、规制机构被企业“寻租”等情况。

为了更好地分析规制政策实施中存在的问题，本章使用经济分析工具对职业安全与健康规制链条的三个层级进行研究，即：处于规制链条最顶端的中央政府与地方政府、中间部分的地方规制机构与企业和处于规制链条最底端的企业与劳动者。根据规制实施中各方采取的行为，分析其背后的动机和原因，以及对规制效果的影响，为新常态下中国职业安全与健康规制改革提供依据。

第一节　中央政府与地方政府的委托—代理关系

一、职业安全与健康规制中委托—代理关系的主要内容

目前，国家在职业安全与健康规制中一直遵循着“国家监察、地方监管、企业负责”的基本原则，中央政府与地方各级政府以及其他相关监察机构协同工作，使各行各业的劳动安全水平得到了极大提高。

中央政府设置职业安全与健康规制机构具体执行相关规制政策。目前主要规制机构是：国家安全生产监督管理总局。它负责组织起草安全生产综合性法律法规草案，拟订安全生产政策，指导全国安全生产工作等。总局内设办公厅（国际合作司、财务司）、政策法规司、规划科技司、安全生产应急救援办公室（统计司、调度中心）、安全监督管理一司（海洋石油作业安全办公室）、安全监督管理二司、安全监督管理三司、安全监督管理四司、职业安全健康监督管理司、人事司（宣传教育办公室）等部门。其中，国家煤矿安全监察局是国家安监局管理的国家局，负责与煤矿安全生产的相关监督管理工作，内设办公室、安全监察司、事故调查司、科技装备司和行业安全基础管理指导司5个部门。国家安全生产应急救援指挥中心是国家安监局管理的事业单位，内设综合部、指挥协调部、信息管理部、技术装备部、资产财务部和矿山救援指挥中心等部门。

总局其他直属事业单位主要有：国家安全生产监督管理总局调度中心、国家安全生产监督管理总局国际交流合作中心、国家安全生产监督管理总局培训中心、中国安全生产科学研究院、国家安全生产监督管理总局职业安全卫生研究中心等。总局主管的社团组织主要有：中国安全生产协会、中国职业安全健康协会、中国煤矿尘肺病治疗基金会、中国煤炭工业劳动保护科学技术学会、中国化学品安全协会等。总局还负责省（区、市）安全生产监督管理局、省级煤矿安全监察局的管理工作。国家卫生和计划生育委员会的综合监督局根据职责分工承担职业卫生方

面的监督管理工作，组织查处违法行为，指导规范综合监督执法行为。人力资源和社会保障部根据职责分工主管全国工伤保险工作，包括拟订工伤保险政策、规划和标准，完善工伤预防、认定和康复政策，组织拟订工伤伤残等级鉴定标准，组织拟订定点医疗机构、药店、康复机构、残疾辅助器具安装机构的资格标准。同时，由劳动监察局负责拟订劳动监察工作制度，组织实施劳动监察，依法查处和督办重大案件，指导地方开展劳动监察工作，协调劳动者维权工作，组织处理有关突发事件，并承担其他人力资源和社会保障监督检查工作。国家质量监督检验检疫总局根据职责分工负责主管全国质量、计量等工作，内设法规司、质量管理司、计量司、特种设备安全监察司、执法督查司等部门。公安部、农业部、交通部、民航总局等分别负责本系统的安全工作。

职业安全与健康监管体系实行属地化管理，煤监系统实行中央垂直管理，地方各级人民政府也对煤矿监察工作负责。煤监系统的垂直管理和地方政府对于煤矿的横向管理，必须紧密结合，互为补充。但是，在实际职业安全与健康规制中常常出现“谁都能管，谁都不管”的“群龙治水”局面，职责划分不明确，对于煤矿这种高危行业产生了规制的模糊区，极易造成监察漏洞。由于安全投入不足、安全设施不合格、政府监管不力、劳动者安全意识差等原因，不同类型的生产事故不断发生，这暴露出安全生产监管中的深层次问题。从职业安全与健康规制建设的角度，中央政府颁布的法律法规及安全生产的监管内容都是比较完善的，但是具体到地方执行时出现了规制力度减弱、地方政府对安全设施不达标的企业进行庇护，甚至与企业“串谋”瞒报事故真相。中央政府与地方政府在职业安全与健康规制中的这种不一致性导致社会总福利降低，这一现象可以用信息经济学中的委托—代理理论来解释和分析。

委托—代理理论是信息经济学研究的一个重要内容，是非对称信息博弈在经济学中的应用。信息经济学在抛弃新古典经济学完全信息假设的基础上超越了新古典传统。这一基本假设的改变导致了经济学理论的重大发展，为契约理论、机制设计理论的产生提供理论基础，为企业理论、公司金融学、规制经济学、产业组织学、政治经济学、比较经济学等学科领域提供了崭新的分析框架①。从信息非对称性发生的时间上划

① 陈钊：《信息与激励经济学》，上海人民出版社2005年版。

分，可以分为发生在当事人签约之前或签约之后两种情况。研究事前非对称信息博弈的模型称为“逆向选择”模型，研究事后非对称信息博弈的模型称为“道德风险”模型；如果从信息非对称性发生的内容上划分，可以分为研究不可观测行动的模型和研究不可观测知识的模型，前者叫作隐藏行动模型，后者称为隐藏信息模型。

信息经济学主要研究非对称信息情况下的最优交易契约，即给定信息结构，什么是最优的契约安排，因此也叫作契约理论，属于“规范性”研究。在信息不对称的假设条件下，人们关注的主要内容是通过设计可能的机制减少信息不对称带来的效率损失。信息不对称是因为双方对私人信息掌握不对称而引起的[①]。因此，可以根据上述内容对委托—代理理论中两个非常重要的概念——委托人和代理人进行说明。委托人是指在非对称信息交易中掌握较多私人信息的一方，掌握私人信息较少的一方称为代理人。

因此，在职业安全与健康规制中委托人是指中央政府，代理人是指地方各级政府，这种代理关系是隐藏行动的道德风险模型（moral hazard with hidden action）。这种模型是指：签约时信息是对称的，签约后代理人选择行动（如工作努力还是不努力），“自然”选择“状态”；代理人的行动和自然状态一起决定某些观测的结果，委托人只能观测到结果，而不能直接观测到代理人的行动本身和自然状态本身，是一种不完美信息。委托人最重要的任务就是设计激励合同诱使代理人从自身利益出发选择对委托人最有利的行动。在职业安全与健康规制的制定实施中，中央政府和地方政府非常明确这项工作和应该达到的目标及应采取的措施，可以说“签约”时信息是对称的。但是，在规制具体执行中，作为代理人的地方政府会选择有利于自己的行动。这里的“自然”可以指不受代理人（和委托人）控制的随机变量。地方政府执行当地企业劳动安全的具体工作，中央政府可以通过事故发生率、工伤保险基金的使用情况、日常安全检查等方法获得地方政府职业安全与健康规制的执行情况。但是，地方政府的具体执行情况中央政府并不能完全掌握，有时不能及时掌握，有时不能全面掌握。因此，在职业安全与健康规制的委托—代理关系中最重要的前提就是中央政府要设计一种

---

① 私人信息，是指在订立契约时或契约执行过程中有些信息是一方知道而另一方却并不清楚的。与它相应的概念是公共信息，就是人人能够观察或能够掌握的信息。

激励机制，使地方政府的劳动安全规制行为与中央政府的规制目标相一致。

二、职业安全与健康规制委托—代理关系的基本模型

中央政府与地方政府在职业安全与健康规制中的关系是一种特殊的博弈，由参与博弈的双方选择某种行动，这些行动会影响最后的规制效果。特殊性表现在，这种隐藏行动的道德风险模型使职业安全与健康规制的结果不是完全独立于中央政府的主观努力，而在很大程度上受到地方各级政府努力程度的影响。一种好的机制会通过影响地方政府的努力程度而间接地改变规制的最终效果，减少事故发生率或者恶劣的瞒报情况，最后增进社会总福利，达到建设和谐社会的最终目标；反之亦然。

下面使用委托—代理的基本模型进行分析，在模型中包括四个主要内容：

（一）生产技术

这里的生产技术主要指地方政府对企业安全生产状况的规制作用，并不是一般经济意义上的生产函数。在对职业安全与健康进行规制的过程中主要有三个变量：

（1）地方政府职业安全与健康规制的效果。这种效果体现在安全生产水平提高、事故率下降、劳动者在工作中受到必要的保护等。把这种效果作为代理人（地方政府）的产出，记为 r。

（2）地方政府在职业安全与健康规制中的行动。代理人的这种行动主要体现在对企业进行安全检查，找出存在的安全隐患，或制裁企业的安全生产违法行为等。地方政府的这些行动，记为 a。代理人在规制过程中所采取的行动，在委托—代理关系中可以定义为他的努力程度。

（3）在职业安全与健康规制过程中无法控制的意外情况。意外情况可以指突然发生的自然灾害，这种情况并不受代理人和委托人的控制，是难以预料的，记为 θ。在人类的生产活动中，有些意外情况是难以提前预知的，这种事故发生后通常直接造成人员和财产损失。比如，在煤矿生产中除了人为责任事故外，水、火、瓦斯、煤尘和顶板等自然

灾害都成为侵袭矿工生命和健康的杀手①。

这三个主要变量在职业安全与健康规制模型中按下列顺序发生作用：

第一，中央政府与地方政府共同明确职业安全与健康规制的具体内容，并且通过法律、法规、规章等形式明确在这一过程中作为代理人的地方政府拥有的责任与权力，并附有奖惩规定；

第二，地方政府在规制过程中选择自己的行动 a，但是作为委托人的中央政府不能观察代理人或者不能完全观测到地方政府的行动选择；

第三，某些超出地方政府控制的客观事件 θ 出现；

第四，地方政府的行动 a 与客观事件 θ 共同决定了地方政府的职业安全与健康规制效果 r；

第五，中央政府能够观察到的地方政府的规制效果 r，依据第一步的具体内容对地方政府进行奖惩，或者调整自己的规制机制。

这里有两个重要的假设条件：

（1）地方政府职业安全与健康规制的效果，这里也可以叫作产出函数。假设 a 是一个一维努力变量，产出函数可以采取线性形式。

地方政府职业安全与健康规制的产出函数为：

$$r = a + \theta \tag{4.1}$$

（2）θ 是均值为零、方差为 σ^2 的正态分布随机变量，代表外生的不确定因素，即：

$$E(\theta) = 0, \ V(\theta) = \sigma^2 \tag{4.2}$$

即地方政府的努力水平决定规制效果的均值，但不影响规制效果的方差。如果方差越高，说明在规制过程受到的干扰越大。

---

① 在煤矿作业中的水、火、瓦斯、粉尘和顶板等被称作自然灾害的原因是：地面上的河流、湖泊或者雨季洪水，以及暗藏于地下的断层水等都极易造成水灾事故。瓦斯是煤矿开采中从煤体或围岩中释放出的一种有害气体，无色无味无嗅易燃，比空气轻，常聚集于坑道顶部。当空气中含有煤尘时，瓦斯浓度达到3%即可爆炸。由于瓦斯是以一定压力存在于煤层中的，开挖隧道时，骤然减压，在很短时间内（几秒），大量的瓦斯连同煤粉岩块突然喷出，数量可达上万立方米，致使坑道坍塌淹没，造成人身伤亡，即煤与瓦斯的“突出”。当瓦斯涌出来时，遇明火会发生爆炸。粉尘以矿尘和煤尘的形式存在于矿井中，长期吸入粉尘会形成矽肺。由于潜伏期较长，所以发病时已经严重损害工人的健康。顶板是在煤矿生产中，掘进和回采中由于挖空岩石开采煤炭造成悬空，需要进行支护才能继续作业。采掘过程中如果遇到断层、褶曲等地质构造，还容易发生冒顶。顶板压力的变化也容易造成事故，比如，初次来压和周期来压时，顶板下沉量和下沉速度都急剧增加，支架受力猛增，容易造成顶板破碎。

当地方政府选择行动 a 后，外生变量 θ 实现，a 和 θ 共同形成一个可以观测的结果 r(a, θ) 和一个收益 π(a, θ)，其中收益的直接所有权归委托人，即中央政府所有，地方政府采取行动所花费的成本记为 c(a)。

（二）契约

这是委托人和代理人签订的契约，假设委托人和代理人的风险是中立的。他们之间的契约是线性的，那么代理人的报酬就是产出的线性函数，即地方政府的报酬是职业安全与健康规制效果的线性函数。委托人面临着来自代理人的两个约束，即：参与约束和激励相容约束。代理人从接受合同中得到的期望效用不能小于不接受合同时能得到的最大期望效用，委托人希望代理人选择的行动使其期望的边际效用达到最大。地方政府负责当地企业的安全生产工作，对于促进经济的健康发展和保护劳动者的合法权益具有非常重要的意义。所以，从一般的意义上说，无论地方政府最终的规制效果如何，中央政府都应适当给予鼓励或报酬，只不过鼓励的强度有大有小，方式有正有负，这里设为 g，并且值是固定的，也就是 g 与 r 无关。β 是指激励强度系数，与地方政府的劳动规制效果 r 有关，当 r 增加一个单位时，地方政府的报酬增加 β 个单位。把报酬记为 w(r)，则：

$$w(r) = g + \beta \times r \tag{4.3}$$

（三）收益

假定中央政府在职业安全与健康规制中的收益为 π(a, θ)。假定 π 是 a 的严格递增凹函数，当给定 θ 时，地方政府的监管越认真，规制效果越明显，但是规制的边际效益是递减的，π 是 θ 的严格增函数。

$$\pi = r - w(r) \tag{4.4}$$

假定中央政府和地方政府的冯·诺依曼－摩根斯坦预期效用函数分别为：$v[r - w(r)]$ 和 $u[w(r)] - c(a)$，其中 $v' > 0$，$v'' < 0$；$u' > 0$，$u'' < 0$；$c' > 0$，$c'' > 0$。上面已经假定委托人是风险中立者，那么 $E[v(r)] = v[E(r)]$。根据上面的假设条件（2）可知，$E(r) = E(a + \theta) = a$。

作为委托人的中央政府的预期效用等于预期收益为：

$$\begin{aligned} E[r - w(r)] &= E(r - g - \beta \times r) = -g + E[(1 - \beta) \times r] \\ &= -g + (1 - \beta)E(r) = -g + (1 - \beta) \times a \end{aligned} \tag{4.5}$$

作为代理人的地方政府的实际收益为：

$$w(r)-c(a)=g+\beta\times(a+\theta)-c(a) \tag{4.6}$$

假定代理人也是风险中立者，预期收益为：

$$E[w(r)-c(a)]=E[w(r)]-c(a) \tag{4.7}$$

c(a) 没有取期望值，因为作为代理人的地方政府的努力成本可以确定，监管越是认真，成本就一定越高。而 w(r) 取决于 r，r 又取决于不确定的外生变量 θ，所以只对 w(r) 取期望收益，有：

$$E[w(r)-c(a)]=g+\beta\times E(r)-c(a)=g+\beta\times a-c(a) \tag{4.8}$$

三、地方政府在委托—代理关系中的最优努力及分析

通过中央政府和地方政府委托—代理基本模型的设定，可以得出地方政府的最优行动，即地方政府收益的最大化：

$$\max_a[E(w(r)-c(a))]=\max_a[E(g+\beta\times(a+\theta)-c(a))] \tag{4.9}$$

对上式取期望值后，得：

$$\max_a[g+\beta\times a-c(a)] \tag{4.10}$$

通过最优化一阶条件，可知最优行动解 a^* 存在的必要条件为：

$$c'[a^*(\beta)]=\beta \tag{4.11}$$

地方政府在委托—代理关系中的最优行动就是，通过认真监管付出的边际成本等于认真监管的边际收益 β。

地方政府加强对企业的职业安全与健康规制行动时，a 增加，c'(a) 也增加，β 上升。β 是激励系数，当 β 值增加时，地方政府的期望收益 E(w) 越大；反过来对地方政府的规制行动的激励越强。

通过委托—代理理论的相关内容和模型，可以直观地发现在职业安全与健康规制问题上，地方政府与中央政府的目标并不一致，因为地方政府与中央政府的效用函数并不相同。由于地方政府有实现自身利益最大化的冲动，其直接后果就是弱化了中央政府职业安全与健康规制的力度。

通过设立中央政府与地方政府的线性契约，并假定委托人和代理人是风险中性，得出地方政府在职业安全与健康规制过程中的行动与激励系数有非常重要的关系，激励越强、规制的力度越大、职业安全与健康规制效果越理想。因此，激励系数在中央政府与地方政府的委托代理关

系中起了非常重要的作用，地方政府在执行中央安全生产政策时出现的“变异”可以用激励系数来解释。在地方经济利益的驱动下，中央的政策地方不一定执行，或者在执行中大打折扣，与代理链条中的“激励缺失”有很大的关系。中央政府在严抓安全生产的过程中，对地方政府的约束是非常必要的，但是约束的过程要考虑到激励的作用，两者之间是相互配合、相互促进的。

中央政府与地方政府不只是一层代理关系，根据《安全生产法》第43条的规定：“县级以上地方各级人民政府应当根据本行政区域内的安全生产状况，组织有关部门按照职责分工，对本行政区域内容易发生重大生产安全事故的生产经营单位进行严格检查；发现事故隐患，应当及时处理。”县级以上政府还包括省、市各级政府，各级地方政府因为面临的情况不同，其效用函数也是不一致的。因此，层层代理关系也导致中央政府的职业安全与健康规制力度逐渐减弱，甚至发生“有令不行”“有令不止”“阳奉阴违”的情况，这种状况又加深了中央对地方的约束和制约力度。目前，在安全生产领域发布的法规中，大部分都是对各级政府及公职人员的监督和惩治条款。比如，《安全生产法》第77～79条专门规定了负有安全生产监督管理职责部门的法律责任；《安全生产领域违法违纪行为政纪处分暂行规定》对安全生产领域的违规行为进行了详细的罚责规定；《煤矿安全监察条例》第48条和2007年6月施行的《行政机关公务员处分条例》等都对安全监管机构和人员进行了严格的法律法束。在国家安全生产监督管理总局颁布的法律、行政法规及国务院文件中，很少见到对劳动安全监管方面的激励条文，对安全监管方面的激励政策大多数是地方政府或是安全检查系统内部公布的，不具有全国统一性，而且许多政策规定的不够详细。然而市场经济中的激励和约束都是很重要的，因为它们直接影响人们的行为和决策。当然这并不是说，国家对于地方政府安全生产规制方面的约束是不必要的，问题在于约束的同时没有给予适当的激励，或者说激励的程度不够，由此导致地方政府作为“理性人”，在利益最大化面前采取了“利己”政策。

以上，通过运用信息经济学中的委托—代理理论，对职业安全与健康规制中存在的地方政府与中央政府目标不一致的问题进行分析，构建中央政府和地方政府委托—代理模型，主要通过期望效用函数找出地方政府规制行动的最优努力解，从中寻找完善中央与地方规制目标一致性的有效方法。通过上述分析，可以发现存在以下问题：

1. 代理关系中的“激励空缺”

中央政府对地方政府的监督主要体现在约束上，而当代理人的利益不能被满足时，他们往往会寻求其他的解决途径。比如，向一部分企业索租，或者为了达到考核目标一味发展经济，忽视安全隐患，并且保护地方企业的违规行为。上述情况充分说明“激励空缺”带来的负作用，如何在地方经济和激励与约束之间寻找最优平衡也是要解决的重要问题。

2. 代理关系层级过多，缺少不同层次的激励政策

在职业安全与健康规制中，中央政府作为唯一的委托人，面对着不同层级的代理人：省、市、县、乡等各级政府。处在不同层级的政府所面临的经济环境和具体情况都不相同，在一级级的代理关系中就会造成规制力度的流失。因此，如何增强这些失去的规制力度，减少层级之间的代理关系是很重要的。根据现代管理组织理论，通过构建一种扁平式的组织结构，尽量使用较少的层级结构，可以提高工作的效率，减少官僚或者职责混乱不清等情况。另外，还可以对不同的地方政府采取不同的激励政策。由于职业安全与健康规制的激励政策没有统一标准，所以设计不同层次的激励政策成为研究的主要内容之一。

3. 现有的激励政策适用人群有限，难以调动大部分人的积极性

目前的激励制度多数是对领导干部实行提拔，把安全生产的相关指标作为政绩考核的一部分。这种做法虽然可以激发地方政府相关人员对职业安全与健康规制的重视程度，但是并不能调动全体公职人员的积极性。正因为激励政策只是针对一部分人群，没有全局的参与不可能把劳动安全规制，尤其是涉及劳动者生命安全的工作做细、做实。正如一种有效的约束机制可以对人的行为产生制约，并起到预防和威慑的作用一样，一种科学合理的激励机制也可以把外在的强制约束演化成内在驱动，这种演化的结果不但会提高规制的效果，更将促进社会总福利水平。因此，如何提高地方各级政府绝大部分公职人员工作积极性是一个亟待解决的问题。

4. 激励内容多以精神激励为主，缺少科学合理的激励机制

建设和谐的社会要物质文明与精神文明两手抓，无论偏重哪一边都

不利于社会的进步和经济的发展。因为一切社会经济活动都是由人参与其中，过多精神激励或过多的物质激励都会影响人的行为。在强调建设“以人为本”的发展总目标下，如何发挥人的主观能动性是一个非常关键的问题，可以用激励和约束来解决这个问题。约束是一种外在压力，通过立法、监督、执行和惩罚就可以达到，但约束成本往往较高，因为这一过程需要耗费大量的人力、物力和财力，绝大部分情况下是靠外力保持约束过程，而且只有保持约束的持久性才能使之真正发挥作用；激励是一种内在的动力，已经在现代企业管理中发挥了巨大的作用。对国家规制机构工作人员实施科学合理的激励机制是一个要解决的难题。

市场经济条件下，利益呈现多元化的趋势，在法治的基础上要建立中央政府与地方政府的良性委托—代理关系，要实现高效治理，就必须充分发挥地方的积极性，培育地方独立治理的能力，这是在市场经济条件下，构建中央与地方新型关系的一个基本原则。现代经济学讨论的“道德风险”问题，就包含了两个方面：正激励和负激励，后者指的往往是约束。激励与约束两者缺一不可。但首先是激励，没有激励就没有人的积极性，没有积极性，一切经济发展就无从谈起[①]。

委托—代理理论只是一种分析方法，模型是通过一系列假定条件设计的，虽然可以很清晰地分析问题，但是也存在局限性。因此，需要通过实践的检验并不断修正，为存在的焦点问题提供有建设性的研究对策。

第二节　地方规制机构与企业的博弈分析

在我国现行职业安全与健康规制体制下，国家安全生产监督管理总局负责综合监管全国安全生产，下设国家煤矿安全监督管理局；地方的煤矿安全监察局由国家煤监局领导，实行中央垂直管理。同时，地方政府也对煤矿进行横向管理。工矿商贸生产经营单位的安全生产监督管理

① 钱颖一：《激励与约束》，载《经济社会体制比较》1999 年第 5 期，第 7～12 页。

实行分级、属地管理。即，煤监系统是中央垂直管理，安监系统实行属地化管理。因此，对企业的职业安全与健康规制活动主要由地方各级政府及相关的规制机构负责。为此，可用博弈论作为分析工具，分析地方规制机构规制政策与企业劳动安全行为之间的关系。

这里要先说明使用博弈论进行分析的原因。在传统的微观经济学中，只要给定价格参数和收入，就可以通过最大化效用来决定个人的行动决策，个人的价格和收入函数并不依赖于其他的情况。但是在实际的经济分析中，人与人之间是互相影响的。假定人都是理性的，在这一假设条件下人的行为变化是难以确定的，由此产生的经济关系也就随之变得复杂。所以，经济学家开始以数学为基础，研究行为主体与行为主体之间相互作用时的决策，并使用博弈论进行实际分析。博弈论本身不涉及经济问题，这种理论是经济分析的工具[①]，它帮助人们提出问题，并且提供模型解决相应的问题，帮助人们从更深的层次去理解问题。

博弈论可以分为两个主要部分：合作博弈理论（cooperative game theory）和非合作博弈理论（non-cooperative game theory）。合作博弈与非合作博弈之间的区别主要在于人们的行为相互作用时，当事人能否达成一个具有约束力的协议。如果有，就是合作博弈；反之，就是非合作博弈[②]。非合作博弈强调的是参与的人，更注重效率，为了获取最大限度的个人收益，不放过任何一个机会以达到最优决策；合作博弈强调的是参与的群体，更注重公平，通过合作选择行动的决策使群体的利益最大化。本节所研究的地方规制机构对企业劳动安全的规制属于非合作博弈。根据理性人的假设，企业认为对工作场所、生产设备和劳动保护的安全投入为一项成本，为了获取最大收益，企业可能会选择不遵守相关法规，少投入或者不投入，导致安全设施不达标并有可能引发事故。地方规制机构为了减少事故发生的数量，提高经济质量，会对企业进行监管，以达到社会经济良性健康发展的目标。所以，这两者之间注重的都是最大化个人收益。

博弈包括参与人、行动、信息、战略、收益、结果和均衡。参与人、战略和收益是描述博弈的最少要素。根据参与人行动的顺序和信息的掌握情况，有四种不同类型的博弈：完全信息静态博弈；完全信息动

① 戴维·M. 克雷普斯：《博弈论与经济模型》，商务印书馆2006年版。

② 张维迎：《博弈论与信息经济学》，上海人民出版社1996年版。

态博弈；不完全信息静态博弈；不完全信息动态博弈。完全信息指每一个参与人对所有其他参与人的特征、战略空间及支付函数有准确的了解；静态博弈指参与人同时选择行动或者非同时选择但后行动者并不知道前者采取了什么具体行动；动态博弈指参与人行动有先后顺序，后者可以观察前者的行动。如果一个战略规定参与人在每一个给定的信息情况下只选择一种特定的行动，该战略称为纯战略。如果一个战略规定参与人在给定信息情况下以某种概率分布随机选择不同的行动，该战略称为混合战略。地方规制机构对企业所采取的规制政策及行动是依据国家公布实施的相关法规，企业可以通过多种渠道获知这一信息，然后企业会以某种概率分布随机的选择不同的行动，这种战略就是混合战略①。海萨尼（1973）对混合战略的解释为："混合战略等价于不完全信息下的纯战略均衡，纯战略为混合战略的特例。"因此，在这里我们使用混合战略纳什均衡作为分析地方监管机构与企业劳动安全的工具。

一、职业安全与健康规制混合战略博弈的主要内容

在地方规制机构与企业的博弈分析中主要包括如下内容：

第一，博弈的参加者，即博弈过程中独立决策、独立承担后果的个人和组织。这里假设是两方博弈，一方是地方规制机构，一方是企业。

第二，博弈的战略，即博弈方可选择的全部行为或策略的集合。博弈方根据所掌握的对选择战略有帮助的情报资料，决定自己在某个时点的决策变量。地方规制机构选择"检查或不检查"，企业选择"安全设施达标或安全设施不达标"。

第三，博弈方的收益，即各博弈方做出决策选择后的所得和所失。这是博弈参与者最关心的内容，通过特定的战略组合，参与人可以得到确定的效用水平或者期望效用水平。

根据上述内容，可以为地方规制机构对企业的博弈定义参数。假设两者都为理性人。其中，地方规制机构主要指行使监管职能的地方政府和相关的机构（如地方煤矿安全监察局），企业主要是指风险较大的行

① 张维迎：《博弈论与信息经济学》，上海人民出版社 2004 年版。

业（如煤炭开采业、石油加工业、化学原料及制造业等）[①]。这里主要是依据不同行业的工伤风险程度，参照《国民经济行业分类》进行划分的。地方规制机构根据情况和需要对企业进行规制，有两种战略："检查"或"不检查"。当地方规制机构选择"检查"的策略时，无论企业安全设施是否达标，政府都会获得安全收益 R。因为通过规制机构的检查，可以对安全达标的企业进行鼓励，对未达到指定标准的企业提出整改建议、罚款，甚至停产整顿，通过这些措施可以有效地避免事故的发生。当进行"检查"时发生的成本，比如，组织人员进行检查，对安全生产证照的监察，行业技术规范是否达标的审查，进行投产前的验收等发生的成本，记为 C。在检查过程中，如果发现企业劳动安全没有达到规定的标准，可以依据《安全生产法》《煤矿安全监察条例》等相关法规中对罚则的规定对企业罚款，记为 F。地方规制机构选择"检查不认真"的策略时，如果企业的劳动安全设施达标，那么规制机构依然可以获得安全收益 R，企业为了使安全设施符合标准进行了投资改造，这种投入记为 I。但是一旦企业没有达到标准，发生事故的概率就会大大增加。假设发生事故，地方规制机构将受到公众和中央政府的谴责和质疑，并且还要组织人力、物力进行抢险，设这种损失为 L。企业预期发生事故的概率为 ρ，当企业发生事故后，根据《生产安全事故报告和调查处理条例》等相关法规必须承担处罚和对伤亡者的赔偿，记为 θ，所以当事故发生后企业将要承担的成本为 $\rho\theta$。

二、地方规制机构对企业劳动安全进行监督的博弈模型

监督博弈是猜谜博弈的变形，这个混合战略博弈的参与人包括地方

---

① 因为不同的行业发生事故的概率是不一样的，为了反映不同的风险，一方面参考国民经济行业分类，另一方面依靠职业安全卫生的经验数据，考虑到事故的发生率，造成的损失等进行分类。根据风险不同，2016 年国家重新划定了八类行业工伤风险，其中：第一类行业包括软件和信息技术服务业、金融、党政机关与社会团体等；第二类包括批零商业、教育卫生、房地产与文化等；第三类包括农副食品、纺织、加工制造与通信娱乐等；第四类包括农业畜牧、金属制品业、铁路运输、医药制造等；第五类包括林业、家具制造、造纸等；第六类包括渔业、化学制造、冶炼等；第七类包括矿产、石油与天然气开采加工等；第八类包括煤炭与金属矿采等。在本书中将主要以第三类至第八类行业作为重点研究的对象，主要因为这些行业往往是事故高发行业，对它们进行分析研究更具有现实意义和说服力。

规制机构和企业，双方都是随机行动使自己的行动策略不被对手预测。地方规制机构的纯战略选择是“检查”或“不检查”，企业的纯战略选择是“安全设施达标”或“安全设施不达标”。

图4－1对应不同纯战略组合的收益矩阵：

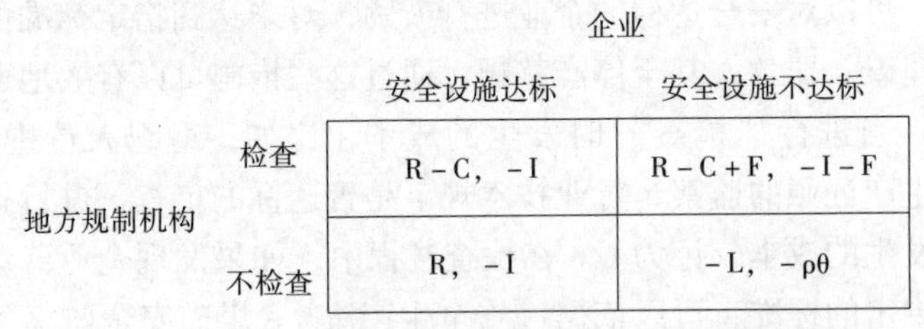

		企业	
		安全设施达标	安全设施不达标
地方规制机构	检查	R－C，－I	R－C＋F，－I－F
	不检查	R，－I	－L，－ρθ

图4－1　地方规制机构与企业劳动安全的监督博弈

在这个博弈模型中，ρ代表企业预期发生事故的概率，其中$0\leqslant\rho<1$，当$\rho=0$时，企业认为安全设施不达标的情况下一定不会出事故。如果企业预期一定会出事故，那么就会主动选择使安全设施达标，而现实情况并非如此，因此$\rho\neq1$。

假定$\rho\theta<I$，企业对出事的概率进行估计后会做出战略选择，即：地方规制机构不检查的时候最优选择是安全设施不达标。假定p是地方规制机构“检查”的概率，1－p是“不检查”的概率；q是企业“安全设施达标”的概率，1－q是“安全设施不达标”的概率。因此，地方规制机构的混合战略为$\sigma_G=(p,\ 1-p)$，企业的混合战略为$\sigma_F=(q,\ 1-q)$，且$C<R+L+F$。

当给定q时，地方规制机构选择检查（p＝1）和检查不认真（p＝0）的期望收益分别为：

$$E_G(1,\ q)=q\times(R-C)+(1-q)\times(R-C+F)=R-C+F-q\times F \tag{4.12}$$

$$E_G(0,\ q)=q\times R+(1-q)\times(-L)=q\times R-L+q\times L \tag{4.13}$$

当$E_G(1,\ q)=E_G(0,\ q)$时，

$$q=1-\frac{C}{R+L+F} \tag{4.14}$$

当给定p时，企业选择安全设施达标（q＝1）和安全设施不达标（q＝0）的期望收益分别为：

$$E_F(p, 1) = p \times (-I) + (1-p) \times (-I) = -I \tag{4.15}$$

$$E_F(p, 0) = p \times (-I-F) + (1-p) \times (-\rho\theta) = -(I+F-\rho\theta) \times p - \rho\theta \tag{4.16}$$

当 $E_F(p, 1) = E_F(p, 0)$ 时，

$$p = \frac{I-\rho\theta}{I-\rho\theta+F} \tag{4.17}$$

因此，混合战略的纳什均衡为

$$p = \frac{I-\rho\theta}{I-\rho\theta+F},\ q = 1 - \frac{C}{R+L+F} \tag{4.18}$$

即地方规制机构以 $\frac{I-\rho\theta}{I-\rho\theta+F}$ 的概率进行检查，企业以 $1-\frac{C}{R+L+F}$ 的概率使安全设施达标。两者行动的概率还受到下列因素的影响：地方规制机构的检查成本以及从安全检查中获得的收益，在发现企业没有达到劳动安全标准时进行的处罚，企业进行的安全投入和发生事故后进行的赔偿等。因此，需要对这些因素与规制机构的检查概率和企业劳动安全设施达标概率之间的关系进行分析。

三、地方规制机构对企业进行职业安全与健康规制的博弈解释

分析1：地方规制机构对企业安全生产设施的检查成本越高，企业安全生产达标的可能性越小，发生事故的可能性越大。

为了进一步对各个参数进行解释和具体的分析，在均衡的状态下通过 q 对 C 求一阶偏导数，得出：

$\frac{\partial q}{\partial C} = -\frac{1}{R+L+F} < 0$，即 C 越大 q 越小。

地方规制机构对安全设施检查成本越高，企业达标可能性越小，主要是由于规制机构的管理体制不顺、管理效率低下、受地方利益驱动和检查技术水平低等多种原因造成的。以煤矿行业为例：由于煤矿安全国家监察与地方监管职责不清，导致煤矿安全地方规制部门监管不到位。上级安全监管监察机构对下一级地方煤矿监管部门没有直接管理权力，同级安全监管监察机构对地方煤矿安全监管部门缺乏有效的检查指导手段致使煤矿安全监管政令不畅通，国家安监总局、煤监局的工作部署无

法通过地方煤矿安全监管部门真正落实下去。另如，国土资源厅的主要职责是依法负责划定矿区范围、采矿权申请的审批、颁发采矿许可证；并且依法收缴采矿权价款、采矿权使用费；组织查处无证开采和破坏浪费矿产资源等违法行为。在工作职责中既有煤矿安全生产审批权又有检查权，与安监和煤监系统的职能有重复的地方，最后极容易形成“谁都管、谁都不管”的局面。由于这种体制的不顺畅导致规制职责不清、相互扯皮，变相提高了检查成本。

由于检查成本高使企业安全生产达标的可能性越小还体现在规制机构管理的效率上。对于申请开办煤矿的企业，至少需要“六证”，即：《采矿许可证》《安全生产许可证》《煤炭生产许可证》《矿长资格证》《矿长安全资格证》《营业执照》，将相关材料向矿井所在地的县（市）以上煤炭工业主管部门报批。为保证新建或变更煤矿的安全，规制机构需要对每个矿实地勘测，工作量较大。

受经济结构调整和下游行业供需变化的影响，2015 年煤炭产能过剩接近 20 亿吨，国家通过改善生产经营的方式重新梳理产能，取得显著效果。2016 年，煤炭库存开始减少，出现供需缺口，煤价开始回升。在煤矿行业整体不景气的情况下，这次煤价的上调刺激很多不达标的小企业开始违规生产。为了节约成本，在不培训、不具备安全条件的情况下依然进行开采，这种私自作业使劳动不安全因素大大增加，在监管部门规制不力的情况下部分不达标企业有机会进行违规操作，埋下事故隐患。

在对地方规制机构的检查成本进行分析时，还要考虑规制机构与地方利益驱动之间的关系。《安全生产法》第四章第 53 条明确规定：县级以上地方各级人民政府应当根据本行政区域内的安全生产状况，组织有关部门按照职责分工，对本行政区域内容易出现重大生产安全事故的生产经营单位进行严格检查；发现事故隐患，应当及时处理。对地方企业的安全监察工作采取属地原则。但是地方政府极易受到当地经济利益的驱动，这在煤矿行业最为明显。除矿主自身利益外，煤矿行业可以为乡镇一级政府带来可观的经济效益和税收，在某种程度上也可以安排人员就业。同时，部分矿主为了取得非法收益，对地方规制机构采取寻租的方式来获得庇护。在利益驱动面前，有的矿主面对规制机构瞒报产量，有些县乡官员还为其解释开脱，怂恿、纵容一些非法小煤矿加紧申报，取得合法证照，甚至在安检部门到达之前通风报信。这种背后的利益关系，使规制力度加大反而效果不明显的现象经常出现。同时，部分煤矿在这种官煤勾结的保护下只看重经济效益，对安全设施的投入少之又少，往往造成重特大事故。

目前，地方规制部门的安全检查人员数量较少，专业人才更是不足。执法检查缺乏必要的技术支持，还没有形成行业的安全生产监察体系。比如，在危险化学品生产加工过程中，缺乏必要的检查设施和装置，无法及时消除安全隐患。同时，个别监管部门和监管机构人员不够、经费不足，少数规制执行人员对审批许可事项把关不严、流于形式等原因，造成安全检查虽经常进行，但事故仍时有发生。

分析 2：发生事故的损失越大，地方规制机构监管力度越大，企业安全设施合格的概率越大。

根据混合战略纳什均衡得出的解，在均衡的状态下通过 q 对 L 求一阶偏导数，得出：

$$\frac{\partial q}{\partial L}=\frac{C}{(R+L+F)^2}>0$$，即 L 越大，q 越大。

发生事故的损失 L 越大，政府对行业安全生产的规制越严格，企业在安全生产中对设施进行改进的动力越强。

这种情形正好印证了目前中国的安全生产规制形势，事故发生率稳中有降，但是重点行业时有重特大事故出现，造成严重的经济损失和社会影响，这将使国家对高危行业的规制力度逐步加大。这里可以对比两组数据：

2007 年 1 ~8 月全国发生重大事故 55 起、死亡 857 人，同比减少 10 起、114 人，分别下降 15.4% 和 11.7%；但是煤矿企业发生重大事故 20 起、死亡 327 人，同比增加 2 起、死亡 40 人，分别上升 11.1% 和 13.9%。全国发生特别重大事故 3 起，死亡和下落不明 127 人。针对重特大事故发生的情况，2007 年 8 月 31 日，国务院办公厅印发了《关于进一步加强安全生产，坚决遏制重大事故的通知》，这是在中华人民共和国成立之后第一次将安全生产定为“政治任务”，严格的监管形势主要是源于最近发生的重特大事故。一些地方和企业安全生产责任不落实、安全措施不得力、监管不到位等问题比较突出，因此中央政府多次发文，并史无前例地组成 24 个督查小组，分赴中国大陆除了西藏以外的所有省、直辖市、自治区，继续深化重点行业领域的安全专项整治。10 月 26 日，国务院办公厅转发安全监管总局等部门《关于进一步做好煤矿整顿关闭工作意见的通知》，要求在2007年末关闭非法和不具备安全生产条件以及不符合国家煤炭产业政策、布局不合理、破坏资源、污染环境的煤矿。

2016年，尽管煤矿事故总量下降，但是共发生重特大事故11起、死亡194人，同比上升120%、128%，集中在山西、内蒙古、黑龙江等10个省份。根据调查，在11起重特大事故中，其中6处煤矿属于应当被淘汰的落后产能单位，但只有3处列入退出计划。同时，一些国有大型煤矿在去产能调整中放松对安全生产的管理与检查，安全投入不足，存在侥幸心理。因此，不合规的小煤矿和国有煤矿流于形式，妄图蒙混过关的行为成为2017年煤矿监管的重点整治对象。在这种严厉的监管环境下，企业的最优战略就是选择对安全生产设施进行投入改造，避免事故的发生。

分析3：在企业安全设施不达标的情况下，规制机构的惩罚力度越大，罚款金额越高，企业越有动力去改进安全设施，因此将从安全生产检查中获得更多的安全收益。

通过q对F求一阶偏导数，可知：

$$\frac{\partial q}{\partial F}=\frac{C}{(R+L+F)^{2}}>0$$，即F越大，q越大。

通过p对F求一阶偏导数，可知：

$$\frac{\partial p}{\partial F}=-\frac{I-\rho\theta}{(I-\rho\theta+F)^{2}}<0$$，即F越大，p越小。

企业由于安全设施不达标被规制机构处罚的金额越高，那么它就会越努力去改进设施以达到规定的标准，因此企业的事故发生率会大大降低，减轻了规制机构对各行各业进行监管的负担。

目前对生产安全进行规制的法律体系，主要是以2014年12月实施的《中华人民共和国安全生产法》为主体法的一系列安全生产法律法规体系。《安全生产法》第六章明确规定了安全生产各主体的法律责任。其中第92条对生产经营单位主要负责人未履行法律规定的安全生产管理职责，导致发生一般事故，由安监部门处上一年年收入30%的罚款；发生重大事故的处上一年年收入60%的罚款；发生特别重大事故的处上一年年收入80%的罚款。这一规定明确了不同事故类型的处理办法，处罚金额较高，给主要负责人提高安全责任意识敲响了警钟，将极大促进生产经营单位领导层对安全生产的重视程度。然而，相对于事故发生后的处理，安全管理制度的建立和为员工提供预防事故的保障措施还没有通过“重典”得以体现。比如，对于生产、经营、储存、使用危险物品未建立专门安全管理制度，未采取可靠安全措施或未建立事故隐患排查治理制度的生产经营单位，逾期未改正的，责令停产停业整顿，并处10万元以上20万元以下的罚款；未为从业人员提供符合国家标准或行业标准的劳动防护用品的生产经营单位，逾期未改正的处5万元以上20万元以下的罚款。如果从事故发生后带来的社会成本和经济成本来看，排除事故隐患是降低事故率的最优方法。当社会安全文化意识还未形成时，通过“重罚严判”的方式是在短时间内规范安全生产行为的高效模式。因而，提高事故预防的重要性，防止工伤工亡事故给从业者及家庭带来的悲剧，加大处罚力度将会对职业安全与健康规制效果的提升起到积极作用。

当规制机构的力度加大，并且以高额惩罚金促使企业增加安全设施投入后，将形成良好的安全生产氛围，政府就可以把精力重点放在监管高危的行业及环节，也可以对事故率较低、安全记录良好的企业采取抽样检查或者降低工伤保险费率等激励的方式，并适当减少对劳动安全“模范企业”的监管。这种情形在国外先进工业化国家已经得到了实践的检验，取得了较好的安全生产效果。通过政府最初的强制性监管，使企业逐步形成重视安全设施改进、加强劳动者保护的职业安全文化。规制机构将从经济生产和社会和谐发展中获得极大的安全收益，企业也通过减少事故率提升企业形象，劳动者在工作中的基本权利也得到了保护，真正实现了“以人为本”的发展目标。

分析4：要求企业对安全设施的投资越大，地方规制机构检查的必要性越大；企业发生事故后，按照相关法规必须承担的处罚和对伤亡者的赔偿越高，企业越自觉地改进安全生产设施，形成良好的安全文化氛围，政府可以减少强制性规制。

通过p对I求一阶偏导数，可知：

$$\frac{\partial p}{\partial I}=\frac{F}{(I-\rho\theta+F)^2}>0$$，即I越大，p越大。

通过p对θ求一阶偏导数，可知：

$$\frac{\partial p}{\partial \theta}=-\frac{F\times p}{(I-\rho\theta+F)^2}<0$$，即θ越大，p越小。

目前事故高发的一个主要原因就是安全设施的投入不足，企业投资者缺乏改善基础设施的动力。2004年通过《国务院关于进一步加强安全生产工作的决定》，国家首次明确了企业安全费用提取、加大企业对伤亡事故的经济赔偿、企业安全生产风险抵押三项经济政策，以强化安全生产工作。以煤矿行业为例，根据国家安监局2007年的数据显示，2005~2006年度国有重点煤矿安全投入累计达到378亿元，但是在安全方面目前仍有300多亿元的历史欠账。煤矿的生产和安全设备通常需要大笔的投资，为了解决安全投入资金不足的现实状况，国家连续3年运用国债资金扶持国有重点煤矿进行安全技术改造，地方政府给予配合，煤矿企业也积极地自筹资金。从2004年开始，经国务院批准，国家安全生产监督管理局开始向煤矿企业强制性提取安全生产费用，以保证企业必要的安全投入。目前国有煤矿的标准为吨煤10~15元，民营煤矿也本着提够、提足的原则把钱用在隐患治理上，做到专款专用。2012年2月，财政部、安监局印发《企业安全生产费用提取和使用管理办法》，要求高危行业和领域的非煤生产经营单位提取安全费用，要求建设煤矿按工程造价的2.5%提取安全费用，并进一步提高煤矿安全生产费用的提取下限标准，取消按矿井规模和灾害类型提取费用的方式，规定安全生产费用优先用于消除隐患的领域。2016年，在国家安监局的领导下各省级煤矿安监局及所属监察分局开展安全投入专项检查，在抽查的722处煤矿企业中发现事故隐患2209处，行政罚款150.4万元。很多煤矿企业私自降低安全费用的提取标准，没有将专款用于降低事故风险的整改领域，挤占或挪用安全生产费用等。因此，当企业安全设施进行改造时，并不是依靠一个企业的力量就能完成的，而是要通过中央政府、地方政府和企业三方力量共同进行。在这一过程中，规制机构必须对进行的安全投入负责，确保投入到位、设施改造到位、安全保护到位，并且在检查过程中对安全投入情况进行经验总结，提高安全投入的效率和效果，在限期解决历史欠账的同时对未来企业的安全投入进行规划。

企业一旦发生安全事故，首先要报告并积极采取抢救措施，另一个最重要的方面就是对生产安全事故单位和责任人追究法律责任，并根据事故罚款的相关规定，结合发生事故的具体情况，对相关人员进行事故赔偿。以煤矿行业为例，许多小煤矿出现事故，矿主往往采取逃跑、谎报和瞒报等方式躲避处罚，有些甚至拿不出钱抢险救灾，也无力对伤亡矿工进行赔偿。为了避免出现这种情况，政府出台了安全风险抵押金制度。煤矿企业先交一笔风险抵押金放在银行，专款专存，一旦发生了事故，政府用这笔钱抢险救灾。具体规定是年生产能力3万吨以下的矿一次交60万～100万元、9万吨的交150万～200万元、15万吨的交250万～300万元，然后每增加10万吨增加50万元，600万元封顶。强制性提取安全费用制度，有利于改变企业安全投入不足的状况，并且扭转了“业主发财、政府发丧”的现象，通过建立企业安全生产风险抵押制度，提前向从事高危领域生产经营活动的业主征收一笔费用，用于事故后的抢险救灾和善后。

为了形成企业自觉增加安全投入、自觉防范事故的机制，有必要探索建立新的赔偿制度，提高企业的违规成本。企业不仅要执行《工伤保险条例》规定的赔偿事项，而且在发生伤亡事故后，还必须依据责任划分向死亡人员遗属或伤残人员支付相应的赔偿、抚恤金。伤亡者本人或遗属除了得到工伤保险赔偿金之外，还有权向企业提出赔偿要求，再拿到一笔数额较大的补偿费用。目前多数省份都出台了有关政策，发生事故，死亡一个人至少赔偿20万元。在这一过程中，地方规制机构必须加强监督、检查的力度，认真按照相关规定把这项涉及民生的大事抓好。2007年7月3日颁布施行《〈生产安全事故报告和调查处理条例〉罚款处罚暂行规定》，对事故处罚情况进行了量化的具体规定，使规制机构能够依法正确地实施监察。通过这种做法，不但可以为伤亡者提供一种物质上的帮助和心灵上的慰藉，而且还提高了政府职业安全与健康规制的效果。

以上通过使用博弈论作为职业安全与健康规制的分析工具，构建了地方规制机构与企业之间的博弈模型，解出混合战略纳什均衡。通过这种方式清晰地揭示了地方规制机构在对企业劳动安全规制过程中各影响因素之间的内在联系，以及目前存在的问题，并从经济学的角度对这些问题进行了科学合理的解释。目前的职业安全与健康规制中存在的主要问题集中表现为：

（1）劳动安全监督管理机构的设置体制使部分规制职能不到位。现在职业安全与健康规制体制是煤监行业垂直管理和安监系统属地管理，以及地方政府和其他相关机构共同管理。存在着政出多门、职能交叉的现状，因此容易造成规制中的盲区，导致劳动安全规制成本高、效率低。企业在这种状态中极易钻空子，在利益的驱使下即使没有达到安全生产标准仍然采取违章作业、私自开工等手段非法生产，导致国家劳动安全政策不断、各方监管狠抓不停，但重大事故不止的恶性循环。

（2）目前高危行业事故依然不断发生，规制机构也随之加强了规制的力度，但是除了安全生产责任不落实、措施不得力之外，职业安全与健康规制的执行力度仍然不足，执行劳动安全规制的专业技术人员配备不足，使规制效果减弱。

（3）安全投入不足成为事故多发的主要原因之一。企业把安全投入视为一项成本，陈旧的设备、较差的工作环境使得劳动者安全作业的系数大大降低，由生产设施不达标引发事故，同时也使劳动者的安全健康受到极大威胁。为了改进这种局面，监管机构在煤矿行业率先进行了有益的努力和尝试，试图通过改变基础设施薄弱的问题提高职业安全与健康规制的效果。

（4）目前对企业违反职业安全与健康规制的处罚成本和事故的赔偿金额还没有对企业起到刺激的作用，尤其是对于不积极采取预防事故的惩罚还较轻，企业在高额利润的诱使下往往做出错误的选择，用逃避检查或者宁可接受处罚的方式来获得短期收益，对于这一问题规制部门已经从立法和机构监察等多个角度进行管理。但是，在这方面如何使职业安全与健康规制更有效还有待研究。

博弈论在经济学中获得巨大成功的原因，在于它提供了一种模拟和分析的技术手段，可以使人们使用准确简单的语言研究不同的问题。但是博弈论只是一种分析工具，不能对问题提出解决的方案，因此本书将在后面章节对所提出的问题进行对策研究。

第三节　用人单位与员工关系的经济学分析

职业安全与健康规制是政府为了保护劳动者在生产中的安全与健康，防止事故的发生并对违规企业进行处罚，促进经济良性发展而采取的国家干预政策，是国家对劳动安全的内容和范围设置一定的标准，禁止、限定非安全生产活动的规制。生产过程中的风险具有不确定性，任何一个社会都不可能完全消灭工作风险，即使通过国家规制等政策干预手段也不能彻底消灭伤亡的风险。因为，规制政策是由人来具体执行的，由于人们具有不同的效用函数，在规制政策下又会选择不同的行动，因而会产生不同的规制结果。本节以高风险、高事故率的煤矿行业作为研究对象进行具体分析。

一、企业外部性对职业安全与健康规制的影响

早在2005年，国家安监局曾提供过一组数据。如果我国一年有100万个家庭因为安全生产事故造成不幸，按照一个家庭3人计算，20年中就牵涉6000多万人。这些数字是触目惊心的，除了自然灾害以外，很多事故是由于用人单位对劳动安全不重视，缺乏安全投入造成的。2017年2月，国务院办公厅印发《安全生产“十三五”规划》，提出未来工作重点之一是“构建更加严密的责任体系，强化企业主体责任”。由责任事故导致的人员伤亡是可以避免的，但是如此简单的道理却被很多企业忽视，其背后的原因究竟是什么？

企业在安全责任主体方面的不作为使员工的工作风险增大，是一种“外部性”的体现。外部性是新古典经济学和新制度学都重点研究的内容，但是这个概念在西方经济学产权理论中是一个模糊的表述，它主要涉及成本与收益的问题。德姆塞茨认为外部性包括外部成本、外部收益以及现金和非现金的外部性。没有一种受益或受损效应是在世界以外的，有的人常常会遭受或享受这些效应。当外部性存在时，资源的所有者对有些成本和收益没有加以考虑，但是允许交易中内在化的程度增加。萨缪尔森和诺德豪斯（1995）认为，外部性是指那些生产或消费对其他团体强征了不可补偿的成本或给予了无需补偿的收益的情形。兰德尔（1989）认为，外部性是用来表示当一个行动的某些效应或成本不在决策者考虑范围内的时候所产生的一些低效率现象，也就是某些效益被给予，或某些成本被强加给没有参加这一决策的人。对于不同的学者给出的不同定义，归纳起来可以这样表述：外部性是没有通过市场交易，在活动过程中强加给别人的成本或收益。外部性的分类也有很多种，一般可以分为外部经济和外部不经济两大类：外部经济（也叫正外部性），是指在某种经济活动中私人成本大于社会成本，一些人的生产或消费使另一些人受益而前者无法向后者收费，也称为外部收益；外部

不经济（也叫负外部性），是指在某种经济活动中私人成本小于社会成本，一些人的生产或消费使另一些人蒙受损失而前者未补偿后者，也称为外部成本。通常外部性有两个条件：一是一方必须对另一方造成影响；二是这种影响没有通过市场的交换行为产生①。可以说，外部性是事故频繁发生的根本原因。

煤矿企业发生的事故属于外部性中的外部不经济。因为煤矿事故发生后直接对工人产生影响，轻者受伤重者死亡，而且会对工人家属和家庭产生重大影响。这种影响不可能通过市场交换产生，因为人们出于对生命的珍爱都不希望发生生产事故。煤矿企业的这种外部性又可以称作生产外部性，是由生产活动所导致的外部性。企业在生产中减少安全投入、安全设施不达标、缺少对工人的培训、违规作业、违规开采等行为最终导致事故的发生，不但给经济带来巨大的损失，也造成工人的伤亡，形成恶劣的社会影响，这是目前中国煤矿行业的真实缩影。其实煤矿企业的生产外部性可以反映为制度的外部性，实质是煤矿企业的社会责任与权利的不对称，这源于煤矿企业的产权问题。产权讨论的核心就是外部性问题，产权是一组权利，是人与人或人与组织之间的行为关系。德姆塞茨认为，产权包括一个人或其他人受益或受损的权利，并且界定了人们如何受益及如何受损，因而必须向谁提供补偿以使他修正人们所采取的行动。

我国煤矿行业的产权问题是比较特殊的，有深刻的时代背景。20世纪50年代，国家有关部门批准设立了中央级矿山；到了80年代中期，多级审批开始制度化；1986年10月，施行《矿产资源法》，从根本上结束了新中国成立37年以来矿业无法可依的历史；1997年，矿业陷入低潮，为了刺激煤矿行业复苏，国家规定除了中央外，省、市、县都可以发放采矿证，由于地方政府在利益的驱使下导致矿证发放混乱，甚至放任无证开采或允许无资质的企业和个人开采，煤矿产权问题越来越不清晰，事故率居高不下。煤矿的真正控制人和受益人成为承包商，很多煤矿被层层转包，使煤矿所有权、经营权和采矿权归属主体不明晰，多数企业处于“三权分离”的状态，出了事故后找不到人负责。煤矿直接经营者根本没有动力去改进煤矿生产设施，增加安全投入，因

① 曾海、曹羽茂、胡锡琴：《我国安全事故的经济学分析及对策》，载《经济体制改革》2006年第3期，第41~43页。

为煤矿的经营权很可能在短期内就发生变化。复杂的产权关系使经营者往往采取短期生产行为，采用粗放式经营，回采率低煤炭资源被大量浪费；由于经营权不连续，导致许多企业在安全不达标的情况下偷采，埋下安全隐患导致重大事故发生。不断发生的事故导致了经济损失，也给矿工和家庭带来巨大的伤痛，这是任何一个现代社会都应该努力避免的外部性。

煤炭资源属于国家所有，地表或者地下的煤炭资源的国家所有权，不因其依附的土地的所有权或者使用权的不同而改变。煤矿企业拥有煤炭的使用权，这种所有权与经营权相分离的情况使煤矿所有者在生产过程中只考虑自身利益最大化，导致低效率行为的发生。因此，减少煤矿企业事故发生率的关键就是做到“三权合一”，核心内容就是产权要明晰。德姆塞茨认为，产权的主要功能就是引导人们在更大程度上将外部性内在化，常常要求产权的变迁，使这些效应（在更大程度上）对所有相互作用的人产生影响。产权包括使用权、收益权和转让权等。在权利约束中明确约定谁有哪项权利，就可以使产权进入市场获得价格并且进行交易。煤矿企业的采矿人与经营者要合一，使背后的实际控制人真正走上安全生产的道路，这是解决问题的重要源头。现有煤矿的产权关系带来的外部性直接影响工人的福利水平，当私人边际收益（成本）与社会边际收益（成本）相背离的时候，就需要采取措施使外部性内在化。这一过程往往要求产权的变迁，从而使这些效应（在更大程度）对所有相互作用的人产生影响①。在生产活动中给其他人带来损害的一方必须给受害者进行赔偿，合理赔偿的前提条件是产权必须清晰，但是像煤矿这种公共产权，在界定时就比较难。煤炭属于稀缺资源，开采和生产会产生巨额利润，但是补偿外部性造成的损失方面，存在获利高赔偿少的现象，也就是生产事故引起的安全成本不高的情况。大部分的省份都出台了煤矿事故死亡一个人至少赔偿 20 万元的规定，山西省又在《山西省安全生产条例（草案）》中对安全生产相关工作予以详细规定。该条例规定，非法违法煤矿的负责人和实际控制人，构成犯罪的，依法追究刑事责任；尚不够刑事处罚的，处以 20 万元罚款；非法、违法煤矿企业发生生产安全事故，造成人员死亡的，除按照有关规定对死亡职

① 德姆塞茨：《关于产权的理论》，上海三联书店 1994 年版。

工给予不低于每人20万元的赔偿外，每死亡一人处以100万元罚款。但是这个赔偿金额比起煤矿企业的利润只是一个很小的数目。这里以国家安监局2007年1月提供的数据，对当时占煤矿总死亡人数主体的乡镇煤矿为例进行简单的数字对比。2006年乡镇煤矿产煤89200万吨，一吨煤成本80元，卖220元，利润高达1248.8亿元。2006年乡镇煤矿共死亡3431人，占煤矿总死亡人数的72.3%，按相关规定，一个遇难矿工的家属能拿到20万元的赔偿金，赔偿的金额近6.9亿元。从上面的数据可以看出，矿工所得的赔款只占乡镇煤矿利润的0.006%。还有很多煤矿对劳动安全的认识不足，抓安全生产的内在动力不足，缺乏人的生命价值高于经济效益的理念。一些煤矿主往往把巨额利润作为生产的最高目标，通过降低工人工资、减少劳动保护措施和安全投入等方法降低成本。因此，小煤矿的经营者往往采取以死亡赔偿代替安全投入，甚至发生事故后不采取抢救措施，视矿工生命于不顾。有些小煤矿在出现事故后根本没有能力赔偿，也没有参加工伤保险，一旦发生重特大事故最后只能由政府承担兜底的赔偿责任，所以赔偿金额过低以及赔偿责任等都成为政府在职业安全与健康规制中迫切要解决的问题。另外，乡镇小煤矿的开采成本低，主要是因为很多企业不参加社会保险，不进行正常的安全投入，在高额利润的诱惑下从事生产，这样更直接地加强了部分矿主宁可赔偿也不达标的念头。

二、企业与员工对职业安全与健康规制的影响

目前中国的煤矿企业属于高危行业，在安全事故中除了企业不加强安全投入和违法开采等情况外，一部分工人违章操作引发事故，或者事故发生后得不到赔偿的案件屡见不鲜。一方面，工人在生产过程中的活动对职业安全与健康规制效果产生重要的影响；另一方面，规制在保护工人合法权益方面也要积极发挥作用，两者之间是相辅相成、相互影响的。

从经济学的角度分析，在工作条件艰苦、多发事故的情况下，人们在生命的损失和伤害面前都会采取风险规避的态度，积极预防并尽量避免事故的发生，或者直接采取不从事这类工作的方式。但是在多发事故的煤矿行业，并没有出现“矿工荒”，甚至工人在明知存在安全隐患的

情况下依然进行作业。现在形成了一种重特大事故不断发生，煤矿企业劳动力市场并没有供不应求的局面。采用经济学的相关理论，可以发现其背后的真正原因。

分析 1：补偿性工资差别是工人从事高危险工作的主要原因。

补偿性工资差别也叫作工资报酬级差理论，它是劳动者之间产生工资差异的一个主要原因。在从事工作条件和社会环境不同的劳动时，工人的工资会产生差别。比如，从事苦、脏、累等工作条件恶劣的活动，或者面临伤害危险时，就会在工资中以“补偿性”来体现。亚当·斯密很早就通过观察框定了劳动者安全的基本经济学研究方法，即：“工人将会要求那些可感觉到风险或者不愉快的工作的级差工资报酬。”有些工作的环境及工作内容是不可避免的具有风险性，或者说为了避免这种风险必须花费较高的改进费用，当招收这些工作所需的劳动力时主要有两种方法：一是强迫人们去做这类工作（比如军队征兵）；二是诱导人们自愿从事这类工作。补偿性工资差别属于第二种方法，通过工资差别一方面可以刺激工人从事危险、工作条件较差的工作，在满足了社会需要的同时也是对提供不愉快工作环境的雇主的一种惩罚；另一方面，对于接受不愉快工作的工人支付的工资高于其他从事愉快工作的工人，可以算作一种奖励。所以，补偿性工资差别成为一种工人可以购买好工作条件的价格，或者出卖给差工作条件的价格。很多乡镇小煤矿企业的生产条件比较恶劣，安全生产设施很多不达标，因此煤矿主以相对较高的工资水平来吸引劳动者从事这项工作。但是补偿性工资的首要一环是工人必须意识到自己面临的风险，并且能够通过已有的信息分析风险的程度，然后在工资中要求额外的“补偿”。煤矿事故的发生率是一种信息来源，或者矿工的工作经验等都可以给从事煤矿工作的风险提供一种判断。农村存在大量隐性失业，在就业面很窄且收入水平很低的情况下，只要在工资部分给予一定的“补偿”就会有大量的农民工选择这种高风险工作，即使是在安全不达标的情况下仍然选择从业。这里可以用博弈论的内容来解释：

假定煤矿主的收益为 R，如果进行安全投入使生产设备和劳动保护条件达到国家标准，那么将投入 I。在劳动安全达标的情况，由于矿主进行了投入，在一定程度上减少了事故发生的概率，所以工人选择进入煤矿工作时的工资水平为 ω_1；在劳动安全不达标的情况下，存在事故隐患，因此矿主采用补偿性工资，当工人选择进入煤矿工作时的工资水平为 ω_2，$\omega_2 > \omega_1$，$\omega_2 < I + \omega_1$。因为 ω_2 中包含了一项“补偿性”的收入 $\Delta\omega$，且补偿性工资水平一定小于安全投入的水平，否则矿主就会主动地选择设施达标，根本不需要国家采取立法和规制等措施。在煤矿尤其是乡镇煤矿工作的大部分工人是农民工，由于缺乏一技之长使农民工只能进入低端劳动力市场，而这些低端劳动力市场又由于农村劳动力的大量过剩而使劳动力供大于求，工人寻找一份工作非常困难，农民工随时面临被解雇的命运，就业极不稳定。这里假定当工人在不选择进入煤矿工作时，就不会有相应的收入。因此，矿主和工人的博弈模型为：

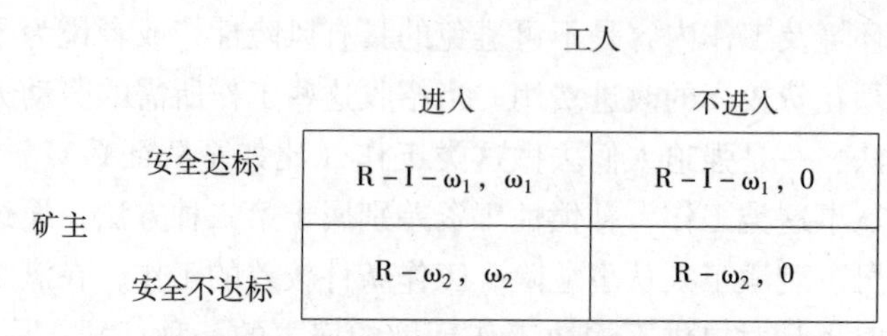

矿主 \ 工人	进入	不进入
安全达标	$R - I - \omega_1$，ω_1	$R - I - \omega_1$，0
安全不达标	$R - \omega_2$，ω_2	$R - \omega_2$，0

图 4－2　矿主与工人安全生产的博弈

在这个得益矩阵中有一个纳什均衡解，那就是（安全不达标，进入）。无论矿主是否进行安全投入，煤矿是否达标，对于工人尤其是缺乏一技之长的农民工来说，最优的选择就是进入煤矿工作，此时的工资水平为包含“补偿性”收入在内的级差工资。

从上面的博弈分析可以得出目前中国煤矿，尤其是乡镇煤矿在安全设施不合格的情况仍然有工人愿意下矿采煤的真实原因。在这种情况下，政府必须采取职业安全与健康规制的干预措施保护矿工的生命安全和健康。

分析 2：煤矿企业的工人受教育水平偏低，部分煤矿企业很少对工人进行安全培训。

从煤矿的人员构成来看，乡镇煤矿的从业人员多为农民工，自身文化水平较低，在没有接受正规培训的条件下直接下矿从事生产，因而多发生人为操作不当导致事故发生的情况。由于很多工人自身不重视安全生产，存在侥幸心理，认为事故发生的概率非常小，甚至部分来自贫穷落后地区的矿工认为一旦发生事故不幸死亡，几十万元的赔偿金也非常划算。因此，要想改变这种现状还需要政府长期的努力，提高贫困地区的经济发展水平和社会公众的安全意识。而一部分矿主缺少现代劳动安全管理的观念，在高额利润的驱使下忽视对工人的培训，认为劳动安全培训浪费时间，在这种心理状态下极易发生生产事故。

分析3：矿工与煤矿企业相比力量薄弱，当正当权益得不到保护时几乎没有谈判能力。

《中华人民共和国安全生产法》第52条明确规定，从业人员发现直接危及人身安全的紧急情况时，有权停止作业或者在采取可能的应急措施后撤离作业场所。生产经营单位不得因从业人员在前款紧急情况下停止作业或者采取紧急措施而降低其工资、福利等待遇或者解除与其订立的劳动合同。但是从已经发生的多起煤矿事故调查中发现，在采煤的暴利驱使下部分矿主无视矿工的生命安全，甚至在发现事故隐患后仍不停工，强迫矿工下井酿成无法挽回的矿难。很多煤矿企业很少有工会，工人缺少集体谈判的机会不能保护自己的合法权益。比如，有些企业连最基本的工伤保险都没有给矿工缴纳，还有不签订劳动合同的情况。一旦发生事故后工人连维权的权利和保障都没有，当缺少像工会这样的组织呼吁及维权渠道时，在事故发生后依靠单个工人是很难解决这类问题的。同时，由于煤矿企业的工作风险大、劳动强度较高，工人正常权益得不到保护时就会加剧人员的流动性，反过来又使煤矿企业更难进行工伤保险扩面工作，并降低煤矿企业改进安全保障措施的动力，最终形成恶性循环。

通过历年全国各类伤亡事故统计可以发现，除了道路交通事故之外，工矿企业是问题最严重的行业之一，其中又以煤矿企业为首。煤矿行业是国家职业安全与健康规制的重点行业。因此，本节选择该行业进行经济学分析，得出的结论具有一定的代表性和现实性。

通过使用产权理论、补偿性级差工资等经济学基本理论对煤矿企业和工人进行的分析，从规制对象的角度分析在国家加强监管的情况下，双方的行为方式对职业安全与健康规制政策的影响，即：在外部劳动安全规制政策不断加强的同时，如何从内部更好地提高规制的效果。经过分析发现存在如下问题：

（1）煤矿企业安全投入不足，负外部性非常明显。从产权理论的角度解释是因为煤矿企业的“三权分离”原因造成的，独特的社会经济背景造成产权不明晰、煤矿转包现象严重，最低一层的经营者存在短期营利行为，采取粗放式经营使安全投入历史欠账严重。因此，应尽快完成产权改革从而提高对煤矿企业的劳动安全规制的效果。这种尝试已经在产煤大省山西省试行，取得了较好的效果。

（2）生命价值理论亟待发展。根据产权理论，当负外部性存在，施害方要对受损者进行赔偿，但依据统计数据进行测算后尚未得出统一结论。现有煤矿企业对工人的经济赔偿力度还远远低于国外发达国家，理论界关于科学地计算生命价值的探讨还不多，由职业病造成的损害应当赔偿的数额也明显偏低，这在一定程度上成为职业安全与健康规制的制约因素。

（3）非正常纳什均衡解的存在。目前中国一些煤矿企业主宁愿稍稍提高工资水平，加入一个风险补偿工资也不进行安全设施改进。事实上，这种补偿性工资并没有达到合理的数额。这种不正常的纳什均衡解强有力地证明：在安全生产方面亟需政府规制，用政府干预弥补劳动力市场失灵带来的损失是最有效率的方法。

（4）煤矿企业亟需建立和完善工会组织。由于很多煤矿企业没有工会，不能保障工人的基本权益和福利，缺少维权的集体组织，工人没有适当的渠道与企业进行谈判，在面临较大风险时只能选择离开或者事故发生后得不到保障，最后形成恶性循环。因此，工会组织的建立不但可以维护工人的利益，促使企业进行安全投入，还可以减少工人流动，有利于国家工伤保险扩面工作并促进企业生产率的提高，最后达到双赢的效果。

第五章　主要发达国家职业安全与健康规制的启示与借鉴

职业安全与健康规制具有特殊性，又有普遍性。中国职业安全与健康规制起步晚于国外，新常态下又面临很多新的挑战，在规制改革中可以借鉴国外发达国家的某些成功经验和做法。本章主要从规制主体及规制机构、规制的法律体系、规制的方法及特点三个方面分析发达国家职业安全与健康规制的发展变化。

第一节　美国的职业安全与健康规制

20 世纪初期，美国经历了生产事故的高峰期，煤矿年均事故死亡人数在 2000 人以上，特别是 1907 年，矿难死亡人数多达 3242 人，煤矿百万吨死亡率为 8.37%。到 20 世纪 70 年代，死亡人数降至千人以下，之后 20 年时间里，美国煤矿的伤亡人数进一步减少，1990 年死亡 66 人，2000 年死亡 40 人，1993 ~ 2000 年整个行业未发生一起死亡人数超过 3 人的事故。美国成功的安全生产模式源于完善的职业安全与健康规制体制，以及健全的劳动安全规制法律体系。

一、美国职业安全与健康规制主体及规制机构

根据《美国职业安全健康标准与监察执法》的数据，20 世纪 70 年代及更早一段时间，伴随着快速发展的工业化，美国每年因为工作原因造成的事故死亡人数高达 14000 人，因工伤事故死亡的人数超过了在越南战争期间伤亡的人数；每年丧失劳动能力的职工近 250 万人；每年造

成的职业病患者达30多万人；每年工伤事故造成的经济损失超过80亿美元。当时对于雇主应当提供的劳动者安全和健康的条件没有统一的规定，导致工人经常发生工伤事故，而且大部分的事故是致命性的。触目惊心的数字和现实状况引起了政府和公众的重视与关注，彻底改善并提高劳动者安全的呼声越来越高。美国政府开始从立法、机构设置和执法几个方面入手，对劳动者提供工作安全保障。美国职业安全与健康的规制主体是政府，企业和工人积极参与劳动安全规制活动。美国的劳动安全规制曾经有过失败的教训，但是在政府的不断调整中逐步完善，并且依据相关法律设立了专门的规制机构进行管理，各部门规制职能明确。目前，美国主要有三个规制机构负责管理和执行劳动安全规制政策，即：职业安全与健康部、矿业安全与健康部和美国国家职业安全与健康研究所。

第一个部门是“职业安全与健康部”，英文全称为“Ocuupational Safety and Health Administration”，简称OSHA。它是一个国家级公共健康机构，对困扰劳动者的基本命题贡献力量，即：工人不需要在工作和生命中做选择。1970年12月29日，尼克松总统签署了《职业安全和健康法》，宣告保护工人远离职业伤害的历史新纪元正式拉开帷幕。该法案第一次以全国联邦法规的形式保护全体劳动者免受与工作相关的死亡、伤害和疾病。在两党的支持下，批准成立了职业安全与健康部，成为国家改革的里程碑。OSHA的法律明确规定获取工作场所安全的权力是一项基本人权。在雇主、员工、安全与健康专家、工会和支持者的共同支持下，OSHA在提高工作安全方面取得了举世瞩目的成就，使工作中发生的伤亡事故率降低了65%以上。通过各州的努力，OSHA已经消除了大量致命的事故和职业危险。通过统一的标准和强制性法律，OSHA也挽救了成千上万的生命，预防了无数的事故伤害。根据美国统计局的数据：1970年，全年因工死亡达到14000人，平均每天约38人；到2010年，全年因工死亡4500人，平均每天约12人。与此同时，美国的就业人数却已经翻了1倍，超过1.3亿人在720多万个工作场所就业。发生重大事故和职业病的比率显著下降，从1972年的15%下降至2010年的3.5%（按每百人计算）。在石棉、跌落保护、棉尘、苯、铅和血源性病原体等行业实施的职业安全与健康标准已经预防了大量与工作相关的伤害、疾病和死亡。然而，美国现在仍然有大量可预防的伤亡事故发生，严重的风险和不安全工作条件依然存在。每年在工作场所有超过 330 万的员工遭遇工伤或职业病，还有数百万员工暴露在有疾病隐患的有毒化学品下。这些生产事故除了对员工产生直接影响外，还会对美国经济产生负面影响。每年工伤和职业病给雇主带来的经济损失超过 530 亿美元，平均每周超过 10 亿美元，这还仅仅是支付给工人赔偿的部分。对雇主产生的间接成本，主要包括损失的生产力，员工培训和人员替换成本，而事故后用于调查的时间成本则是上面成本的两倍。除了工资和护理成本外，员工及其家庭还要忍受巨大的情感和心理成本，而这些又进一步削弱了美国经济。

职业安全与健康的规制内容覆盖了绝大部分的私营业主和员工，哥伦比亚特区及某些美国司法机构所在地区的企业可选择接受联邦职业安全与健康机构的监管，或执行经由 OSHA 批准的州法案。美国的职业安全与健康法规鼓励各州发展并执行本地区的工作安全与健康计划，并要求除非经过政府批准，否则不能降低 OSHA 的监管力度。OSHA 批准和监管所有州的计划，并为达到要求的每项计划提供 50% 的基金资助。各州内实施的计划，则必须保证与联邦 OSHA 计划的效果是一致的。同时，联邦职业安全与健康机构为某些排除在州计划之外的特殊员工提供保障，比如：从事海运业或驻扎军事基地的员工安全等。未来，OSHA 将致力于保护工人免受有毒化学物质和致命工作风险，确保高危行业的员工可以获得关于风险的重要信息和培训，并为雇主提供最优的安全生产措施。

第二个部门是“矿业安全与健康部”，英文全称为“Mine Safety and Health Administration”，简称 MSHA。MSHA 在成立前，美国的矿业监管有过惨痛的经验教训和发展背景。虽然矿业风险和提高矿工安全与健康的需求早就引起联邦政府的关注，并在 1865 年由国会建立联邦矿业局，但是基本处于碌碌无为的状态，直到重特大矿难事故激起民愤，才使政府采取措施防止事故的频繁发生。从 19 世纪末到 20 世纪初，成百上千的矿工和井下工人成为无数死亡事故的牺牲品。1907 年，西弗吉尼亚的一场矿难就夺走了 362 名矿工的生命。同年，还有 3000 多人因矿难而死亡，是有记录以来死亡人数最多的一年。20 世纪前十年，每年矿难死亡总数每年都达到几千人，美国历史上最严重的三起煤矿事故都集中这一阶段，见表 5－1。

表 5－1　　美国历史上最严重的三起煤矿事故

年份	日期	矿山	地点	事故类型	死亡人数
1907	12 月 6 日	莫诺哥 6 号和 8 号煤矿	蒙拿冈，西弗吉尼亚	爆炸	362 人
1909	11 月 13 日	Cherry 煤矿	切里，伊利诺伊州	火灾	259 人
1913	10 月 22 日	斯泰格加能 2 号煤矿	道森，新墨西哥	爆炸	263 人

资料来源：美国职业安全与健康部官方数据。

1910 年，国会在美国内政部成立矿业局，致力于调查安全生产和事故预防方法的工作。然而，这一时期的工作有很大的局限性，人们普遍认为：矿业安全检查与监管是矿业局员工的责任。这种想法使事故预防成为管理机构而非矿主的责任，这明显是“本末倒置”的错误思路。在这种思想的主导下，矿难次数非但没有减少反而还提高了。因此，矿业局开始重新审视并改变规定，制定详细的矿业安全标准，明确矿业方是安全责任的主体，对其实施严格的监管，对违规行为在全国范围内进行通报批评。1952 年，国会通过《联邦煤矿安全法》，要求井下煤矿每年检查一次，设置瓦斯矿强制安全标准。但是，煤矿事故特别是过失性矿难依然持续发生。1963 年，美国成立联邦监管项目，旨在调查煤矿安全状况并为企业提供改进建议。1966 年，国会对《联邦煤矿安全法》进行了修订，要求雇佣 14 人及以下的矿工必须遵守该法，扩大了监管和保护的范围。但是，这部修订法只列出引发矿难事故的一小部分原因，大部分还不在法律规制范围内。1966 年，《联邦煤矿与非煤矿山安全法》通过批准正式成为法律，在很大程度上解决了上述问题。1969 年，《联邦煤矿健康与安全法》实施，成为美国历史上最严厉的矿业法律，同时该法也是迄今为止预防事故效果最明显的一部法律。早期人们普遍认为，煤矿业本来就是高危行业，事故死亡是无法改变的，然而《联邦煤矿健康与安全法》的颁布与实施彻底改变了人们的想法。尽管矿业天然具有危险性，但是保护矿工及家属的权益是政府义不容辞的责任，通过实施法律监管，探寻事故出现的原因，改变工人错误的生产行为和矿主的违规操作，可以达到减少甚至消灭工作风险的预期目标。为了美国煤矿业未来的发展，任何不合法的行为都是不能容忍的。为了实现这些目标，《联邦煤矿健康与安全法》首次将矿业安全与健康标准合并在一个法案中，要求所有井下煤矿经营者及矿主必须每季度接受政府的检查，并由 MSHA 提供安全生产所需的培训和相关支持项目。同时，该法首次对检举不安全行为的“举报者”提供法律保障，允许矿工代表陪同安全监管员进行规制检查。依据该法为患有“尘肺病”的矿工制订补偿计划，通过采集煤尘样本，为实施更严厉的煤矿管理标准提供依据。这一阶段，实施法律并不是一件容易的事，但是煤矿规制活动还是取得了明显的进步。1972 年，美国矿业局向国会提交的年报中写道：“《联邦煤矿健康与安全法》刚开始实施时还充斥着犹豫、混乱和部分反对的声音，然而在实施两年后，这些都消失了。”尽管转变矿业传统开采方式以适应法律规定的新标准很难，但是无论经营规模大小的大部分煤矿都安装了新设备，并调整开采流程确保达到法定安全生产标准。这一时期煤矿规制工作不断取得进步，但是矿工仍然经历大量工伤事故。美国历史上最严重的煤矿和非煤矿山事故如表 5 –2 所示。

表 5 –2　　美国历史上最严重的三起金属和非金属矿山事故

年份	日期	矿山	地点	事故类型	死亡人数
1917	6 月 8 日	花岗山矿井（铜）	巴特，蒙大拿	水灾	163 人
1972	5 月 2 日	阳光矿山（银）	凯洛格，爱达荷州	火灾	91 人
1926	11 月 3 日	巴尼汉克矿山（铁）	伊什珀明，密歇根州	火灾	51 人

资料来源：美国职业安全与健康部官方数据。

20 世纪 70 年代，几乎每天都有 1 名矿工死亡、6 名矿工受伤。基于矿业居高不下的伤亡率，国会在 1976 年修订了 1966 年实施的《金属法》和矿山安全等一系列法规。在政府、劳工部和产业协会的共同努力下，这些严厉的矿业法律和提升安全与健康的措施取得了显著的效果，到 1976 年每年因煤矿事故导致死亡的人数减少至 322 人。尽管这是一个巨大的进步，但是矿难死亡事故仍在继续发生。为了进一步改进全美矿业的工作条件和生产行为，避免死亡、重伤和职业病的发生，美国国会把提供更有效的规制方法和更严厉的管制措施作为当务之急。1977 年，用于提升美国矿业安全的新法开始实施，即：《联邦矿业安全与健康法》。这部法案明确指出：矿业安全生产最关注的问题就是保护矿工的健康与安全。1978 年 3 月 9 日，美国劳工部成立“矿业安全与健康部”（MSHA），专门负责矿业的全面监管工作，旨在减少矿业工伤、职业病及死亡率。MSHA 的成立并没有增加矿业经营者的负担，而是从根本上保障了大量矿工的生命与健康权益，并减少了政府和矿主的成本。MSHA 的规制活动由 9 个重要职能部门协作完成，即：（1）矿业安全与健康助理部长办公室，负责计划、指导和管理 MSHA 的规制活动，包括制订教育和外展培训计划等；（2）煤矿安全与健康司，负责对煤矿安全进行检查和事故的调查取证，并通过直属机构实施培训计划；（3）金属与非金属矿业安全与健康司，负责的规制活动与煤矿业相似，只是监管对象上有差别，主要针对金属与非金属矿业领域；（4）项目评价与信息资源司，负责对机构内部计划的效果进行评价，分析过去规制工作的经验并预测未来实施效果，同时收集、分析和出版矿业事故和职业病数据，并为 MSHA 的所有信息化自助系统、数据交流网络及计算机设备提供技术支持；（5）行政与管理司，负责 MSHA 活动中的行政事务，包括预算、工资、招聘、采购和其他活动；（6）技术支持司，负责提供设备和技术协助，批准用于安全生产的设备和材料，参与煤矿紧急事故和调查；（7）教育政策与开发司，负责管理 MSHA 的培训项目；（8）标准与规章司，负责职业安全与健康条例的制定和发布，对现有条例进行修订和调整，依据《信息自由法》的规定进行相关工作的管理；（9）规制评价司，负责对 MSHA 实施的条例和调查项目进行评价，根据评价结果等提出改进建议，提升规制管理的效果。

MSHA 在美国 38 个州设立了办事机构，执行安全与健康规制活动。MSHA 每年在全国井下煤矿、金属和非金属矿山检查 4 次，对地表采矿操作活动每年检查 2 次。MSHA 依法采用新的执法工具控制和纠正生产风险或违规操作，负责执法的监管人员依据法律进行检查，对违规情况进行处理，最高罚款金额可达到 6 万美元。对于蓄意违反安全与健康标准的矿主，执法人员可以将相关证据提交司法机构并起诉矿主。在存在重大隐患的情况下，法律赋予执法人员关闭煤矿的权力。同时，法律也禁止煤矿企业歧视矿工、工人代表或其他人行使正当安全与健康权力的行为。矿工对工作中安全与健康的建言权受到法律的保护。如果矿工因生产安全问题提出投诉，MSHA 应当立即进行调查。如果证据确凿，劳工部应先于独立的联邦矿业安全与健康部立案。如果员工因表达安全生产的观点被解雇，在正式判决出来之前员工可以重返工作岗位。为了明确矿业管理及事故责任的承担方，MSHA 出台很多规制法规用于确认煤矿实际经营者的身份。同时，MSHA 提供大量培训项目，促进整个矿业的安全与健康水平，比如：MSHA 举办全国矿业救助竞赛，奇数年是煤矿业参加比赛，偶数年是金属与非金属矿业参加比赛。这些活动将全国矿业救助队召集起来，通过模拟事故的方式选出能力最强的队伍，并寻找在真实矿难中挽救矿工生命的最科学及有效的方法。MSHA 与全国矿业协会合作共同管理全美安全煤矿奖——“安全卫士奖”的评选，用于授予零事故最长小时的矿业企业。同时，从 1977 年开始美国国家职业安全与健康研究所（National Institute for Occupational Safety and Health，NIOSH）在保护煤矿、金属及非金属矿山从业者的劳动安全方面发挥重要作用。通过科学的调研，提供最先进的预防措施，有效地遏制了事故的发生，成为 MSHA 的有力支持者。MSHA 还一直致力于减少矿工尘肺，并制定和完善井下煤矿救助条例和井上与井下安全培训工作，很多以前属于建议类的标准已经正式成为强制性的安全标准。1993 年，MSHA 建立电子留言板，允许家用、官方计算机使用者通过互联网获取或分享职业安全与健康方面的信息。为了在全国范围内提高规制活动的水平，MSHA 协助各州矿业部门制定和实施有效的矿业健康与安全法律法规。政府每年给 48 个州和纳瓦霍族保留地的授权机构拨款，用于矿工的安全生产培训。最近几年，MSHA 关注废弃矿及它们可能给探险者、背包客和玩耍的儿童带来的风险与伤害。

为了提高矿业安全监管人员的水平，MSHA 特别重视对他们的培训。矿业和 MSHA 实施矿业培训的最重要机构是座落在西弗吉尼亚伯克利的“全国矿业安全与健康研究院”，它是联邦矿业检查员和其他部门矿业安全专家接受培训的主要地点。根据 1969 年的煤矿法，培训学院的立根之本和目标是预防矿业事故和职业病，并且已经培养了大量矿业领域的专家和监管人才。自从 1976 年该研究院成立以来，有近 50 万人在这里接受了安全检查程序、工业卫生、矿业紧急处理技术、管理技术和其他方面的培训。除了提供教学讲授外，学院教师还提供视频、教学录像和多种多样的技术资源，还有丰富矿业监管人员实战经验的煤矿模拟实验室。受训学生在传统教室和机房、特殊实验室、煤矿模拟实验室和体能教室接受培训。目前，研究院有 66 名雇员，负责新入职的监管人员、有经验的专员、技术专家、主管和行政人员、工业及劳动和教育机构、国际矿业组织的培训，课程主要由学院老师或这一领域的客座专家来讲授。每个培训班都控制参加人数，采用小班教学的方式，强调互动学习，要求学生能够学会并应用所学知识。技术信息中心和实验室已经成为矿业安全与健康和视听领域的佼佼者，并成为理想的研究机构。研究院还采用国际化培训方式，由签订培训协议的秘鲁、俄罗斯、中国、印度和乌克兰矿业安全机构的专家提供培训课程与交流活动。研究院非常重视对矿业安全生产知识的持续更新，以适应矿业快速发展的需求。近 20 年来，属于砂卵石、碎石和低级胶状磷矿的经营者已经从 MSHA 培训监管名单中删除，但是其他的新规定依然要求这些行业持续实施安全生产。因此，研究院的讲师需要按照新法规对监管人员进行培训，提供教学资源，并帮助这些领域的参加者们制订进一步的培训计划。学院同时开发了纸质和电子版的安全学习课程和培训资源，适用于室内教学的相关设备。为了照顾外来移民的需求，很多材料还被译为西班牙语等版。

20 世纪 70 年代，美国发生 12 起重特大矿难事故；80 年代，发生 9 起重特大矿难事故；90 年代，只发生 1 起重特大矿难事故。进入 21 世纪以后，2003 年因煤矿事故死亡 56 人，2014 年仅有 16 名矿工遇难(历史最低值)，而 1970 年却高达 260 人，那一年是《联邦煤矿安全与健康法》正式实施的年份。40 多年过去了，MSHA 不但用数字证明了矿业规制的重要性，更给万千矿工和家庭带来了安全与幸福。

第三个部门是“美国国家职业安全与健康研究所”，简称 NIOSH。NIOSH 根据 1970 年《职业安全与健康法》建立，它是美国疾病控制与预防中心的一部分，属于美国卫生及公共服务部，主要负责生产安全方面的科研工作，并将研究结果应用于工伤与职业病预防中，保障全体国民拥有安全与健康的工作条件，并对出现的安全问题提供解决建议。

NIOSH 下设 12 个部门，分别是：健康影响实验室，教育与信息部，应用研究与技术部，呼吸系统健康部，安全研究部，监管、危害评估及实证研究部，国民个人防护技术实验室，赔偿分析与技术支持部，世界贸易中心健康计划，西部地区管理部，匹兹堡煤矿研究中心，斯波坎煤矿研究中心。NIOSH 在流行病学、医药、护理、工业卫生、安全学、心理学、化学、统计学、经济学和工程学等领域拥有超过 1300 名雇员，与 OSHA 和 MSHA 紧密合作，共同保护美国普通员工和矿业工人的劳动安全。通常，人们不认为 NIOSH 是一个规制机构，因为它最大的成就体现在“研究成果”方面。事实上，NIOSH 的安全建议和解决方案是其他机构进行安全管理的重要依据，并且它自身也承担了特殊领域内的监管活动，具体有以下六项：（1）实施“煤矿工人健康安全计划”，主要用于井下矿工的 X 光检查、尸检和尘肺分级等规制活动；（2）NIOSH 补助及拨款和教育与培训活动；（3）基于《能源业员工职业病及补偿法》履行健康风险的监管职责；（4）负责审批呼吸防护保障设备；（5）对工作场所进行健康风险评价和职业安全与健康研究；（6）负责执行世界贸易中心健康计划。为了保障规制活动的效率和效果，NIOSH 在实际工作中严格遵守以下六项核心标准，即：（1）相关性：NIOSH 的研究项目用于解决困扰员工当前及未来的职业安全与健康问题；（2）高质量：采用最先进的科学技术，提供高质量数据，采用公开独立的同行评审制度确保信息的准确性；（3）合作性：NIOSH 是帮助国内外不同行业、员工、政府、理论界、科研团体完成职业安全与健康活动的重要合作伙伴；（4）公开性：NIOSH 公开工作流程的信息，所有用户都可以通过传统方式、电子或移动设备获取产品及服务；（5）影响力：NIOSH 的项目采用结果导向性的研究方式，根据项目对解决工作场所当前或未来的职业安全与健康问题的情况进行评价；（6）多样性：为了适应美国社会多元文化及大量移民的特点，NIOSH 的研究和预防措施及方案需要反映美国工作场所的多样性，并且满足不同类型劳动者的需求。

为了更好地适应社会经济发展趋势对职业安全与健康带来的新挑战，NIOSH 制定了《2016～2020 年规制战略目标》，确定未来规制的三个重点目标：

目标 1：开展研究减少职业病和事故，提高员工福祉。探寻预防与工作有关的危险、漏洞、职业病和事故的方法；通过机构内部和外部联合研究计划，形成生产安全方面的新知识和新观点；为高危行业的难题提供创新解决方法。

目标 2：通过辅导（介入或干预）、建议和能力建构等方式，提升员工的安全与健康水平。提高建议和指导的相关性和实用性；将科研成果、技术和信息转化为安全生产实践活动；提升处理现有及新出工作风险的业务能力。

目标 3：通过国际合作提升全世界工人的安全与健康水平。在构建劳动安全的世界体系中起领导作用；研究减少职业病和事故的科学方法，为需要的领域提供技术协作；通过培训、信息分享和研究经验，在解决工作风险方面建立世界领先的专业能力。

通过上面的分析可以看出，美国职业安全与健康规制工作的主体是职业安全和健康机构（OSHA），矿业安全与健康部（MSHA）和美国国家职业安全与健康研究所（NIOSH），它们在各自领域发挥重要作用。

二、美国职业安全与健康规制的法律体系

美国职业安全与健康规制的法律体系比较健全，主要体现在三个方面：（1）《职业安全与健康法》；（2）围绕矿业安全的大量法律规章制度；（3）伴随经济社会发展的新特点颁布的大量监管法规。

（一）《职业安全与健康法》——保障员工安全的重要法律

该法在总则中明确规定了雇主和雇员的权力与责任，雇主有责任提供安全无风险的工作场所，并且遵守 OSHA 所有的安全标准及法规。雇主必须留意并在第一时间内改正威胁劳动者的安全问题。OSHA 在规制法规中明确强调：提高劳动者的工作安全和健康水平不能只依靠面具、手套、耳罩等个人防护设备，而是应当从制度和工作条件入手，通过主动消灭风险的方式替代被动防护，采用有效的方法消除或减少风险。比如：用符合安全标准的化学品替代生产中的有毒物质，关闭有害烟雾排放点，或使用通风设备清洁空气。

《职业安全与健康法》规定雇主必须承担的责任是：（1）雇主需要在显著位置张贴安全生产的海报，可以根据需要通过官方网站下载；（2）通过培训、分类标签、警示、颜色编码体系、化学信息单和其他方法提示员工注意；（3）为员工提供的安全培训必须使用他们可以听懂并理解的语言；（4）准确记录工伤和职业病的具体情况；（5）采用 OSHA 标准对工作场所进行检测，比如：根据标准对比工作场所空气质量取样数据；（6）雇主要按法律规定，不计成本地为员工提供个人防护用品；（7）根据 OSHA 的要求为相关工作人员提供听觉检测或其他医疗检测；（8）公布 OSHA 的官方新闻和事故及职业病的数据，方便企业内部员工及时了解并获取与工作有关的信息；（9）如果工作场所

发生死亡事故，雇主必须在 8 小时内通知 OSHA；如果发生事故入院、截肢或出现眼部损伤，雇主必须在24 小时内向相关机构汇报；（10）员工的权益受法律保护，包括员工的工作权、建言权、诉求权等。

《职业安全与健康法》规定雇员拥有的权利有：（1）有权向雇主提出他们对工作安全的看法；（2）有权获得关于工作风险的信息和培训，学习预防工作伤害的方法，并在工作中应用 OSHA 规定的安全生产规程，在培训中有权要求使用他们理解的语言，有权获得工作场所医疗健康记录；（3）有权获得工作场所的工伤事故与职业病记录的复印件；（4）有权获取对工作场所危险检测和监管结果的复印件；（5）有权获取工作场所医疗记录的复印件；（6）有权参与 OSHA 对工作场所的检查，并有建言权；（7）如果雇主违反安全生产的规定，员工有权向 OSHA 反映情况，其行为受到法律保护；（8）如果员工举报行为受到雇主的处罚或打击报复，可以根据 21 项联邦附加法规向 OSHA 申请裁决。

（二）矿业职业安全与健康规制法律体系①

美国矿业安全与健康规制法律体系可以追溯到一百年前，具有完整的架构，可以分为两大阶段：

1. 早期立法阶段：职业安全与健康法律体系的渐进式改变

1891 年，第一部《联邦矿业安全法》通过。1910 年，矿业局成立。1941 年，美国颁布了《煤矿检查法》，这是美国历史上第一次授权给检查人员，赋予他们可以进入煤矿进行检查的权利，可以对事故进行调查，对煤矿安全提出改进意见。但是这部法案对劳动安全的改进效果并不大（贝克和艾尔福特，1980），因为当时的煤矿主是工作场所职业安全与健康工作的主要负责人，他们用较低的成本进行安全设施改进，在认为已经确保矿工的安全后就失去了进一步预防事故的动力，也不可能为进一步减少事故死亡率进行安全投入。美国当时职业安全与健康规制不成功的主要原因在于缺少强有力的法律条款的支持，使《煤矿检查法》的影响力难以维持，煤矿劳动安全规制效果不明显。1947 年，美国制定了沥青煤和褐煤开采的安全标准。1952 年，为了弥补先前法案的缺陷，政府开始实施《联邦煤矿安全法》，但是事实证明它

① 部分参见 OSHA 官方网站。

也是不完善的。安卓斯和克里斯坦森（1974）研究了这部法案条款的弱点，联邦煤矿管理局把注意力放在防止重大事故的发生方面，法案中没有包括对小煤矿（雇用人数不超过 15 人）的劳动安全规制政策，而这种小煤矿当时占全部煤矿的 80%，又是事故的高发群体。由于法案的实施范围过窄，不但工会、企业，甚至煤矿管理局都没有认真执行，这部法律最终成为“象征”性的法案。1961 年，政府开始对金属和非金属矿山的生产事故和工作风险因素进行权威检测。1966 年，《联邦煤矿安全法》的保障范围逐步扩大，并延伸到所有井下煤矿。同年，美国通过《联邦煤矿和非煤矿山安全法》。尽管这些法律还不够完善，但已经使矿工的安全得到逐步改善，形成安全规制的基本法律框架。

2. 矿业立法：安全与健康规制法律的主要发展期

尽管美国政府关注煤矿的安全生产问题，但是效果甚微。1968 年，弗吉尼亚州法明顿煤矿发生瓦斯爆炸，导致 78 名矿工死亡。这起事件引发了社会的极大关注和愤怒，促使美国最终在 1969 年通过了以“严厉”而著称的《煤矿安全与健康法》，这部法案大大加强了联邦检查员的权力，并且细化了安全与健康标准，对美国现在的职业安全与健康规制起到了深远的影响。20 世纪 70 年代，随着矿业执行与安全机构和矿业安全与健康部的成立，矿业安全得到空前提高。根据矿业规制中的新问题，美国政府分别在 2002 年通过《接触柴油机排放的井下金属与非金属矿工安全规定》，2006 年通过《矿业改进与最新应急响应法》。至此，美国矿业的法律体系框架具有完整、时效和实用的特征，在监管活动中体现出较好的操作性和指导意义。

（三）21 世纪的规制法律体系：新时期、新问题、新法规

在医院、卫生机构、实验室等可能接触患者血液的工作人员会面临由于针刺导致接触性感染的职业风险，因而 2001 年 4 月，美国实施《血源性病原体职业接触者针刺和锐器伤的规定》，通过法规的方式明确雇主和从业者应当注意的手卫生、个人防护装置，操作流程、工作控制和暴露后的处置等内容，并提供全面具体安全预防措施，最大限度地降低职业接触者感染的可能。为了进一步规范工伤和职业病的报告流程，提高处理的效率和效果，2003 年 1 月美国实施《工伤和职业病记

录与汇报要求》。除了加强制度管理外，美国政府还特别重视对农药和危险废弃物的安全监管。如果农药存放不当或出现渗漏，极有可能对使用者和接触者产生严重的健康影响。2012 年 9 月，美国通过《农药登记改进扩展法》，尤其加强农药在生产、经营和使用方面的监管。危险废弃物通常具有化学腐蚀性、毒性、爆炸性、传染性等特征，如果没有经过正确的处理、存放，就会对环境和人们的日常生活产生不利影响。2012 年 10 月，美国通过《危险废弃电子清单设立法》，要求废弃物数据的上报、审核过程采用电子数据的方式，通过特定的软件和特定的网络进行传输。电子清单具有易于查找、分析和评价的特点，可以增加数据处理的时效性和准确性，不但可以节约时间，更为全体国民提供科学准确的安全保障依据。

三、美国职业安全与健康规制的方法及特点

（一）法律体系健全，规制机构执法严格

执法是 OSHA 减少受伤、职业病和死亡率的重要保障手段，如果在监管过程中雇主没有履行安全和健康责任，OSHA 有权采取强制、严厉的处罚措施。执法活动不需预先通知，由经过专业培训和经验丰富的规制专员负责，可以采用现场、电话、传真等调查模式。在执法活动中，按照如下情况排出重点监管单位，即：存在重大风险隐患、出现过死亡或入院治疗事故、遭到员工的投诉、属于易发生工伤事故的特定行业等，根据实际情况对这些单位进行多次安全监管，包括后续或增补类检查等。

美国以《职业安全与健康法》作为主体法，其他相关法律为补充，构建了健全的劳动安全法律体系。美国政府根据经济发展的特点及时对法规进行调整，使法律条文详细、完整。除此之外，非常重要的就是规制机构的严格检查及执法，并对违规企业实行高额罚款。比如：2005 年 9 月 22 日，英国石油公司北美公司在得克萨斯的炼油厂发生爆炸事故，造成 15 名工人死亡，受伤的人数达到 170 人。OSHA 对英国石油公司北美公司处以了 2100 万美元罚款，是 OSHA 历史上做出的最大罚款金额的两倍。通过这样的处罚，政府向所有雇主发出强烈的信号，即

保护工人的安全和健康是企业的核心价值。同时，OSHA 要求英国石油公司北美公司对隐患进行整改并提高安全措施，并在接下来的 3 年中，每 6 个月向美国职业安全和健康机构及英国石油公司指定的工人代表提交生产安全和职业病管理报告，以及与安全管理流程相关的所有报告。OSHA 又在 2007 年 7 月 20 日的例行检查中对英国石油公司北美公司处以总额为 9.2 万美元的罚款，因为在检查中该公司故意违反职业安全和健康的规定，没有遵守工业法规对大型压力容器中的“分馏器”进行减压，而这种无视劳动者安全的做法很可能重蹈 2005 年的悲剧。通过上面巨额罚款的案例可以再一次看出 OSHA 在劳动安全规制方面的原则，那就是依据现有的法规严格执法，对企业违规情况一查再查，绝不放过一处安全隐患，对发现的问题绝不手软，实行高额罚款加大威慑力度，使企业主动遵守劳动安全的规定。2010 年 6 月 18 日，美国政府颁布实施《OSHA 对严重违法者的执行计划》，旨在对那些屡教不改的雇主实施强制执行计划，通过不间断、反复检查的方式强化规制标准。

保证 OSHA 严格执法的一个重要条件就是高素质的监管人员队伍，这是提高政府规制执行质量和效率的根本保证。在美国职业安全与健康机构成立之初，监管人员在执行劳动者安全保护政策的规制行动是相当成功的。比如，要求企业和雇主自愿遵守法律、避免惩罚的措施得到了社会的广泛认同。但是对于全国范围内应受保护的 500 万工人而言，OSHA 现有监管人员在执法和监督方面明显力不从心，所以只能把精力一方面放在调查灾难性事故，监管高度危险和职业病高发行业上；另一方面放在成立工会上。在这一过程中，OSHA 将各州的实施计划作为贯彻劳动安全规制的主要方法，主要依靠各州完成对企业的劳动生产检查，这种方式限制了 OSHA 自身监察人员的发展。而各州在执行过程中并没有积极参与法案的执行与监督，与 OSHA 的预期相违背，结果在全国范围内有效地进行职业安全和健康监管的目标没有实现。为了改善这种情况，OSHA 采取不断扩大规制人员数量的方式，却没有相应提高处理问题的能力和效率。比如：1976 年美国弗吉尼亚一家生产杀虫剂的小型化工厂出现事故，29 名工人全部由于神经系统受损而就医。OSHA 对此负有重要责任，因为工作人员把收到的举报信当作投诉信，没有及时进行调查核实，最后造成事故发生。这次事件促使 OSHA 加强队伍建设，改革的重点放在提高专业技能上，除了雇用资深的检查员外，还对现有的工作人员进行特殊的专业培训。从职业安全的角度培训劳动安全规制人员，并对雇主反映的执法人员“吹毛求疵”的问题进行改进。为了改进在处理复杂的职业安全和健康问题时缺乏技术信息的情况，OSHA 成立了数据中心，使规制检查人员在处理问题时能够在第一时间获取充分的数据信息，从而做出快速而准确的反应。

（二）重视外展培训，激发员工自我保护意识

外展培训源于第二次世界大战时期的英国，通过扩展海员海上生存能力和触礁后生存技巧等方面的训练，使他们所知所能并不局限于海上作业，而是将海员的能力延伸到更广阔的领域。OSHA 也延用外展培训，通过制定和执行职业安全与健康法规，OSHA 要求所有雇主不但要保证工人的工作安全，而且要对工人进行培训、使他们能够胜任工作，在合同中要对培训内容进行详细的说明，并鼓励企业对工作流程进行改进，提高工作场所内劳动者的安全和健康水平。OSHA 外展培训计划旨在帮助员工了解他们的权力、雇主的责任、投诉的方法以及如何区分、减少、避免和预防与工作有关的风险。完成“外展培训者考核”的安全与健康专家向主管培训机构递交书面材料，收回受训学员的结业卡，通过授权的方式，大量合格的培训讲师成规制活动的有力支持者。自从该制度在 1971 年实施以来，工作场所的安全与健康得到了显著改善。尽管外展培训计划是自愿参加的项目，并不是 OSHA 培训要求的必备内容，但是仍然有大量的州、地方司法机构强制立法要求雇主和雇员必须参加外展培训。外展培训的发展得益于业界的广泛认同，一些企业、工会和其他各种形式的司法机构也要求员工参加此类培训，希望他们通过学习实现安全培训目标，培养安全工作行为，降低事故和职业病的风险。除了普通的培训计划内容外，OSHA 培训教育中心还提供其他的培训资源，雇主可以直接将其用于企业内部安全培训。对于建筑业、总承包商、雇主协会、保险公司和加工制造类企业等，OSHA 则采用整合的方式，帮助他们将外展培训融入企业现行的职业安全与健康培训计划中。OSHA 的外展培训主要包括：

第一，外展培训的总纲。主要是针对培训参与者、培训内容、学习时间、培训方式等方面提出的要求。（1）受训者：是参与安全与健康培训课程的学生，需要计入学生学习名册中。（2）考勤：受训者在完

成全部培训课程，包括规定的作业和最低学时的面授学习后才能获得结业证。（3）日常教学规定：每天面授课时最长不超过7.5小时，如果加上休息和午饭时间则可以超过7.5小时但不得超过10小时。其中，两天课时不低于10小时、四天课题不低于30小时。培训中不得采用跨工作日的方式，比如：晚上9点培训至第二天7点，在完成7.5小时培训后必须提供8小时以上的休息时间。如果不能按既定的教学计划实施培训或在培训中出现例外情况，需要提前60天向OSHA提出书面申请，须写明原因及需要改动的细节。（4）休息及午饭时间：在培训中每2小时休息10分钟。如果采用6小时培训周期模式的情况下，午饭时间不得低于30分钟。其中，午饭时间算作休息时间，不得利用这段时间继续进行培训。（5）培训周期：外展培训者可以将培训拆分为几个专题，分布在几天、几周或几个月中，每个专题培训时间不低于1小时。每个外展培训项目自开始之时起，必须在6个月内完成。如果超过6个月，必须书面向OSHA提出申请并说明原因。（6）教学方式：外展培训应当包括让学生能够参与互动的研讨会、案例分析、现场练习和示范教学等内容。另外，在外展培训课程中，用于播放视频的时间不超过全部学习内容的25%。（7）学生信息确认：培训讲师应当在教学中确认受训学生的身份，保证教学内容可以正确传达给报名学习的学员。（8）额外培训：培训讲师可以为已经完成10学时的学生提供额外20学时的培训，课程完成后可将学时直接计为30小时。这类培训要求外展培训讲师在6个月内全程完成全部培训课程，学生在获得30学时记录卡时，需返还之前的10学时记录卡。

第二，外展培训内容。外展培训的项目有必修、选修和补充选择三类，根据行业特性列明详细的内容。（1）必修培训：要求学员必须在最低学时范围内完成培训内容，学习内容由OSHA确定。（2）选修培训：由外展培训师根据受训者所在行业确定学习内容，课程选择基于行业、地区和受训者的需求，最后由OSHA确定选修培训的全部项目，并规定完成培训内容的最少数量和最低学时数。（3）补充选择培训：根据OSHA的规定，培训讲师可以为完成10学时的学生提供20学时的额外培训，补充选择培训主要提供这部分培训的教学资源。

因为行业的特殊性，某些特定行业在职业安全与健康方面有具体而特殊要求，必须要通过外展培训的课程设计，在规定的学时内完成相关培训内容，甚至要通过补充培训的方式才能达到较好的效果。同时，OSHA 规定了不适用外展培训的内容，主要有：（1）与职业安全与健康中对风险的辨识和预防知识无关的学习内容不适用培训。（2）心肺复苏术和急救护理的内容可以与外展培训的学习环节相关联，但并不计算在学习要求内。（3）没有达到 OSHA 培训标准的教学内容不得计入培训环节。

第三，外展培训教材。对于必修课程教材，要求培训讲师必须使用 OSHA 外展培训项目网站提供的教学资源，还要留意最新的培训要求。每个外展培训课上，必须使用 2 学时介绍 OSHA，可采用教学指导、幻灯片、学生讲义和参与活动的教学方式。OSHA 为教师提供教学用 CD，即：培训讲师在其接受学习时可以得到一张教学用 CD，里面有教学用幻灯片、教学计划等适用外展培训使用的教学资源。培训师要为学生提供教材，需要向学生提供每一个专题部分重点内容的参考资料，做到每名受训者人手一份学习要点说明。

第四，外展培训使用语言。根据联合国 2016 年的数据，美国是国际移民居住最多的国家，约有 4700 万人。为了保障来自不同地区的雇员在接受外展培训时的效果，OSHA 对此作出如下规定：外展培训必须使用受训者可以理解的语言。如果学生的语言能力有限，外展培训可以为其提供翻译。在为受训者提供翻译的情况下，必须考查翻译的资格，其必须具有职业安全与健康的相关经历或背景，且授课时长必须分割为二，留出一半时间用于翻译。

第五，外展培训讲师类型。OSHA 授权的培训师大体有三种：主讲培训师、客座培训师、补充教学培训师。主讲培训师负责设计与管理课堂教学，需要讲授 50% 以上的课程内容（采用补充教学时除外），必须全程负责解答问题并保证完成教学要点，完成并保存课堂教学文件（包括学生的出勤情况），还要保存教学过程中客座讲师或补充教学培训师的授课内容、任职资格等信息。客座培训师不是 OSHA 授权的讲师，但属于某一类安全问题方面的专家，用于协同主讲教师完成课程教学。为了缓解教学压力，主讲培训师可以邀请补充教学培训师协助完成教学工作，但其至少要完成全部工作量的 20%，并且要负责调整、记录和保存外展培训的全部文件。

第六，外展培训规模。OSHA 希望外展培训可以吸引更多的人参与，在保证资源有效利用和听课效果的情况下，规定培训班级的规模：最低不少于3人，最高不超过40人。如果没有达到或超过上述条件，需要主管培训讲师向OSHA进行书面汇报。

第七，外展培训的其他方法。OSHA在实施外展培训时主要采用专人教学的模式，但是在特殊情况下经过批准可采用以下两种方法：（1）在线教学，OSHA规定只有经过授权并由其专门网站提供的教学资源才可用于培训。为了保证线上教学的质量，OSHA仅对在线教学采用考试和评价等多种方法考量培训师的水平，通过竞争的方法择优选用，并且每5年重新征集一次。（2）网络和视频教学，它并不是首选的教学模式，OSHA更倾向于通过标准教学模式传递安全与健康培训知识。除非经过特殊批准，外展培训可能会采用网络研讨和视频会议的方式。如果要申请此类教学模式，需要至少提前60天向OSHA提出申请，通常一次仅有一项能够通过审批。

同时，OSHA也非常重视提高工人对于风险的自我认识，除了通过政府规制，执行规章等方法解决劳动安全问题外，还鼓励工人收集和研究数据解决工作场所的安全与健康问题。早在1975年5月，美国政府就通过一项免费咨询计划，在已经过去的30多年间有超过50万家企业先后加入，即：通过咨询方式获得自我解决问题的方法。1992年10月，美国教育中心设立OSHA培训课程，使之广泛适用于雇主、工人和公众。美国现有的20个教育中心每年培训超过30万名学员，仅在2005年一个财政年度内就有超过37万名学员接受了培训。通过专业的培训可以使劳动者提高专业知识和技能，在实际工作中激发工人自身的保护意识，提高职业安全与健康规制的效果。

（三）通过专门的机构和相关法规对未成年人的职业安全与健康进行规制

在美国有许多年龄在18岁以下的未成年人在假期或课余从事兼职工作，根据美国职业安全和健康机构的估计，2007年美国15～17岁的青少年大约有400万。另据美国劳工局的统计数据，在1992～2000年，不满18岁的未成年工人中有603人遭遇了致命的职业伤害，平均每年67人。对于未成年工人的管理，主要是由劳工部的“工资和工作时间雇用标准部”负责，在未成年人工作的内容、年龄等方面进行了严格的限定。

美国国家职业安全与健康研究所（NIOSH）通过多年对未成人劳动安全行为的研究，总结出在劳动过程中出现事故有如下几项原因：

（1）未成年工人为了给雇主留下负责、成熟和独立的印象，在没有接受过培训的情况下操作那些从来没用过的机械，因此经常出现事故，未成年工人对于某些特定工作缺乏经验和成熟的身体条件；

（2）未成年工人处于器官和骨骼的发育阶段，他们更容易被危险物质伤害，或者发展成累积性损伤。

本着"防止未成年工人死亡、伤害和疾病"原则，NIOSH 认为每个人都应当致力于未成年工人的劳动安全，并且为未成年工人、雇主、教师和父母提供防止严重或致命伤害的方法，根据实际情况提出具体建议：

（1）所有人必须懂法，清楚了解未成年员工的权利，教师和家长必须在未成年人的雇佣中扮演积极的角色，父母必须询问子女有关工作类型的问题，而且对于未成年人的工作疲劳或是精神压力要保持警惕，教师要在学校的课程中开设安全与健康讲座；

（2）雇主必须认识到未成年人易遇到的工作风险，指导未成年工人并为他们提供必要的培训，及时改进防止伤害和疾病的计划。

政府对未成年工人的保护内容不是一成不变的，需要根据劳动力的变化情况进行调整。比如：2007 年 4 月 OSHA 发起"2007 年夏季青少年工作安全运动"，关注焦点是建筑业的未成年人，同时劳工部又对未成年工人的劳动规制进行了几项调整。对 17 个非农业和 11 个农业方面的多项规定进行了调整，为未成年工人的劳动规制提供了更多的法律框架，详细说明哪些职业是禁止进入的，或者在限制的基础上允许某些特定年龄群体进入。规制内容非常详细而且易于操作，改变过去只针对某一行业是否可以进入的粗略规定，而是具体到行业中哪些是可以进入的工作岗位，哪些是未成年人可以操作的机器以及特定的工作环境，也就是说 OSHA 对未成年人的保护不是集中在哪些行业，而是针对工作的岗位，将规制条款细化、具体化。

（四）将复杂的规制条例明确并简化，便于企业、公众的理解和执行

OSHA 早期运作的时候将规制目标定得很广泛而且标准非常复杂，甚至由于对行业协会制度的照搬照抄和无理的操作给 OSHA 带来一个

"吹毛求疵"的长久恶名。在1977～1981年，OSHA开始重新调整自己的规制目标，将规制的重点放在大众的需求方面，去掉了很多无用的规制条款。这次改革确定了三个改革领域，即：将主要精力放在事故多发的危险行业，帮助小企业遵守OSHA的规章，明确并简化劳动安全条例。通过对1000多条安全标准的梳理，调整了一些不清楚的部分，删掉了不必要或者不相关的条款，从而使规制内容更清晰、更准确。这些规制改革得到了小企业的大力支持，他们认为执法人员更有亲和力、更有帮助性，标准也更简单易行。1995年9月14日，OSHA的扩展网页正式发布，通过互联网可以为用户提供OSHA的标准和法律帮助。1996年6月，OSHA又采用电话—传真的处理方法，加快解决工作场所劳动安全和健康投诉的速度。通过上述方法，使得与劳动安全相关的信息被快速、准确地传达到各相关机构，使企业和公众更容易获取和反馈与劳动安全有关的信息，并在实践中自觉执行。

（五）积极探索完善职业安全与健康规制体制的新方法

美国职业安全和健康机构成立几十年来，将由工作造成的致命事故减少了近一半，由工作导致的伤害和疾病减少了40%。但是，政府采取的规制政策是有成本的，而且有时候成本非常高，在保护工人劳动安全方面单靠政府的努力是不够的。1977年，经济学家查理·斯库兹提出用经济激励法代替安全规制（不是健康规制），遭到了工会工人和OSHA的激烈反对。当时的卡特政府采取了折中的办法，要求职业安全与健康工作小组寻求政府规制政策的补充办法，比如：通过教育或是提供信息服务等方式实施激励，而不是完全采取经济激励法直接替代安全规制。还有很多学者通过研究提出通过劳动力市场、补偿计划和规制共同完善工作场所的劳动安全。因为，无论单独使用哪一种方法都不会完全达到保护劳动者安全的目的，通过比较发现三种方法混合实施将使政府更接近对劳动者安全保护的目标。比如：库米瑟（1994年）提出，政府可以在市场、补偿和规制三种方法中进行组合选择，探索完善劳动安全规制的有效方法，提高规制的效率将成为美国未来职业安全与健康规制研究中的热点问题。

（六）从政策支持方面保护并帮助小企业提高安全生产水平

随着互联网和高科技的快速发展，世界各国的经济结构和企业规模发生了巨大的变化。超大型企业已经不再是“国之栋梁”，大量小企业在创新发展和提供就业岗位方面发挥了重要作用。根据美国政府2000年颁布的《小企业规模标准》，在一般行业中，雇员人数在500人以下或企业资本金在500万美元以下的，属于小企业；而特殊行业（石油加工等），雇员人数在1500人以下或资本金不超过2700万美元的，属于小企业。2014年，美国小企业管理局的数据显示：中小企业已经成为美国经济的核心，占国内企业总数的99%，雇佣超过就业总人数50%以上的员工。在能源行业，小企业已经占据了全产业链，参与并提供生产所需的全部过程。尽管小企业发展迅速，但受制于其自身的规模，在法律制定、权益保障方面还缺少话语权。为了帮助小企业了解并遵守职业安全与健康的法律规章，美国政府在1996年颁布并实施《小企业规制执行公平法》（以下简称《公平法》），旨在促进小企业提高安全生产的能力，并保障小企业在规制活动中的权益得到体现。因此，基于《公平法》的原则，OSHA在小企业安全监管中必须做到如下五点：（1）根据安全规制法规，制定小企业安全监管指导手册；（2）如果小企业对安全监管提出质询，相关机构需要进行回复；（3）对违规小企业实施轻度处罚；（4）通过小企业发展委员会，吸纳小企业参与到规制试行条例的起草过程中，通过参与的方式制定对其发展有利的规制内容；（5）如果小企业认为规制法规和制度会对他们产生不公平的负面影响，《公平法》赋予了小企业向法律机构提出理由和建议的机会。

第二节　英国的职业安全与健康规制

英国在职业健康与安全方面的规制可以追溯到200多年前，1802年英国国会通过了《学徒健康与道德法》，其中规定：禁止纺织厂使用童工；制定了学徒的劳动时间，限定每天劳动时间不能超过12小时；制定了矿工的劳动保护；工厂的室温、照明、通风换气等工业卫生标准等。这些法规都是为了保护工人的劳动安全设立的，成为现代劳动立法的开端。1842年，英国政府又颁布了《矿山与矿山法》；1847年颁布了《十小时法》；1864年颁布了《工厂法》。英国也是世界上最早把职业病纳入职业伤害补偿范围的国家，1906年通过了《职业补偿法修正案》，首次将6种职业病列入赔偿范围之内。英国现有的职业健康与安全规制体制则是在1974年形成的，拥有较完善的监管机构和政策，并由受过训练的专业人员执行国家和地方的劳动健康和安全规制。尽管经济的快速变化和雇员的流动给安全监管工作带来巨大的挑战，但是英国的工伤死亡率却是欧洲各国中最低的。英国取得这些成绩与其职业安全和健康规制的设计有着密切的关系。

一、英国职业安全与健康规制主体及规制机构

英国职业安全与健康规制由政府、非政府组织、企业和工会等多元主体共同参与，相互协作共同提高劳动安全规制的效果。1974年，英国政府颁布了《工作健康与安全法》，通过这部统一的法律对工作中产生的健康和安全风险进行管理。依据这部法律，英国建立了两个新机构：

（一）健康与安全委员会

1974年7月31日，英国成立“健康和安全委员会”，英文全称“The Health and Safety Commission”，简称HSC。它是国家级规制机构，用于监管英国境内与工作安全和健康规制相关的活动，是安全生产体系的推动者，主要致力于建设更健康、更安全的工作场所。HSC依照该部门的管理职能定位，首要职责是确保工作场所内工人和公众的健康、安全和福利，包括提出新的法律和规定，开展研究，提供信息和建议，控制炸药和其他危险物质。HSC的主要工作是保护英国的每一个劳动者免受由工作活动带来的健康和安全风险，并以健康和安全执行局的建议和实验室的科研成果为基础，与其他关注于健康安全的组织、商会、科学技术专家相联系，通过促进培训、提供信息和咨询服务等方式，为新制定的或改进的规制政策提出意见。早期的HSC关注的重要行业是：石棉、建筑、粉尘、基因操作、电离辐射、铅、噪声和氯乙烯。1975年，HSC召开第一届咨询委员会，由行业专家和专业技能人才组成，鼓励全社会积极参与并提高职业健康和安全水平。咨询委员会成立后确定的重点规制领域包括：危险物质、有毒物质、医疗服务、石棉、重大危险源、核设施安全和矿业安全研究等方面。1992年，HSC对已经实施的健康与安全法规进行审核，目的是考察现行制度是否仍然适用，并在必

要时根据现实情况进行修订。另外，HSC通过对规章的梳理，一方面减少那些给小企业带来行政负担的规定，另一方面评价自身的监管情况。通过审核发现，尽管健康与安全的法律体系得到了广泛的支持，但是现有法律中有很多内容被认为是“庞大、复杂和零散的”。这份报告在1994年出台，其中建议废除100项条例和7部法律，同时简化340项规章，并通过全面的改革减轻企业负担。1999年10月1日，比尔·卡拉汉被任命为健康与安全委员会主席。他原来是英国工会联合会的首席经济学家和经济与社会事务部主任，同时在1997~2000年供职于低收入委员会。在比尔·卡拉汉担任HSC主席之职时，积极推动“振兴健康与安全”活动，该运动旨在提倡全社会关注劳动安全，将提升工作健康与安全作为首要和迫切的任务去实施。他参与2010年安全计划的制订工作，普及社会对风险的关注，警示公众不存在健康与安全的神话，要时刻保持防范风险的意识。比尔·卡拉汉在2007年6月被授予爵士称号，用以表彰他在健康与安全工作中做出的突出贡献。同年，他被事故预防皇家学会授予“杰出服务奖”。

2004年，HSC发布《工作场所健康与安全战略规划（2004~2010）》，明确未来发展的新方向。该战略旨在改善安全水平较差行业，吸引工作场所内广大员工参与到健康与安全监管活动中，在所有利益群体与HSE之间建立紧密的联系，通过更便捷的方式提供清晰和简单的信息。2007年10月1日，朱迪丝·海奇特被任命为健康与安全委员会主席，任期5年。她之前担任HSC的委员，也是欧洲化学工业委员会和欧洲化学项目部主任。HSC在这两位杰出领导者的带领下，使英国职业安全与健康规制进入了新阶段。

（二）健康与安全执行局

1975年1月1日，英国成立“健康和安全执行局”，英文全称“The Health and Safety Executive”，简称HSE。HSE的职责是执行健康和安全委员会的要求，根据规制法规要求对所有工作场所进行检查（由地方政府监管的除外），并保证英国处于世界顶级的安全生产水平，给英国从业者带来最好、最广泛的福利保障。HSE在2015~2016年度，对大约84%的健康与安全规制法规进行了修订，在没有降低标准的情况下，使法规更简化、更适合现代安全生产的需要。按年代划分，其规制活动主要有以下几方面[①]：

第一，20 世纪 70 年代。大量具有监管和科研性质的组织合并到 HSE 中，包括：工厂监管、爆炸物监管、就业医疗顾问服务、核设施监管、能源部安全与健康机构、矿业监管、矿山安全研究机构、英国可燃环境下电子设备审批服务、碱性和清洁空气监管等。HSE 首要任务之一就是将工厂监管重组为 21 个区域办公室和 11 个市县办公室，由该领域内的顾问提供支持，包括不同专业背景的人员，比如：拥有政府部门政策发展经验的行政人员和律师、检查人员、科学家、技术人员和医学专家、金融、会计和人力资源专家等。

第二，20 世纪 80 年代。HSE 实施了全面的安全监管工作。1983 年，HSE 开始实施石棉生产授权，并与欧盟达成协议共同保护石棉生产者、经营者和使用者的安全与健康。1984 年，HSE 开始承担原来由能源部负责的煤气安全监管责任，包括对工作场所和家庭煤气安全的检查。基于 1972 年的《煤气法》，HSE 有权制定煤气安全方面的规制条例。现在 HSE 和地方政府在 1998 年的《煤气安全条例》的基础上共同进行监管活动，保障公众免于火灾、爆炸或一氧化碳中毒的风险。

第三，20 世纪 90 年代。HSE 的安全监管工作覆盖面不断扩大，开始实施铁路安全监管。1990 年，负责铁路安全的职责由交通部转到 HSE，这主要是由于交通部在保护乘客方面的监管能力饱受批评，风险评价技术过于陈旧，不能适应发展变化。这次监管权力的移交是利大于弊，使交通安全保障的负责机构由交通行业提升至政府主要安全管理机构。1993 ~ 1996 年，英国铁路实施私有化运营，有 100 家公司参与经营。为了应对私有化给铁路安全带来的风险及可能出现的问题，HSE 设计了一套新型规制体系进行监管，核心内容包括：不断更新的安全生产类案例和许可制度。这些方法使铁路监管效率和安全水平明显提高，不但保障铁路从业者的安全与健康，也为英国民众提供更放心的运输服务。这一时期，HSE 的规制工作采取新的判例体系，并在内部成立新的研究机构。另外，英国政府开始对新兴的核能产业进行安全监管。1990 年 4 月 1 日，核能研究的职责由能源部转移至 HSE，并成立核能安全研究管理机构，负责管理健康与安全委员会（HSC）名下的核能安全研究

---

① 部分参见 HSE 官方网站。

计划，相关研究内容由核设施安全顾问委员会负责评审。迫于商业压力及现有获批的核能研究不断减少，该顾问委员会已经向 HSC 申请对关键核能研究进行资助。同时，该机构也建议应当对核设施老化、人为因素和未来核反应堆设计收益影响等方面展开研究。

1991 年，HSE 开始对海上作业平台实施监管。设立这项监管工作主要源于 1988 年卡伦爵士对北海阿尔法海上石油平台爆炸原因调查后提出的建议。这起爆炸事故是由于燃气管破裂导致特大和持续的气体火灾引发的，应急系统包括消防用水根本无法运行，而大火产生的浓烟使直升机和救生船无法靠近。之后，石油平台开始迅速倒塌，很多工人掉入海中。海上石油平台共有 220 人，其中 165 人丧生，还有 2 名救生员牺牲。事故发生后，英国政府组织了由卡伦爵士率领的团队进行事故调查，并提出一系列关于海上石油平台及设施安全管理的建议，并任命 HSE 作为唯一的监管机构负责对海上石油和天然气进行职业健康与安全检查。安全监管条例由过去用描述性的方法规定工作中的特定要求转变为设定目标的新型规制。新条例的主要变化就是出现安全生产的判例体系，要求雇主将其提交 HSE 批准。安全判例要求雇主证明其在生产过程中每一个可能产生重大风险的环节都已经得到了控制，并且其内部安全管理机制可以充分发挥作用。海上平台企业必须获得批准才能在英国大陆架上开展作业。目前，海上平台作业与 HSE 面临的挑战是“维护日益老化的设备，并不断提高从业者的健康与安全”。

1995 年，“健康与安全研究所”成为 HSE 内的一个机构，英文全称“The Health and Safety Laboratory”，简称 HSL。HSL 的主要发展阶段有：（1）1911 年，英国政府在坎伯兰郡设立实验室，调查艾斯克米尔斯（Eskmeals）的煤矿爆炸事故。之后几年，实验室不断发展壮大并在 1921 年组织矿业安全研究委员会。1924 年，该研究组织迁往哈珀山，对矿业安全开展大规模研究。（2）1947 年，矿业安全机构成立，整合了 1928 年在谢菲尔德组建的中央实验室的工作。（3）1959 年，职业医学实验室在伦敦成立。1975 年，上述三个组织合并为“健康与安全执行研究与实验服务部”，并在 1995 年将内部多个研究部门再整合为一个研究机构——健康与安全研究所。

第四，进入 21 世纪后，HSE 的监管职能发生了一些新的变化，也面临着新挑战。2004 年 9 月，HSE 信息服务中心的热线接听数量达到

200 万次。该信息服务热线在 1996 年 7 月设立，由大英不列颠集团运营，服务热线主要提供健康与安全信息，并提供专家指导和建议。尽管信息服务适用于所有对工作健康和安全感兴趣的人，但是咨询主要来自中小型企业。如果咨询者希望保密，那么咨询将会采用匿名方式，并且所有咨询过程都会保密。最常见的咨询是关于石棉安全生产、事故汇报、新建企业在遵守安全法规时应注意的事项等。2006 年 2 月，HSE 发布《工作场所健康关联计划》，这是一个为期两年的试点项目，旨在为员工提供劳动安全和重返工作岗位方面的建议。在试点项目内，提供的咨询服务是免费的，并为咨询者保密，重点帮扶对象是英格兰和威尔士，雇员规模在 15 ~ 250 名的中小企业。工作关联计划由 HSE 进行管理、资助和质量评价，但经营过程是独立的。它包括一个服务热线和一个推荐系统，用于提供咨询问题者所在地有资质专家的相关信息。2006 年 4 月 1 日，铁路安全监管职能移交至铁路及公路办公室。

2007 年，探险活动审批机构的职责转交至 HSE 的野外作业和策略组，由它负责为此类活动安全提供指导、建议和支持，依据《探险活动审批条例》对年轻人的探险活动进行管理，促进参与活动人员的安全与健康。2007 年 4 月 1 日，原来由民用核安全机构负责的安全职责移交至 HSE，这是 2005 年汉普顿报告建议的结果，意味着 HSE 的核能董事会成为核安全监管的唯一机构。2008 年，HSC 和 HSE 合并为一个新的规制机构——健康与安全局，统称为 HSE。2008 年 4 月 1 日，农药安全部从环境、食品和农村事务部转移至 HSE，在继续执行原有职责以外，由农药安全部与 HSE 共同对诸如化学品、农药、洗涤剂和生物性农药进行监管。2009 年，HSE 继上一年提出将“健康与安全提升到新高度”的目标后又发起一项新的战略规划，即：通过充分利用现有优势，与劳动者共同致力于研究新方法以应对劳动安全带来的新挑战。该战略使每个人都意识到自己是生产安全的一分子，是推动安全发展的动力，培训则是发展中的重要一环。2010 年 2 月 24 日，HSE 发起“健康与安全承诺论坛”，它是 2009 年英国工作安全战略中的一部分。该论坛鼓励企业签订保障工作场所健康与安全的承诺，并通过企业之间的经验交流与分享提高安全生产的能力，由企业和 HSE 共同合作抵御工作风险。论坛为签订安全承诺的企业提供交流观点、学习最佳实践方法和提问互动的机会。论坛还包括：员工保护、缺勤管理、节约招聘与保险成本、提高生产效率、声誉管理、中小企业和大企业案例分析等活动。2010 年，HSE 修订了用于提示各行业易引发工作风险的有害物质、设备、生产步骤和过程的安全公告系统。新的公告系统提供各行业和欧盟在监管、研究、调查、指导建议等方面的信息，按重要性可以分为三类，即：紧急且重要的公告，在限定时间内完成某些工作的公告，其他适用普通民众、特定产业或特殊群体的公告。这些安全公告可以通过电子邮件、短信或博客订阅以及网站发布。

随着核能的广泛使用，核设施的安全问题日益凸显。2011 年 4 月 1 日，核能监管办公室成立并隶属于 HSE，主要目标是整合 HSE 的核能监管职责，包括：核设施检查、民用核安全办公室、英国安全办公室和运输部对辐射材料在运输过程中的管理等。核能监管办公室负责保障从事核工业的员工安全，通过实施相应的法规，鼓励核工业企业建立高标准的安全与健康文化。核能监管办公室听取来自 HSE 和顾问团的专家建议，推进核能安全研究计划用以提高规制监管和评价的水平。同时，核能监管办公室也协助国际能源组织和其他国家开展核能安全工作。

二、英国职业安全与健康规制法律体系

英国是世界上第一个工业化国家，政府对劳动安全关注较早，制定了较完整的规制法律体系。根据发展时间，可以大体分为三个阶段：

（一）第一阶段：19 世纪的安全法律体系

（1）1833 年，英国开始实施工厂检查员制度。1833 年，颁布并实施《工厂法》，在此基础上，首次设立工厂安全检查员，最初目的是预防工伤事故，解决纺织厂童工加班的问题。当时共有 4 名工厂监管员，负责对 3000 多家纺织厂进行检查。这些监管员有权利制定新的规制法律和规章，保证《工厂法》可以顺利实施，也有权利进入工厂，并向工人提出安全方面的问题。尽管这种监管行为遭到当时政客和工厂主的强烈反对，但是工厂监管员仍然保持工作热情和斗志，通过给机器设置安全保障措施和实施事故汇报制度的方式，对之后安全法律的制定产生了重要影响。到 1868 年，已经有 35 名监管员和分管员，每人负责一个单独的区域。在 1860～1870 年，由《工厂法》扩展而来的法规已经覆

盖了全部的工作场所，监管员除了履行检查职责外，还兼有安全技术指导的角色。之后，新兴技术、世界大战和劳动关系的变化为安全监管变革带来重要影响。

(2) 1843 年，英国开始实施矿业监管。1840 年，为了调查矿业工作条件，英国政府成立皇家专门调查委员会，调查报告在 1842 年出台后举国哗然。调查报告称：矿业事故、暴力、肺病、超负荷工作、高危险和恶劣的生产条件在矿业生产中司空见惯。这项报告立刻引起公愤，并迫使政府在 1842 年颁布并实施《矿业法》。1843 年，第一位在《矿业法》授权下可以进矿检查的监管员是休·西摩·道丁。尽管道丁只被赋予有限的权力，但是他起诉了一些矿主，调查矿区的工作条件，给负责培训的管理者提供建议，报告死亡和特大事故情况，提出在矿井口建造浴室和改善矿工居住条件等建议。1850 年，监管员被允许进入矿业生产经营场所进行检查，道丁制订的详细的规制方案开始付诸实施。

(3) 1893 年，英国任命了第一位女性工厂监管员。自从 1833 年英国任命第一位工厂监管员之后的六十年间，该职位一直由男性担任。当时的首席监管员亚历山大·雷德格雷夫坚决反对设立女性监管员，他在 1879 年的报告中称："我非常怀疑女性是否适合监管员之职，工厂监管员的职责要求具备全面综合且多样的技能，这并不适合柔弱和居家的女性。"但是，随着女权保护运动的大力开展，在伦敦女性同业公会和其他组织及议会的共同努力下，英国在 1893 年首次任命梅·亚伯拉罕和玛丽·派特森为"女性安全监管员"。她们分别在伦敦和格拉斯哥工作，年薪为 200 英镑，早期工作主要是依据《工资实物支付禁止法》调查女性的工作时间，并在洗衣房实施职业健康和安全检查。

(4) 1895 年，英国对采石场实施监管。在 1894 年《采石场法》实施前，工厂监管员只能对使用蒸汽动力的采石场进行检查。从 1872 年的《金属矿监管法》到 1894 年的《采石场法》，法律赋予监管员通报事故、起诉和制定特殊条款的权力，最终形成了采石场监管的相关规定。

(二) 第二阶段：20 世纪的职业安全与健康法律体系

进入 20 世纪以后，人们对生产安全的关注不再只局限于"身体保障"，还将注意力转向对工作卫生的关注，职业健康方面的法律迅速发展起来。

（1）1956 年，英国实施《农业法（安全、健康和福利条款）》。农业法为农业工人和可能使用农用机器、设备或工具的未成年人提供全面的健康保护和安全保障，它禁止超重提升，要求农场必须配备卫生便利设施和清洗设备以及急救物品，明确规定在发生事故和职业病时进行汇报和调查的具体程序和要求。法律赋予监管员进入农场进行检查和执法的权力。

（2）1959 年，英国实施《核设施法》。1957 年 10 月 8 日，在英国原子能机构对温斯克尔核设施主要事故进行调查后，提出设立一个专门的机构负责审核民用核反应堆的安全工作。这一时期，普通民众对核设施安全性产生大量质疑，加上保险公司的不断施压，英国最终在 1959 年通过《核设施法》，并在能源部内设立核设施检查等一系列制度。今天的核设施监管机构主要负责英国核电站、核化学工厂、国防核设施、核能安全研究、核设施停运和策略方面的工作。

（3）1974 年，英国实施《工作健康与安全法》。这部法律被称为“一份划时代和意义深远”的法律，它并没有像当时法律体系那样设定详细的限制性规制内容，而是基于“少规定、多目标”的原则，由指导手册和实施目标共同组成新型法律体系。根据该法规定，雇主和雇员第一次有机会参与职业健康与安全法律体系的设计过程。以该法为基础，建立了“健康和安全委员会（HSC）”，执行新法规定的监管内容，提供信息和建议并开展研究活动。作为 HSC 具体执法活动的机关——“健康和安全执行局（HSE）”不久之后成立。

（4）1977 年，英国颁布《安全代表和安全委员会规章》。基于这些规制条款，工会被赋予任命安全代表的权力，由其代表广大劳动者的安全与健康权益，但是并不包括矿业工人，他们由专门法律保障。同时，这些法规也赋予安全代表大量的权力，包括：调查工作场所中潜在的风险（无论这些风险是否已经引起劳动者的注意），检查事故的原因，代表普通员工与雇主商讨工作场所内影响劳动安全的事务等，并可以检查与安全相关的文件记录。根据该规章规定，两名及以上安全代表可以依法要求雇主设立安全委员会。安全代表在行使法定职责时，雇主应视其在岗工作，并依法支付薪水。

（5）1980 年，英国实施《工作场所控铅条例》。针对职业性接触铅的劳动者，条例要求雇主或自营者必须对工作中接触铅的情况进行评估，要求对职业接触者进行培训，并讲解相关信息。其他应当依条例执行的内容主要有：必须在原料储存、生产和加工环节提供安全控制措施，提供更衣室和员工休息的场所，避免污染的扩散，对空气清洁情况进行监测，提供医疗服务并进行生物检测。

同一年，英国实施《事故和危险事件报告条例》。该条例要求雇主和自营者必须记录发生的任何事故和某类危险事件，并向 HSE 进行汇报。该条例包括需要汇报的危险事件种类，特别对矿业、花岗岩和铁路等行业做出明确规定。

（6）1981 年，英国制定《健康和安全急救条例》。1982 年 7 月 1 日，开始实施健康和安全急救条例，并规定：雇主应当提供或确保在工作场所内为员工配备适当的急救设备，当员工受伤或发病时可以在第一时间提供医疗救助。雇主需要告知员工可以获得急救的地点、人员和设备等情况。自营者也要根据条例要求配备合适和足够的设施保证自身安全。

（7）1983 年，英国实施《石棉（授权）条例》。为了保护石棉接触者的安全，英国在 1983 年 8 月 1 日对石棉进行安全监管。根据条例要求，如果没有获得 HSE 的授权，任何人都不得在工作中生产石棉绝热制品，包括石棉保温板或石棉涂层。同年，HSE 对基因操作实施监管。1984 年 3 月，一个新基因操作咨询委员会成立，主要规制领域有：基于农业和环境的基因操作，使用病毒的基因操作（包括有害核酸的重组）等。2004 年，这部分职能由基因改造科学顾问委员会接替。

（8）1984 年，英国实施《工业主要事故风险控制条例》。在该条例下，生产企业要提供书面材料，证明容易发生事故的风险已经得到控制，并且已经采取必要的步骤预防事故发生，保障从业者的安全。生产企业要准备工业事故应急计划，并达到地方政府应急方案的要求。

（9）1985 年，英国实施《事故、职业病和危险事件报告规定》。该条例要求企业配备专人负责事故及危险事件的报告工作，当出现死亡、受伤或特定医疗等情况时，要记录并上报，包括骨折、截肢、减压病等。同年，英国实施《电离辐射条例》，旨在保护接触辐射的从业者的安全与健康。该条例要求：雇主必须限制员工暴露于辐射的时间，指定控制区域和人员，使用符合岗位要求的员工，为员工提供培训并讲授安全条例，进行辐射剂量和医学检测，提供个人防护设备和更衣室，进行风险评价，调查过量辐射的原因等。

（10）1986 年，英国实施《农药控制条例》。该条例提供了详细的控制清单，列明监管范围内的农药名录，明确规定这些农药在出售、储存、使用、供货或发布广告前都要通过 HSE 的审批。该条例在 1997 年进行了修订，根据发展情况对目录进行了增补。

（11）1987 年，英国实施《工作场所石棉控制条例》。该条例规定雇主不能让员工暴露在石棉工作环境中，除非以下两种情况：①在工作开始前通过分析或其他方法确定工作中必须要使用某种石棉；②确定工作中使用的石棉属于条例允许的青石棉或铁石棉。同时，雇主必须报告使用石棉的具体情况，必须采取足够和恰当的设备预防或减少石棉扩散（传播）。其他规制要求还包括：确保工厂清洁，划定石棉使用区域，进行空气净化并做好相关记录，记录接触者体检情况数据，提供更衣室，记录石棉原材料和废品的储存、标注等。

（12）1988 年，英国颁布《控制危险物质健康条例》。该条例旨在保护员工免受工作中危险物质带来的健康风险，雇主必须实施工作风险评价，确保员工不会暴露在威胁健康的风险中。如果风险不可避免，雇主必须提供适当的保护设备并采取控制措施，雇主要将这些设备的存放、检测方法、测试结果进行记录。条例要求雇主必须为员工提供健康和医疗检测。如果风险难以避免，雇主必须履行风险告知责任，提示员工注意并提供相应的说明及培训。

（13）1989 年，英国实施《工作场所噪声规定》。该项规制条例要求雇主应当降低可能对员工听力造成损伤的风险。即使员工在工作中接触到的可能是噪声的最低级别，雇主也必须对其损伤程度进行风险评价，评估记录应当留存可查。如果员工的工作环境存在噪声，雇主必须为员工提供合适的护耳设备，在必要时需要设置保护区域，防护设备应当妥善保管和使用，同时雇员也有权了解保护听力的相关知识。该条例也列出特约条款和露天集会设备的具体规定等内容。

同年，英国实施《工作场所电力规定》，其覆盖范围包括：工作系统，保护性设备和工作过程，不利和危险的工作环境，电力设备的产能和强度，接地和其他适当的预防设施，电源保护，绝缘导体设置，有电导体及附近工作区域等。规制条款中有一部分应用于矿业，包括：可选用的电力设备，在井下某些区域限电的规定，存在瓦斯情况下的电力使用说明，矿山安全灯，切断地下电路的流程，使用汽油设备的用电规定，触电提示，矿业用电信息和记录，以电池为动力的机车和交通工具，矿用安全帽灯，蓄电池的更换和充电等。

（14）1992 年，英国实施《工作场所（健康、安全与福利）条例》。这些规定适用于大多数工作场所并覆盖很多职场员工和工作中使用机器的自营业主，主要包括：工作场所维护所需的设备、装置和系统，通风设备，室内工作场所温度、照明，工作场所清洁与废弃物管理，室内尺寸和间距，工作区域和座椅，地面条件和工作动线，坠落或高空坠物，窗户和透明/半透明门，大门和外墙，天窗和通风设施，电梯和电动步道，卫生设施，清洗设备，饮用水，洗衣房，更衣与休息和吃饭的地点等。这些规章适用普通工作场所的设备，也包括海上平台设施。条例对工作设施的准备和使用进行监管的范围较大，包括：检查设备适用性，可能存在的风险，信息和指导手册，培训内容，欧盟具体要求，机器的危险部分，对特殊风险的保护，在高温或低温下工作的风险，操作控制，绝缘性，稳定性，警示和免责等内容。

同年，英国还实施了《工作中个人防护设备规定》。该条例规定雇主应当为员工提供个人防护设备，并在不能消除危险或用其他方式替代时，必须要求员工佩戴防护用品。对个人防护设备的要求是：对设备进行评价保证其可用性，公布安全使用说明，妥善储存和维护设备，指导员工正确使用防护设备的方法。

这一年英国还颁布了《工作中健康与安全管理规定》，列明雇主在工作场所执行风险评价和健康监管的职责，同时由专门机构为雇主提供适当的协助等内容。其他职责还包括：对严重和重大的风险进行检查的步骤，与雇主合作进行检查的前提，对自营业主的监管，为员工提供安全信息的方法，帮助企业提升培训技能的途径，保障灵活就业人员的安全等内容。

（15）1994 年，英国制定《建筑（设计和管理）规定》，并在 1995 年 3 月 31 日正式实施。条例的第一部分是适用范围及相关解释，第二部分是如何在建筑行业应用这些条例，第三部分是委托方和代理方责任的具体解释等。

（16）1996 年，英国实施《建筑（健康、安全与福利）规定》。该项法规制定了针对建筑行业的大量强制性安全保障措施，包括在施工现场设置合适及足够的安全进出口等。条例中还有一些特别规定，主要有：防止跌落，稳固框架，安全拆除方法和操作流程，坠落物体防护物，温度和天气保护，火警探测器和防火设施，福利设施的供应，易爆品的安全使用指导，照明设施，使用围堰和沉箱的安全制度，安全检查员的职责与培训等事项。

（17）1998 年，英国实施《煤气（安装和使用）规定》。该法规总则的第一部分是资质和监督，明确规定：没有人可以执行煤气安装或气体储存等活动，除非他有能力胜任这类特殊工作。条例还要求雇主必须确定进行煤气安装的员工具备相应的资格，并获得 HSE 的批准。同时，对煤气安装的材料和操作有具体要求，规定防止设施破坏的措施，对现有煤气设施及安全提示都在规定中进行了说明。

（18）1999 年，英国实施《重大公害事故控制条例》。该条例旨在规定使用危险化学品的工厂经营者有责任预防重大事故，防止事故对居民和环境产生危害性后果。条例要求经营者制定重大事故预防对策，从计划使用化学品直至生产结束必须向主管部门汇报，并与地方政府共同制订事故应急计划。另外，经营者必须将安全措施与应急行动方案向社会公示。

（三）第三阶段：21 世纪的职业安全与健康法律体系

21 世纪，英国的职业健康与安全进入崭新的阶段，英国政府制定了大量发展战略以适应未来规制发展趋势。2000 年 6 月，英国印发“振兴健康与安全战略规划”，同时发布为期 10 年的振兴运动计划。这项规划旨在帮助从业者保障个人权益并促进他们所在企业加强安全保障措施，从提高生活质量入手，帮助雇主和雇员工作得更安全、更健康。同年，英国还印发了《职业健康保障战略规划》，旨在减少职业病及工伤给家庭、企业和社会带来的成本和负担。这一战略规划有几个主要的目标，即：降低由工作导致的职业病，帮助患病员工重返工作岗位，为因为患病或残疾等原因离岗的员工提供就业机会，充分利用工作环境帮助员工保持并提升健康水平。据估计，如果该战略规划可以实现，那么未来收益将达到 60 亿 ~ 218 亿英镑。

（1）2007 年，英国实施《建筑（设计与管理）规定》。该规定是由 2004 年实施的《建筑（安全、健康与福利）规定》与 1996 年版的

《建筑（设计与管理）规定》合并而成，旨在减少先前规定的复杂程度，改变监管机构的官僚工作方法，并减少从事建造、使用、维修和拆除建筑活动的从业者的工作风险。这项规定认为，在建筑项目的设计阶段就应当开始作为规制的重点，健康与安全的考量应当作为项目开发中的一个重要环节，而不应被看作额外多余的部分，更不能事后添加或亡羊补牢。

（2）2008 年，英国制定《健康与安全（违法行为）法》，2009 年 1 月 16 日正式实施。根据该法规定，任何违法者都会被处以重罚及长期监禁。对于违反职业健康与安全的案件，基层和高级法院都可以依据法律对违法者处以坐牢的判罚。法律最主要的改变就是基层法院对绝大部分违法行为的最高处罚金额提到至 2 万英镑，体现重典治理的监管原则。

（3）2009 年 4 月 1 日，英国发布新的煤气工程师注册计划，注册有效期为 10 年。注册制可以提高社会对国内煤气风险的认知，并持续改进煤气安全。煤气注册工程师因为更灵活的收入和注册选择方式而得到更多的收益。

同年，健康与安全法律海报在实施 10 年后正式改版。新海报包括与工作安全相关的一系列基本观点，并罗列出雇主和员工必须遵守的法规。海报必须张贴在工作场所，如果无法张贴，则必须向员工发放具有同样警示作用的安全活页。

（4）2010 年，英国实施《工作场所人工光学辐射控制规定》。该规定旨在保护职业接触光学辐射源的员工健康，要求雇主对人工光学辐射源进行风险评价，包括员工辐射水平或计算方法，尤其是对皮肤或眼睛带来的伤害。同时，法规要求雇主减少或消除员工暴露于人工光学辐射环境的概率，如果工作无法避免，必须要为员工提供相应的信息及安全培训，并为员工提供健康与安全监测和体检。

为了客观地评价英国的劳动安全水平，罗德·杨受英国首相大卫·卡梅伦的委托，对英国劳动安全水平进行评价，并于 2010 年 10 月 15 日印发《罗德·杨报告》。报告从宽泛的视角为 HSE 提供评价信息，并为英国改革健康与安全规制战略提供建议。

同年，英国实施职业安全顾问注册制。这项制度旨在通过注册认证的方式提供合格的安全专家，帮助英国企业管理并控制工作风险。尽管很多企业有自信完成工作风险评估及执行相应的安全与健康保护措施，但是当他们需要帮助时，可以向职业安全顾问寻求建议。职业安全顾问的专家名单由参与认证计划的组织核查，使用者可以通过关键词、行业主题、国家或其他方式查询认证专家信息。

（5）2011 年 11 月，瑞格纳·劳夫斯泰德教授发表了一份关于健康与安全规制法规审核的报告，他指出：职业健康与安全法规应当合并、简化或缩减，这样就可以缓解英国企业的负担，而且安全生产水平仍然需要继续提高。这份报告充分考虑了企业、政府、学术界和职业健康与安全团体的利益，也为英国规制改革提供了科学的依据。

（6）2012 年 4 月 1 日，英国实施新的《石棉控制条例》，这是对早期规制条款的更新，使新条例更符合欧盟规定。新条例的变化虽然较小，但是对某些没有获准进行石棉生产的企业产生重大影响，尤其是在医疗监督、保存记录和工作通知等方面。

同年 10 月 1 日，英国实施《监管查处费用规定》，主要用于弥补 HSE 查处企业违反安全生产规定等活动带来的成本。如果经营者遵守健康与安全方面的法律规定，则不需要对 HSE 的执法活动付费。但是，当 HSE 在执法中发现经营者有违规行为，那么雇主必须对监管活动支付费用。这项法规对雇主的警示就是：任何想通过牺牲员工安全，凌驾于法律之上的行为都要受到惩罚。

（7）2013 年 4 月 6 日，英国实施《健康与安全（杂项废除、取消和修订）规定》。这些规定旨在废止一部分老旧不适用的法规，其中包括 1 部法律和 12 项法定文件。HSE 把介绍这些简化的法规作为确保雇主快速理解其职责的一部分，用它们指导企业为员工提供健康和安全的工作环境。

同年 5 月 11 日，英国实施《健康与安全（医疗利器）规定》。法规要求雇主确保员工在提供医疗服务中对针刺或其他利器引起的刺伤进行有效的管理与控制。规定明确指出，护理行业的雇主和承包商必须提供有效的保护措施并调查与工作有关的针刺风险，通过培训让员工知道利器刺伤的风险。

三、英国职业安全与健康规制的方法及特点

（一）灵活、全面的法律是英国安全与健康规制成功的重要前提

英国健康与安全委员会（HSC）2006 年发布的报告称：自 1974 年

英国《工作安全与健康法》实施至今，伴随相关工作场所安全与健康战略和法律的制定与实施，使5000多人逃脱死亡的厄运。英国职业健康局最新统计的数字显示，在《工作安全健康法》颁布之初，每年大约有600人因工死亡，但是到了2005～2006年度，职业事故死亡人数创历史新低，降至212人。2016年7月，英国下议院的研究报告显示：在过去的12个月中，因工死亡142人，受伤611000人，报告516000起与工作有关的职业病，由工伤和职业病给雇主带来累计2730万天的病假。通过10年的努力，英国的职业安全与健康规制取得了巨大的成就，但仍然有改进的空间。

从19世纪开始，英国就有了健康与安全的规制历史，现有的英国健康和安全规制标准主要是由1974年的《工作健康与安全法》演变而来，也是1999年《职业健康和安全管理规定》的修订。当《工作健康与安全法》通过后，HSC致力于现有法律的不断改进，用现代科学的方法替代过去规定过细的行业特定法律。对于已经通过的职业安全与健康法案，英国政府更注重其规制的效果，为帮助雇主有效地执行相关规定，规制机构制定了帮助雇主达到标准的方法。如果企业的生产行为没有包括在法案内，使用者必须证明自己的方法在满足法律要求方面具有同样的安全保障效果。通过这种方式，在强制性规制的框架下，劳动安全法律的灵活性满足了技术发展的要求，为科技创新型企业和雇主提供了发展的空间和政策支持。

（二）完善的职业安全与健康监察内容是规制成功的主要保证

英国的职业安全与健康监察内容非常完备，规定了检查人员的权力、安全检查的计划和方法、检查人员的培训、收费计划等具体内容。

首先，规定了检查人员的权力。对企业的职业安全与健康进行检查的主要目的是促进企业能够遵守相关的法规，确保执行严格的安全标准。因此，英国政府授予检查员重要的法律权力。在不用事先通知企业的情况下，他们可以进入任何正在工作的场所，检查员可以与工人和安全代表进行交流，拍照或者取样，并且可以扣押危险设备和物质。如果认为企业没有达到劳动安全标准，可以采用以下几种方式进行处理：（1）提出建议或警告，对企业提出改进建议或者停业通知。（2）依照《刑法》执行起诉。在英格兰和威尔士，如果不遵守劳动安全规制，严重的最高可以处以 20000 英镑的罚款，法官也可能把一些案件提交至刑事法庭，那么罚款就没有上限的规定。在苏格兰，一些严重的案件比如：不遵守停业规定擅自开工的企业负责人可以判刑。无论是个人还是企业，包括国有企业和地方企业，如果不遵守劳动安全方面的规制都可以被起诉。（3）在发生工亡的情况下，雇主可能被认定为故意杀人罪，交由警方处理。（4）负责对特殊事故或事件进行调查，总结教训。

其次，制定了职业健康与安全检查的计划和方法。评价健康和安全管理的质量是 HSE 检查过程中的一项重要内容。企业有责任依照法律制订自己的安全计划，并且不断改进和管理自己的劳动安全体系。因此，HSE 采用科学的职业安全与健康检查计划和先进的方法进行监管。HSE 可以根据工人投诉，公众质询或者延续以前的检查进行调查，但是绝大多数检查都是没有事先通知的。预防性劳动安全检查计划的主体就是查看企业是否执行规制标准，收集相关信息并且确保企业遵守法律，比如：检查建筑行业的固定建筑和临时场地是否达标等。检查员也可以到大型国有企业的总部，与企业就劳动安全问题进行讨论并明确公司安全管理改进的方法。

在职业健康与安全检查方法上采用先进的科学技术手段，利用计算机管理数据对高危行业进行监控。数据包括雇主和工作场所的个人信息，从以前接触和检查中获取的信息，从事危险工作的工人人数及细节，工作流程，危险物和事故发生史等相关内容。每个工作场所都可以根据危险度、雇员的健康与安全的风险水平、公众的健康与安全的风险水平、工作条件、管理态度和能力、相关工作领域事故发生率等六种条件进行分级，便于检查人员对照具体级别要求进行检查。

再次，对检查人员实行特殊的录用和培训机制。使用专业人员检查行业职业安全与健康情况是英国规制体制中的重要特点。专业的检查人员体现在 HSE 的招聘和工作培训两个方面。HSE 在招收新雇员时，要求相关人员具备广泛的技能，至少拥有 2 年相关工作经验。HSE 培训课程是经过特殊设计的在职培训，在不断了解各行业及国内外的最新发展趋势的基础上，提高检查人员的专业技能。HSE 的检查员通过培训可以学会如何评价企业安全管理体系，并根据企业实际生产条件进行职业安全与健康管理的审核工作。

最后，职业健康与安全检查的收费方案。依照英国政府的法规，在实施监管活动时规制机构可以对执行“许可体制”责任者的一些活动收费，比如：验收、发放执照、资格认证、免检和通告的验收等。收费政策适用的主要危险行业有：气体运输，近海和陆地石化产品以及铁路等。

（三）重视对职业健康与安全规制政策影响的评价

任何一项规制政策都是有成本的，为了考察规制政策是否能达到既定的目标，HSE 对职业健康与安全规制政策的制定程序有严格的要求，并且还要对规制效果进行评价。

HSE 对英国政府实施的规制政策有如下要求：

第一，内容清晰。法律必须要使用清楚、简单的语言表达，在规制实行前，企业和公众应当有机会对草案进行评价，留有试行时间让企业和员工去适应并遵守规定。

第二，相关职责明晰。健康安全执行局向大臣、议会和公众就所提议的法律议案内容进行答辩，在采取执行措施时要对相关程序进行说明。

第三，有针对性。法案关注于解决出现的问题，尽量把负面影响减少到最小，无论实施什么法案必须有目的性，而且能够评价有效性。

第四，一致性。新法案必须与现存的健康与安全规制法律体系保持一致，并且要与国际法规相容。

第五，适度性。对公众和企业实行规制要考虑风险和成本的平衡，这是规制政策选择中必须充分考虑的因素。

遵循上述原则，政策制定者在改进任何法律时都要做充分全面的考虑。这些原则要求规制者从多个渠道收集证据来评价规制的干预效果，比如：评价现有法案的影响，就要获取与之有关的科学数据，并在必要的情况下对专业评价机构进行授权研究。另外，还要考虑到可选择的其他方式，包括非法律的内容也要被考虑，评价它们的影响，联系现有的法案考虑到体系的矛盾性或兼容性。英国政府非常重视并确保所有的规制政策不会对任何人或者群体产生歧视等不公正、不平等的影响。

英国政府要求对所有具有法律效力的提案和已经印发的指导方针必须进行影响评价，评估它们对企业、慈善团体或者志愿者机构产生的规制效应。评价职业安全与健康规制政策影响的指标通常有以下几项：

（1）明确提案的特殊目的和预期效果；（2）评价监管风险；（3）在一定选择范围内比较成本和收益，包括与“什么都不做”和无规制情况下的比较，简要说明哪些部门或谁负担成本并获得收益，识别公平或公正的内容。列出对小型企业的影响及帮助他们遵守法规的措施，制定遵守条例的内容和违反规制内容的惩罚细节；（4）列出政策如何实施及评价，以及政策实施后的反馈结果。

英国政府对规制政策的评价标准是：如何更好地满足既定目标。如果达到理想目标的规制政策带来的是高成本，还不如不执行；如果一项规制政策妨碍了技术进步和产业创新，这种规制就是不成功的。通过上述方法，英国在职业安全与健康规制政策的执行上做到了高效率，对劳动者的安全保障效果非常明显。

（四）积极调动多方力量严格控制工作场所劳动风险

英国政府在工作场所控制劳动风险主要是从三个方面进行的：雇主、代表雇员利益的工会和政府。

英国政府对拥有 5 个及以上雇员的雇主有专门的要求，要求他们准备一份书面说明，列出采取的健康和安全政策，制订改进安全管理的目标，以及为了达到目标已经采取的措施，这些情况必须同时让雇员清楚地知道。雇主必须任命一个或多个符合条件的人员提供健康和安全方面的协助，安全助理可以从企业内部任命，如果没有合适的人选必须从外部服务机构选出。设立安全助理就是为了帮助雇主调整和实施保护工人劳动安全的措施，雇主还可以借助专家的力量提高劳动安全保护的效率。

在拥有工会的企业，工会有权任命安全代表，并且代表雇员与雇主就工作健康和安全事项进行协商，任何一位雇员或由雇员选出的代表都可以直接与雇主进行劳动安全方面的协商和咨询。为了保证企业劳动安全管理目标的实现，所有雇员都受到国民健康服务体系的保护，每个人都可以通过家庭医生使用 HSE 的雇佣医疗咨询服务系统获取所需的信息和帮助。

在某些具有危险性或者需要仔细监控的行业，政府实行许可证制度。比如，英国的“HSE 核能安全理事会”必须确保核设施的安装和设计、建造、运转、维修和报废达到安全的最高标准。工厂使用的危险物质，爆炸物的储存和工业用石棉都必须在许可证允许的范围内。一部分危险行业每年还要形成安全报告和案例，对本企业的安全管理系统进行分析和评价，包括在预防事故和最小化重大事故的后果方面所做的工作。

为了帮助企业正确评价自己的职业安全与健康管理体系，英国政府印发指导手册，专门列出企业劳动安全的“风险评价步骤”，使企业能够对照检验自己是否达到标准。这些步骤分别是：（1）寻找危险源；（2）确定谁可能受伤以及伤害是如何发生的，评价从现有危险物中可能产生的风险，确定现有的预防措施是否够用或者应当增加的项目，要记录劳动安全的相关结果（有5个及以上雇员的企业）；（3）回顾安全管理体系的评价，在必要的时候进行调整。

（五）重视职业健康与安全的科研和宣传教育，促进规制效率的提高

HSE 每年花费约 3700 万英镑致力于科学研究，大约一半用于反应性工作（reactive work），包括：事故调查和分析，支撑规制行动的案例组合等。HSE 的科技研发政策明确指出要把科技应用于防范风险，并对风险进行有效的控制。HSE 的政策也特别解释了科技资源是如何开发用于满足企业劳动安全管理的需求。绝大部分职业安全与健康技术方面的工作由外部机构完成，但是 HSE 拥有一个重要的内部科研机构——“健康与安全实验室（HSL）”。HSL 的主要工作就是为 HSE 的日常监管活动提供科研服务和支撑，HSE 有时要根据实际情况作出快速反应（如发生紧急事故的情况），HSL 会使用多学科的知识进行技术支持。HSE 的很多成员同时是技术部、健康部、业务部的专家，他们中很多人是受过专业训练的检查人员，可以独立领导事故的调查，预测健康和安全科技发展的趋势，制定新的方法控制工作风险，管理全国范围内危险事故的数据，经常更新和解释与职业安全和健康相关的内容，并在必要的时候组织讨论。HSE 与知名大学、工程学机构和国家放射学保护委员会保持联系，并与专业的科研机构保持合作，通过这些方式促进英国职业健康和安全领域的科技进步，并且将技术成果广泛应用于劳动安全工作的实践中。

英国政府非常重视职业健康与安全的宣传教育工作，每年 HSE 印刷大约 350 份文件用于对不同的部门或安全生产实施过程提供信息、建

议和指导方针，有时一年大约印制1200份标价刊物和800份免费读物。印发的读物大多采用通俗易懂的语言，可以被大众广泛接受，使企业和公众能够从日常生活中积累劳动安全的相关知识，使得英国政府颁布的各项与劳动安全相关的法规可以顺利执行，节约了政府规制的成本，提高规制效率。

（六）重视保险体系在工人保障与赔偿方面的作用

在英国，根据法律要求所有雇主有责任并且必须参加强制性保险。雇员在工作中受伤或者患病都有权力在民事法庭起诉雇主并要求进行赔偿，并且同时享受国家健康服务系统提供的救治。雇员在赔偿起诉中要证实事故是由雇主过失，或者违反相关法律，或者两者兼而有之的原因造成的。如果雇员胜诉，保险体系必须保证雇主可以拿出钱来支付法律裁定的赔偿。英国法律规定，在任何一种情况下保险体系都要筹集至少500万英镑用于赔偿储备。保险体系可以由私人保险公司提供，也可以由在高危险行业设立的预防服务机构提供。这些保险体系会主动对企业进行检查，从商业的角度对企业提出安全建议，或者对企业进行保险合同约定范围的检查，尽量避免事故的发生。这些检查都是以相关法律作为依据的，对于高危行业，比如：压力容器或起重设备等，保险公司都依照法律积极主动地进行劳动安全检查，提供安全改进建议，督促企业降低事故风险。

除此之外，受到伤害的雇员有权免费享受国民保险系统提供的法定福利项目，无论造成事故的责任在雇主还是雇员，这些项目都不需要付费。英国政府从国民保险和商业保险两个角度为雇员提供了双重保障，减轻了事故伤害给工人带来的损失。

第三节　德国的职业安全与健康规制

德国是世界上最早建立工伤保险的国家。人类最早的劳动安全立法，可以追溯到13世纪德国政府颁布的《矿工保护法》。1884年7月6日，德国颁布了《工伤保险法》，这是专门涉及工业事故和职业病及其预防与补偿问题的法规。德国职业安全与健康规制的最大特点就是立法、检查和工伤保险相结合，从而成为市场经济国家安全生产工作的三大支柱之一，这点无论是从德国职业安全与健康规制体制还是规制的特点都可以全面地反映出来。

一、德国职业安全与健康规制主体及规制机构

德国的职业安全与健康规制主体为“双重”结构，即：政府规制机构和自治的事故保险机构及同业公会。在政府规制机构中，联邦政府（特别是劳动部）负责制定法律、颁布规制条款和州立委员会的条例，地方政府在上一级机构的管理下负责所在地区职业安全与健康规制的具体工作。在明确政府规制需求并获得批准后，事故保险机构可以发布相关的事故预防条例。因此，各级政府职业安全与健康规制机构与事故保险机构对企业实施共同监管，并为他们提供改进建议。为了充分利用“双重”结构下的规制资源，提高规制水平，联邦与地方政府和事故保险机构共同发起“德国联合安全与健康战略（GDA）”①，目的在于通过一致的、系统的规制政策保持、提升并发展雇员的职业安全与健康。未来 GDA 的成员会更紧密地结合在一起，以工作安全与健康为共同目标，采取联合行动预防并减少事故的发生。由各级政府规制机构和事故保险机构共同组成的“双重”规制机构将一直存在，履行监管职责并为企业提供帮助。

（一）“双重”保障之一：德国政府规制机构

德国政府认为有效的职业安全与健康措施和事故预防是帮助企业和员工适应社会快速变化的必备条件，必须采取措施保护劳动者免受事故和危险因素的伤害。德国负责与劳动及社会保障等相关工作的政府机构是“联邦劳动与社会事务部”，“职业安全与健康司”是其中一个重要的职能部门，英文全称为“The Federal Institute for Occupational Safety and Health”，简称 BAuA②。1996 年 7 月 1 日，BAuA 成立，总部设在多特蒙德，同时在柏林和德累斯顿设有办事处，在开姆尼斯设有分支机

---

① 德国联合安全与健康战略，英文全称为“The Joint German Health and Safety Strategy”，简写为 GDA。

② 德国“联邦职业安全和健康司”的德文名称为“Bundesanstalt für Arbeitsschutz und Arbeitsmedizin”，这里按照国际的通行缩写“BAuA”。

构，它是没有立法权的公众法律机构，是联邦劳动与社会事务部的一个权力机构，其主要工作职能分为：劳动法和职业安全与健康两部分，组织架构具体见图 5－1。

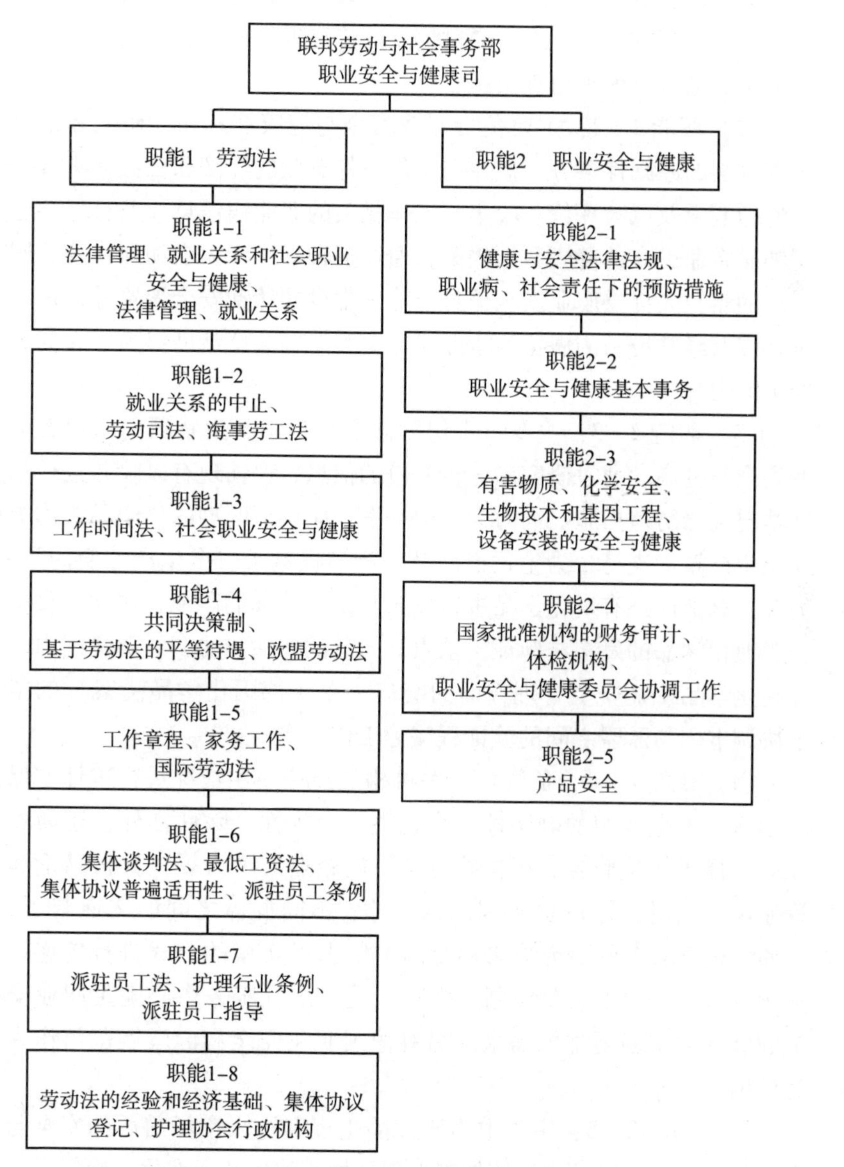

图 5－1　德国职业安全与健康司组织架构

与职业安全和健康规制最紧密的是图5-1中的职能2，其还可以具体分为五种不同的监管职能，主要有：

（1）职能2-1：主要负责职业安全与健康法律方面工作，在传递安全生产信息的同时，以应用研究为基础开展预防方法、行业策略和监管模式规划等方面的工作，通过信息的传递提高就业，通过预防工业事故减少劳动者身体和精神负担。

（2）职能2-2：主要负责职业安全与健康在预防、研究和信息管理等方面的原则性事务，监控与工作条件有关的经济和社会性事务，进行流行病学及风险评价，收集与工作相关的职业病信息，并且保存着德国铀矿企业工人的健康数据档案，通过多种形式为大众和即将开始职业生涯的年轻人提供职业安全信息。除了常设的劳动安全展览外，还有大量特殊及经常更新的展览，举办研讨会和专题会议帮助提高工人的劳动安全能力。

（3）职能2-3：主要负责保障并提高化学与生物部门从业者的职业安全与健康。通过研究和分析有效的信息，评估现有风险并且根据已知情况提出防范措施。同时为定向开发、应用证明型的化学品机构提供安全生产技术支持，为生化产品及生产过程给予安全生产方面的帮助。另外，该部门还有对化学品进行发布与认证管理的职能，比如：负责执行工业化学品的发布与验证，杀虫剂产品的评估和协调，负责国内与国际在化学品认证安全管理方面的交流，在《德国化学品法案》的指导下协调本国与欧盟之间的验证程序等工作。

（4）职能2-4：负责对相关机构的财务使用情况进行审计，保证规制活动资金使用的合法性、合理性、合规性。除此之外，还为雇主和雇员提供体检服务，根据检查结果向企业或个人提供分析结论和对策建议。同时，还负责协调国内、外，不同群体之间的沟通与了解，比如：把BAuA的研究成果用专门的知识以实用的方式进行传递，负责所有BAuA的出版物印制与发行，设立语音服务中心满足职业安全与健康领域不断增加的需求。另有德国职业安全和健康展览馆作为补充机构。

（5）职能2-5：主要致力于产品生产和进入市场前后的安全与健康方面的规制，通过研究使规制内容更加科学化和标准化，确保产品或服务在每个时点都受到严格的监管。机器的安全使用和设计以及安装也是这一领域的工作，比如：人机工程学、振动、噪声或者电力和机械安全等。在《德国装备和产品安全法》指导下，该部门执行该领域的最高监管职能。

德国还有职业安全和健康展览馆，作为上述五大职能的补充。展览馆在理论知识和个人实践之间架起了一座桥梁，把人们的身体、精神、社会和文化兴趣集中起来，提高了人们对劳动安全的认知。德国还拥有欧洲最大的煤炭博物馆，是有关煤炭安全教育的重要基地。人们通过参观不但可以了解德国煤炭工业的现状，而且还可以通过模拟工作场景的方式真实地再现各种工作风险，为劳动者提供了直观生动的安全教育方式。

（二）双重保障之二：自治的事故保险机构及同业公会

除了政府规制机构（BAuA）之外，进行自主管理的事故保险机构和同业公会是德国职业安全与健康规制的另一个主体，它们行使着公共管理部门的职责，但不是联邦政府和地方政府的组成部分，不属于任何政府部门，具有商业性和社会性的特点。政府不负责这些机构的日常经费，只是从法律的角度规定了它们的义务与权限，这些组织由 BAuA 负责管理。

事故保险机构对于参保企业，实施差别化费率政策，即：当年事故及职业病发生次数越多，来年收取的保险费越高；安全与健康工作越好，事故率低于行业平均水平，则在来年降低收取的保险费。对于参保的员工，则给予全面的保障，主要体现在：如果员工发生安全事故，必须根据致伤或致残的情况给予相应的补偿；如果发生死亡事故，还必须为当事人家属提供抚恤金，若有未成年子女，需要向其支付经济补助直至成年为止。因此，自治的事故保险机构为了控制保费支出，其工作重心主要体现为一句话，即：预防重于惩罚和补偿。为了使预防措施能够有效地发挥作用，事故保险机构积极关注技术变革、组织设计和人口结构等方面的变化，不断改进预防方法，帮助企业提高安全管理的能力和积极性。目前，事故保险机构的工作重点是应对“工业 4.0”带来的挑战。“工业 4.0”是德国政府在 2013 年 4 月的汉诺威工业博览会上正式提出的，旨在保持德国工业的领先地位，即：充分利用德国现有技术优势开拓新型工业化的潜力，通过“互联网 +”制造业的方式，实现智能生产，成为智能经济新时代的领导者。“工业 4.0”的实现离不开工作内容和流程的转变，与之相配套的是职业安全与健康规制向“预防 4.0”的转变。世界范围内的技术变革和社会发展对设计和重组工作内容提出了新的需求，面对“工业 4.0”带来的新变化，事故保险机构确定了五个必须解决的问题，并据此提供相应的预防措施，即：（1）如何在技术变革和组织管理中体现人性化？（2）为了保障灵活用工者的安全与健康，相关规制机构应当采取什么措施？（3）无论劳动者属于何种雇佣形式，规制机构如何使所有雇员都得到同样程度的职业安全与健康保障？（4）关于劳动安全的沟通渠道，哪种是值得员工信赖的呢？（5）对于社会事故保险机构，如何持续发展预防理念，并保持他们在大数据、高科技及灵活用工模式下的工作效果？

事故保险预防机构根据“工业 4.0”的发展趋势，制定了未来规制的重点内容：（1）企业进行工作设计时必须将职业安全与健康因素考虑在内。未来已经不再通过管理操作过程的方式控制安全生产水平，人应当作为安全控制的主体，摆脱了过去的“硬性管理”，而转为以人为本的“柔性管理”。比如：在预防生产设备可能给员工带来的风险时，必须从研发阶段开始考虑安全与健康因素。因此，“工业 4.0”时代，在产品研发者、网络设计者和生产规划者的工作职责中加入安全控制因素成为一项紧迫而重要的内容。只有通过这种方式，才能在智能与数字化发展过程中使职业安全与健康发挥预防事故和职业危害的作用。（2）在未来智能化发展过程中，风险控制只考虑到人为操作不当这一因素是明显不够的，需要在风险评价与管理中全面考虑一切可能的不安全因素以及它们之间的相互影响。因此，风险管理是一种非常有用的工具，它帮助企业持续改进并提供解决办法。（3）随着“工业 4.0”的发展，越来越多的人将通过灵活就业的方式参与社会生产活动。与以往相比，越来越多的新型工作模式开始出现，为了保障这部分人群的安全与健康权利，德国的规制机构根据《职业安全法》明确规定雇主应承担对所有员工的安全保障责任。（4）企业有责任提升员工对职业健康的认知水平，并对存在风险隐患的工作环境和条件及时进行改进，且及时向员工通报风险情况。（5）在企业内部建立良好的预防文化是实现安全与健康目标的基础。当员工将安全与健康行动和行为视为内在价值观时，才能将安全生产理念持续保持下去，是未来数字智能化工作和人性化设计得以实现的唯一方法。（6）规制机构为公众提供“预防4.0”的服务，采用机动、灵活和网络化的模式，保证企业、员工或相关利益者可以随时随地获取所需要的帮助。（7）德国社会事故保险机构监管的目标是提升企业建立预防文化的能力和意愿，鼓励企业进行自我分析，适应安全生产的新需求和新规定。

同业公会可以称为半官方自治机构。同业公会组织结构有两个主要特点：一是自我管理，二是雇主和雇员享有平等的共决权。同业公会的最高决策机构为代表大会，其代表由雇主和雇员分别选举产生，雇主和雇员代表人数相同，双方轮流主持同业公会的工作。代表大会通过竞选方式产生的执行委员会，为同业公会的日常决策机构。在执行委员会中，雇主委员和雇员委员各占一半，通过这种方式可以充分保证劳动者的合法权益，使其得到全面的劳动保护。同业公会中比较有代表性的组织是：农业同业公会、工商业同业公会、危险物公会、生物代理公会、工厂安全公会、工作场所公会、技术设备和消费者产品公会等。同业公会可以根据法律的规定强制企业缴纳工伤保险，进行劳动安全的检查，它们的行为也受到政府的监督。根据《德国工伤保险制度考察报告》，工商业同业公会是德国最大也是最重要的工伤保险经办机构，包括了26家同业公会，参保的工商企业达300万家，参保人数4217万人。工商业同业公会的工伤保险覆盖范围包括两部分人群：一是工商业的所有雇员，要求必须参加工伤保险；二是雇主和雇主的配偶，他们根据各自同业公会的章程来决定其是强制参加工伤保险，还是自愿申请参加工伤保险。因此，德国的事故保险机构和同业公会为劳动者及其家属提供了强有力的保障，在最大范围内发挥着“减震器”的作用。

综上所述，作为政府规制机构的“职业安全与健康司”和自治的事故保险机构与同业公会，在保障劳动者安全方面的活动可以归纳为以下五项：

第一，积极参与欧洲和国际职业安全与健康活动。德国大量的职业安全与健康法是基于欧洲和国际法要求建立的，在欧盟的要求下，德国作为其重要成员国，积极参与改进工作环境和保护雇员健康与安全的各项活动。德国政府根据欧盟理事会制定并实施的职业安全与健康领域的法律法规，将其中内容整合或加入本国现行的国家相关法律中。在近40个成员国和组织的支持下，欧盟建立了推广职业安全与健康知识和技能的全球化网络平台。所有欧盟成员国、欧洲自由贸易联盟国家、土耳其、海外及国际组织都可以成为该网络的会员。网络提供最新和可靠的安全与健康信息、法律法规、欧盟的安全战略规划及目前形势分析、经验借鉴、科研成果、数据库和相关出版物等信息。德国积极参与网络平台的运行，目前有6家规制机构参与到实际工作中，包括：地方职业安全与健康委员会、德国社会事故保险机构、职业安全与健康联邦机构、农业法定事故保险机构联邦协会，德国工会联盟、德国雇主协会联盟。

第二，完善国内职业安全与健康体系。在德国，职业安全与健康司要求雇主有责任保证他们的企业有能力执行职业安全与健康体系，并将其应用到企业日常管理活动中，作为长期目标持续执行。企业应当在必要的情况下根据法律要求设置医生、安全工程师和职业安全专家，并且在工作中鼓励员工发现风险隐患。为了充分发挥企业内部安全专家的积极作用，德国的《职业安全法》明确规定不得因为他们的工作内容可能会对企业产生负面影响而实施惩罚或歧视。德国的事故保险机构及同业公会积极推进风险评价体系，并规定风险评价是评估企业职业安全与健康体系是否有效的重要内容，是企业必须实施的一项制度。风险评价是基于规定的步骤建立的，用于发现工作场所存在的危险因素从而实施适当的保护措施。为了实现这一目标，最切实际的方法就是由雇主根据企业类型和特点设计并实施适合他们工作环境、设备情况和任务特点的安全措施。一旦有很多危险因素被认定，就需要通过风险评价的方法来判定需要采取哪些措施来应对。雇主要完成上述工作并不难，因为有很多机构可以提供帮助，主要包括：联邦职业安全与健康机构、各州职业安全与健康规制机构和法定职业事故保险基金，以及大量商业性质的风险评价机构。

第三，发起德国职业安全与健康联合倡议。这种“联合”主要是指通过德国联邦政府、州政府和职业事故保险基金的共同努力，提高工作场所的安全与健康，鼓励企业实施持续的、长期的事故预防措施，并为中小企业改进安全与健康活动提供支持，它是在《职业安全与健康法》和《德国社会法》（第7版）的基础上建立的。这项活动不同于以往的规制活动，并不是对企业发号施令，将过去“告诉”他们如何去做转变为鼓励他们积极参与，使规制目标的实现由被动变为主动。在这种模式下，德国规制机构与企业在 2008 ~ 2012 年使事故发生数量和程度大规模降低，在缓解骨骼肌系统压力、降低皮肤类疾病和解决心理问题方面效果显著。通过规制相关主体之间的互动与配合，使职业安全与健康的资源可以得到有效的整合，在法律实施、基金使用、事故处理等方面变得简化和透明。

第四，召开全国职业安全与健康会议。它是在德国职业安全与健康联合倡议下建立起来的一种新模式，为全社会各类组织和个人提供参与的平台，帮助规制机构发现存在的问题，提出适合企业日常操作、切合实际的安全改进措施。

第五，提出“新工作质量倡议”。在飞速变化的世界环境中，新技术、组织结构和生产流程已经进入企业和员工的日常工作中，竞争开始拓展到世界范围，不但要求企业提供的产品和服务具备更高的质量，同时还需要通过不断地创新获得持久的竞争力。德国政府明确指出：要增强竞争能力，就要为雇员提供好工作。对于什么是“好工作”这一问题，德国从职业安全与健康的角度给出回答，即：雇员以从事的工作为荣，并热爱工作。21 世纪的企业要在竞争中获得优势离不开健康、称职、充满激情和高效率的员工，而员工对健康工作环境的需求超过以往任何时候，企业通过“新工作质量倡议”活动就可以满足员工的要求，同时为员工提供个人发展的空间与机会。因此，联邦劳动与社会事务部在 2011 年发起“新工作质量倡议”，将联邦政府、地方政府、社会保险合作伙伴、社会伙伴、基金会和企业联系在一起，通过提供更好的安全与健康条件激励员工，降低缺勤率并培养创新型企业文化。通过近几年“新工作质量倡议”的数据显示：高工作绩效与积极的企业文化、提升员工健康的措施和适用的培训密切相关。目前，德国实施的“新工作质量倡议”关注点集中在两个方面：（1）老龄劳动者的职业安全与健康。根据德国联邦统计局 2015 年的数据，德国已经成为欧盟人口老龄化最严重而出生率最低的国家。这种情形已经使德国劳动力市场年龄结构发生重大变化，老年劳动者将成为应对未来经济发展挑战的重要组成部分。这一现实问题不仅要求德国保护好日趋紧张的劳动适龄人口，还要采取措施为老年劳动力提供可靠和科学的劳动安全保障。为了应对这些问题，“新工作质量倡议”从 2004 年开始，在针对老年劳动者的活动中增加“健康工作”的议题，宣传并帮助劳动者学习随着身体机能的下降如何保持他们的工作效率。（2）提升员工健康助力创新型企业成功。为了保持德国的发展潜力，政府对创新型企业寄予厚望。基于这一背景，“新工作质量倡议”已经成为德国企业的合作伙伴，它帮助企业站在员工的视角而非成本的视角去改善工作条件，为员工提供更健康和安全的工作环境和设施。事实证明，这些活动不但帮助大量德国企业成为“最佳雇主”，而且通过吸引并留住大量优秀人才的方式使德国保持着高度发达的现代化工业化水平和技术创新能力。为了促进职业安全与健康的改进，“新工作质量倡议”始终强调集思广益的原则，通过互联网技术，为企业家、员工代表和健康专家等一切有识之士提供发表建议的平台，并根据不同群体的需求提供定制化服务。

二、德国职业安全与健康规制法律体系[①]

德国是由 16 个州组成的联邦国家，各州有立法权，因此在劳动安全保护方面的内容规定得非常详细。德国最初的劳动法规是雇主和雇员在长期不懈斗争中产生的。1900 年颁布的《德国民法典》明确规定：雇主在安排劳动过程时，应在许可范围内，保护劳工免于生命及健康的危险。1905 年，德国政府实施《工人保护法》，规定拥有 100 名雇员以上的采矿企业应当成立工人委员会代表工人的利益。第一次世界大战结束后，德国正式确立了 8 小时工作日，颁布实施了第一个劳资协议条例，以立法的形式确定了雇员与雇主的劳资伙伴地位和劳资标准的强制约束力，保证了工人的正常休息权利。第二次世界大战后，德国（原联邦德国）致力于建设社会市场经济体制，劳动者权利得到了高度重视。为了满足雇员进一步参与企业管理的愿望，企业共决权制度应运而生，许多大型钢铁、煤炭企业建立了监事会，中小企业纷纷建立职工委员会。1974 年，德国颁布了《职业安全卫生法》。20 世纪八九十年代，德国颁布实施了数十项劳动保护法律法规，对特殊工作岗位及就业群体的劳动保护更加完善。

1993 年，《马斯特里赫特条约》正式生效，欧盟诞生。德国作为其中重要的成员国，其职业健康与安全的主体法律框架力求与欧盟条款保

① 部分参见 BAuA 官方网站。

持一致，比如：欧洲职业安全与健康法律框架指令中对“鼓励提升工作场所职业与安全健康措施”的内容经过修订后形成德国的《职业安全与健康法》，该法明确了安全与健康的基本原则，以及对雇主和雇员的相关规定，此外为使劳动法律体系更加统一，德国还建立了相对完善的判例体系。德国《社会法》的第七卷——事故保险，是德国意外事故保险和法定事故保障的法律基础。德国《工作条件法》是实施职业医师和安全与健康专家制度的法律基础。经过近百年的努力，德国形成了比较完善的职业安全与健康规制的法律体系，其中具有代表性的法规主要有以下 19 项：

一是职业安全与健康法。该类法律要求雇主必须对工作中存在的风险进行评价，并采取适当的预防措施，指导员工熟悉并使用这些方法。对于存在危险的工作场所和工作条件，雇主必须保持警惕并提供预防保障措施。如果员工在工作过程中发现存在危险，可以立即离开，雇主不能以此为由解雇员工。对于企业不能充分保障员工劳动安全与健康的情形，员工可以向企业内部负责相关工作的安全专员提出；如果企业未能对此事作出回应并解决问题，员工可以向规制机构举报，企业不得打击报复提供相关信息的雇员。

二是企业医生、安全工程师和其他职业安全专家法。根据《职业安全与健康法》，雇主必须在企业内部任命具有资质的医生、工程师或其他专家专门处理工作中的安全与健康事务，由他们负责工作场所人机工程的设计规划，为解决隐患问题提供解决对策，并根据企业发展特点提供预防建议。企业内部的安全与健康专家的工作始于企业生产经营活动的初始阶段，即：在生产运行、设备购买和工作场所设计的计划阶段就提供安全方面的建议。对于患职业病的员工，企业医生还具有提供建议并协助其恢复的责任。《企业医生事故预防规定》和《职业健康和安全专员条例》等规章还为该法提供补充内容。

三是工作时间法。根据 2006 年的修订版，德国规定员工每天工作时间不得超过 8 小时，如果 6 个月内平均工作时间不超过 8 小时，一天最多可工作 10 小时。如果周六是工作日，每周工作时间不得超过 60 小时。除非特殊情况（比如：急救、消防、餐饮、展览会、能源供应、国防等行业），通常员工在周日和法定节假日不得从事工作。法规规定了工作中的休息时间，如果工作时间是 6 ~ 9 小时，至少应当休息 30 分钟；如果工作时间超过 9 小时，至少应当休息 45 分钟；如果需要倒班，那么两班之间至少应当休息 11 小时。法律规定德国劳动者有 20 个带薪休假日，兼职员工获得的小时薪水应当与全职员工一致，同时按比例获得社会福利。

四是未成年人就业保护法。由于未成年人的身体和心理还没有发育成熟，不适合进入社会参与劳动。但是，如果有雇佣未成年人工作的情况，就必须采取法律措施保障其合法权益。未成年人就业保护法明确提出：13 岁以上且未达到法定就业年龄的未成年人必须入学接受教育；如果有雇佣未成人的情况，必须保证其不能受到过度工作带来的伤害，并保证他们有获得工资、工作时间和年假的权利。

五是就业母亲保护法。该项法律是 1952 年由社民党女议员提出的，并在之后获得全票通过。该法旨在为母亲和他们的孩子提供保护，保证生育母亲生产前、后的假期，并明确规定女性在孕期不得从事的工作，保证她们的工作环境远离危险和有毒有害物质，要求雇主为处于哺乳期的职业女性安排哺乳时间。同时，为了保障就业母亲的权益，该法还规定不得解雇怀孕期间和分娩后 4 个月内的妇女。

六是产品安全法。该项法规明确指出，只有满足安全和其他规制条例要求的产品才能进入德国市场。《产品安全法》不只对消费产品的普通人具有保护效力，同时也保障生产产品的劳动者的安全与健康。

七是职业健康规制条例。这类规制条款旨在保障劳动者实现健康、高质量的工作目标而设计的基本准则。随着技术变革给社会和组织结构带来的巨大变化，条例也为降低新型工作模式可能带来的风险提供有力支持。条例在预防与工作相关的疾病，保持劳动者的工作能力等方面作出详细规定，同时要求将与工作相关的体检和身体适应性检查分开。在现有职业健康知识的基础上，明确工作中各方的职责，基于“预防为先”的原则为企业和员工提供全面保护。

八是个人防护装备条例。规定主要适用于德国所有需要配备防护设备的行业，比如：用于避免辐射的防护服、面罩，护目镜、安全帽、呼吸面具等。该条例明确规定，个人防护装备不只适用于危险的工作场所，只要涉及劳动安全，雇主都必须为雇员提供。

九是负重规定。主要是对体力负重者的健康进行保障的法规，尤其是减少对腰椎的伤害。该项规定要求雇主尽量避免让员工从事体力上的负重活动，如果无法避免，雇主必须尽最大可能并提供充分的措施确保员工健康。负重工作的场所和条件必须经过评估，达到保障职工安全的要求才能运营。

十是建筑工地健康与安全规定。该类规定旨在减少施工中的事故和身体损伤。与其他行业相比，建筑工地更易发生事故。因此，在该项规定中要求企业预先对容易发生事故的项目进行说明，制定安全与健康计划，任命协调员。通过这些规定提升建筑项目的安全性，将事故隐患消灭在萌芽状态，保证工人的生命安全。

十一是视频设备使用安全规定。这类规制条款旨在保护使用视频设备进行工作的员工安全与健康，要求相关行业的所有雇主必须遵守安全保护条款。这项法规明确规定了视频显示设备配置的最低要求，对工作场所和工作环境、使用的软件和工作流程的安全要求都有具体规定。同时，要求雇主定期为从业者进行专业视力检查并配备视频工作护目镜。

十二是工作设备规定。主要用于确保工具和设备在使用中不给操作者的健康和安全带来危险。该规定同样适用于使用蒸汽锅炉、压力容器和电梯等设备的员工和第三方。

十三是工作场所条例。主要是指与工作场所相关的“一揽子”规制条款，主要对工厂、车间、办公室与行政机构、仓库和商店为预防事故必须配备的设备和采用的操作规程等作出的具体规定，比如：对工作区域面积、通风设备、照明和温度等方面的要求。

十四是危险物质条例。该条例在1971年9月颁布，主要为处于危险物质条件下，特别是接触有害化学品的员工提供先进、方便的设备保护他们的安全与健康。该条例在雇主选择何种特定保护设备方面作了非常详细的规定，对有害物质评价程度和方法以及根据伤害等级执行何种保障措施方面有明确规定。条例还规定了雇主的主要责任，即：应当清楚地向员工解释工作中可能由危险物质带来的各种状况。由于危险物质的特殊性，德国危险物质委员会制定了《危险物质技术规程》，其规制内容比其他规制条款更全面和细致。雇主除了遵守规制条例外，还可以根据企业使用危险物质的情况，制订更详细和适用的内部章程。为了保障员工的劳动安全，条例中还为一些特定条件下使用危险物的情况提供大量附加说明，并在2010年之后持续进行内容的更新与补充。

十五是生物制剂规定。该条例在2013年进行了重大修改，制定了最新的、跨部门的法律框架，为接触生物制剂的员工提供全面保护。通过分析，规制机构把生物制剂分为四类危险群组，并根据每类群组生物感染、变形或毒性影响，提供相应的保障措施。这项规定为分布在生物技术研究、食品、农业、废物处理、废水和健康保护领域的500万接触生物制剂的员工提供保护。为了拓宽保护的范围，规制条例被设计为统一和灵活的基本准则，为企业在特殊情况下制定和实施保障措施提供依据。近年来，为了保护接触诸如禽流感和H1N1病原体的从业者的安全，特别是从事医疗护理工作的人员的安全，通过修订《生物制剂规定》及相关的技术规程为这些员工提供安全保障措施。

十六是工作场所噪声与振动管理条例。该条例在2007年3月颁布实施，包括欧洲物理因素（振动）指导条例（2002年）和国际劳工组织工作环境（空气污染、噪声和振动）协定（1997年）的主要内容，主要用于改进工作场所的卫生与安全条件，预防听力损伤和由于长时间从事强烈振动工作造成肌肉骨骼紊乱和神经伤害。

十七是人工光学辐射的职业安全条例。它是欧洲健康和安全条款（2006年）在德国法律中的应用，旨在保护员工在工作场所中免受人工光学辐射的伤害。很久以来，人们对人工光学辐射可能带来的风险认识不足。事实上，人工光学辐射对人的眼睛和皮肤会产生明显的伤害，可以引起皮肤灼伤、紫外线皮肤红斑、光毒性反应、眼睛上皮细胞和结膜损伤、热损伤视网膜等。长时间暴露在紫外线和红外线下，会增加患白内障的风险；长时间暴露在紫外线下，可能会导致基因损伤；皮肤暴露在微量光学辐射下，也会增加致癌的风险。人工光学辐射通常发生在焊接、玻璃和石英生产、金属加工和生产、激光应用等领域。2010年7月，德国颁布了该项规制条款，用于提升从业人员的安全与健康水平。

十八是社会法第七卷。主要规定了雇主应当缴纳责任准备金，用于预防事故和职业病，保障员工职业健康，并在工作场所内配备抢救设备，适用对象包括企业员工和在保障范围的劳动者。技术监管员负责事故预防方面的具体事务，并向企业和员工提供劳动安全方面的建议。

十九是联邦劳动与社会事务部减少职业病示范项目规定。它是从1993年开始实施的一项示范项目，被联邦政府选中的示范项目可以获得经费支持，并由政府推广成功经验，通过带头示范的方式帮助更多的企业提高预防职业病的能力，从而增强德国在生产、加工、贸易和服务领域的整体竞争力。

三、德国职业安全与健康规制的方法及特点

（一）把预防作为职业安全与健康的首要问题

德国的职业安全与健康多年来一直处于良好状况，不仅职业事故发生率持续下降，而且严重工伤事故和死亡事故也明显降低。德国财政部2006年6月公布的报告，2005年德国雇主在事故保险方面支付的费用为87.7亿欧元，与2004年相比减少了1.646亿欧元。2005年全年有记录的职业事故数量仅801834起，比2004年下降了4万起，比2001年下降了26万起。这些数字反映了德国在劳动安全方面取得的成绩，其成功的主要原因在于德国政府把劳动安全的首要任务确定为预防。早在1884年的《工伤保险法》中就明确了三项主要任务，即：预防、康复、待遇给付。德国每年由同业公会从工伤保险基金中提取5%～7%的资金作为专项预防费用，专门用于预防工作，取得了良好的经济效益和社会效益。预防的任务和目的是提高工作中的安全和健康水平，降低事故对生命和健康造成的危害，减少不可避免的事故带来的损失，并向雇主提供劳动保护方面的咨询。德国的劳动安全预防工作真正做到了“全民参与”，政府、雇主和雇员都树立了良好的劳动安全意识，并在实际工作中身体力行。

从雇员的角度来看，安全文化虽然属于一种意识形态，但是绝大多数的德国普通劳动者都在工作中切实遵守这种行为准则，将安全制度作为工作中首要注重的行为准则。员工的自觉行为使违章事故大量减少，提高了企业的安全工作水平，维护了自身权益。这里工会的作用是不能忽略的，另外，经常性教育培训也是预防事故的根本性措施。

从雇主的角度来看，德国政府明确规定雇主有责任采取各种措施保护雇员的安全和身体健康。雇主应定期评估现有工作条件，检查整体环境和具体岗位的设置、布置是否合理，是否会产生危害人体的影响因素，工作环境是否符合现代劳动医学的要求。企业还应建立健全急救、

消防和紧急疏散制度。企业必须配备医生，并且设立安全人员，根据特殊的技术性工作采取定期培训的方法并提供相应的保护措施。对容易引起身体损害的工种，雇主有责任提前告知雇员工作内容及可能出现的危害，充分考虑雇员的身体条件，尽量采用机械作业，真正实现一切工作以人为本。

从政府的角度来看，德国政府鼓励同业公会参与并协助政府机构的管理。德国在劳动保护监察方面实行双轨制，国家负责制定劳动保护规范的框架，同业公会根据该规范制定劳动安全方面的规定。这些规定很细致，包括劳动保护的各个细节，不但有机器安全设置方面的要求，也包括劳动保护用品的配备等规范。德国政府兴建了许多职业学校，在讲授理论的同时将课程总时间的20%用于实地训练，只有经过全面的安全技术培训，并取得合格证书才能成为一名行业工人。正是由于这种教育至上的观念，德国的工人队伍素质普遍很高，从根本上提高了从业人员的自我安全预防意识和防护能力。

（二）完善的职业安全与健康监察体制是减少工作事故的重要保证

德国联邦及各州成立劳动保护官方机构，主要负责劳动保护监察，为企业劳动安全保护提出建议和咨询服务，审查和协助企业建立劳动安全保护体系。职业安全与健康法规体系采取“双轨制”，即：国家颁布的法律与条例和同业公会颁布的工伤事故预防规程。与法规体系相对应的劳动监察机构是：联邦各州的劳动监察和同业工伤事故保险监察协会。根据企业的性质不同采取不同的监察方法，对于危险程度较高的化工、冶金等有毒有害企业，采用详尽的调查表，每1~3天进行对照检查；对于中度危险的行业，采用抽查的形式进行调查；对于危险较小的金融、服务等行业只在发生事故的时候进行调查和处理。通过这种方法节约了劳动安全监察机构的人力和物力，可以把主要精力放在最需要关注的行业上，提高了监察的效率。

德国对事故的处罚非常严厉，企业很可能因为发生事故导致重罚甚至破产，面对高额的事故成本和政府毫不姑息的执法，绝大多数企业选择主动加强劳动安全措施，避免出现事故。

德国实施的职业安全与健康规制不只将重点放在企业内部对员工的保护上，同时注重外界环境可能产生的危害，针对工作环境、工作场所设计、噪声保护和提高员工健康出台了大量规制条款，保证产品和设备的安全，并将危险因素控制在安全范围内。德国政府在规制活动中有一个重要理念，即：规制活动人人有责。尽管法定规制主体是联邦劳动与社会事务部，但是企业可以根据职业安全法律，设计更有利于员工安全与健康保障的相关规定，实行规制活动的“量体裁衣”。为了保证规制的有效性，德国政府采用风险评价的方式，评估不同规制主体及规章的有效性。

（三）从学校就开始培养职业安全与健康的文化理念

工作事故可以通过预防避免。由于90%的事故是“违章指挥，违章操作，违反劳动纪律”这“三违”造成的，其中由人的不安全行为和物的不安全状态引发的事故又占很大比重。因此，德国政府非常重视从学校普及教育开始进行劳动安全学习，从小培养劳动安全行为和安全理念。

2006年9月25～27日，德国柏林国际社会保障组织召开第三届研讨会，主题是“预防性教育和训练”，来自10个国家和地区的130多位专家对这一问题进行了探讨，并共同起草了“柏林宣言”，即“从学校开始加强职业安全和健康文化学习宣言”。该宣言不仅提出了预防性教育和训练的目标，也制定了“建立和发展预防文化”的基准：在学校推广安全和健康教育，在工作实习中进行安全和健康训练，在职业生涯初期对年轻雇员进行劳动安全帮助。另外，政府还要求安全和健康教育要以实用性为出发点，采用新的方法论和教育步骤。在对学校教师的培训中加强“安全和健康”科目的学习和基础训练，并且对学生的安全和健康教育必须要进行期末考试，形成可以检查和量化的方式。从小培养的劳动安全文化意识，良好的专业师资队伍为德国整个安全教育培训体系打下了坚实基础。在德国政府2007～2010年的劳动安全工作规划中，重点内容之一就是加强年轻人的职业安全，通过多种手段改善并增强培训的效果。在培训创新方面，根据机械和产品的安全进行主题培训，在现代化教学手段中采用示范方法，使用电子学习模块等提高培训的效果。

（四）重视职业安全与健康科学技术的研究和应用

德国非常重视高科技在保护劳动者安全中的应用。比如，在汽车、电子和煤矿行业推广使用“数字眼镜”替代人检查机器故障，电脑会给出非常详细、有动画演示的维修步骤。工人不需要亲自去检查机器，完全由电脑来检查并处理数据。电脑能自动识别物体，并提供相关信息。在煤矿行业使用无线局域网系统减少危险，这种技术利用安装在矿工头盔上的摄像头传送地下煤矿实时图像，并通过手机、耳麦等移动通信设备，借助微型电脑进行数据传输等。如果出现意外情况，矿工马上可与电话服务中心的专家取得联系，专家则借助矿工头盔上的摄像头传送的实时图片，如身临其境般进行观察与判断，并通过耳麦指导操作。这样，因故障而停工的时间将大大缩短，并提高了矿工工作效率，也降低了危险概率。德国煤矿还采用新技术——“全自动柴油运输车”改变井下作业方式，这种全自动车辆通常在轨道上或是传送带上运行。在运输路线上，每隔一段距离就安装有监视摄像机，如果在轨道或传送带上发现可疑物体，运输车就自动停止。在照明差、低温和灰尘大等不利条件下也能正常分辨工作条件是否处于危险情况。它能部分代替矿工执行危险工序，比如：在恶劣地下环境分拣煤等工序。通过科技在生产中的应用，不但使劳动生产率提高，更为劳动者的安全和生产提供了有效的保障。

（五）发挥经济激励的作用

在实施强制性条例与监管的同时，德国比较重视依靠市场的力量完善职业安全与健康规制，主要是充分发挥工伤保险基金的作用。德国工伤保险基金的主要来源是企业主缴纳的保险费、向第三方追索的赔偿费、滞纳金和罚金，缴费原则是以支定收，征缴采取延后一年的滞后性费用收取的模式。工伤保险费征缴的具体数额由工资总额、危险等级和现收现支的系数三个因数决定，并考虑不同行业和各个企业的事故概率。通过行业差别费率区分不同类型企业的差别性负担，保证该行业基金的收支平衡。德国的工伤保险费率在不同行业之间相差很大，平均费率最低的是造纸与印刷业，费率为 0.71%，平均费率最高的是建筑业、矿业，费率为 8%。对于每个企业的费率，在其差别费率的基础上，针对其上一年工伤事故发生率的实际情况，进行费率浮动。一方面强化用人单位的责任，一方面通过工伤保险费用与工伤事故发生率挂钩的预防机制，运用管理和经济的手段，促进企业的安全生产，从整体上减少了工伤保险支出，从个体上减轻了企业的经济负担。通过这种完善、科学合理的基金征缴模式，企业有动力通过提高劳动保护措施，改善劳动条件减少工伤事故。

（六）中小企业、灵活用工、老龄化和心理健康是未来规制的重点

社会经济的变化通常快于体制的建立，为了避免法律“时滞”问题可能给劳动者带来的伤害，德国规制机构积极行动，开展研究应对新形势下的新问题，主要体现在中小企业、灵活用工、老龄化和心理健康四个方面。

1. 中小企业

德国有 300 多万家中小型企业，但其经营范围却遍布各个行业，市场占有率不可小觑。德国中小企业很多是家族企业，发展时间较长，并且都有长期的战略发展规划，但是受制于金钱、人员和时间等条件，劳动安全规划在企业的总体发展中只占有极小的一部分。德国政府为了改变这种局面，把关注的重点放在“安全与健康工作的创新管理”和“中小企业管理典范”上，通过这种方式在未来 4 年内促进企业劳动安全政策的改进。BAuA 将为中小企业提供切合实际的安全管理帮助，并且把这种类型企业的职业安全与健康作为研究和监管的重点之一。

2. 灵活用工

随着数字化与互联网技术的快速发展，德国出现大量新型的工作模式，它使工作组成方式发生新变化，进而也增加了发生事故和疾病的风险。同时，社会事故保险机构发现正在实施的安全与健康规制内容无法满足这些工作从业者的需求，形成监管的“空白区”，因而将其列为未来工作的重点。2016 年 4 月 28 日，德国在“工作安全与健康世界日”中提出，在企业内部形成安全文化是预防事故发生的重要保障，必须把它放在企业未来发展的重要地位。

3. 老龄化

随着德国的老龄化程度的加深，劳动力市场面临两大紧迫问题：一是青年劳动力总体数量不足；二是需要丰富经验且对从业者技术和能力要求较高的行业出现严重的人才短缺。尽管德国政府采取生育补贴的方式刺激国内生育率，但是收效甚微。德国政府重新审视人口结构及发展

趋势，转换人才开发政策，希望通过再次开发老龄群体的方式缓解劳动力市场的压力。2012年，德国政府将法定退休年龄从过去的65岁逐步提高，并将从2030年开始正式实施67岁退休的制度。因此，德国规制机构开始加强对老年劳动者的关注，从预防事故的发生作为出发点提高职业安全与健康水平。德国政府修改了“主要工作活动群体”的内容，在30岁、40岁、50岁的劳动群体基础上又加上了60岁的劳动者。同时，安全教育培训的重点也随新情况发生转移，通过专门的培训保证劳动者能够安全地工作到退休年龄，德国在2007~2010年有超过60家机构负责具体内容的实施和现有网络的改进。

4. 心理健康问题

作为职业健康领域的心理健康问题已经引起了全世界的关注，因为它不但会在较长时间内影响个人的生活质量，降低劳动生产率，而且也影响着国民经济和企业发展。近年来数据显示，德国病假中的13%是由心理疾病造成的，成为现在提前退休的最常见原因。根据德国联邦统计局的数字，心理疾病带来的成本是惊人的，所占用的医疗成本达到290亿欧元。个人、社会和工作方面的因素都可以导致心理疾病的发生。工作本身通常会给个人健康和职业发展带来积极作用，规划合理的工作是形成健康心理的有益因素。理论界和业界一致认为，心理压力及其对员工的影响是企业未来发展面临的难点。根据德国劳动部门对员工的访谈发现，影响绝大部分员工的主要心理压力来自工作强度、工作时间及为实现工作任务而带来的紧迫感和焦灼感。保护员工免受心理疾病的困扰不仅仅是基于道德因素，也是早期确定和降低心理压力，避免其转化为长期心理问题的有效方法。

联邦劳动和社会事务部、雇主联合会、工会都已经关注到工作中的心理健康问题，并致力于提供有效的解决措施，帮助患有心理疾病的员工康复。目前，法定的职业安全与健康条款和企业自愿实施的健康提升计划成为降低发病风险的关键因素。在预防和缓解工作原因造成的心理问题方面，规制机构和同业公会监管活动的特点主要体现在以下几方面：

第一，从法律的视角，为了使德国劳动安全的法律框架更完备，德国职业安全与健康联合会将工作中的心理压力列为重要议题，通过深入探讨和研究的结果为现有规制内容提出修改意见。

第二，从政府的视角，德国职业安全与健康司将工作中的心理压力列为规制的重点内容。各级规制机构需要加强与社会保障部门、雇主联合会的合作，为患有心理疾病的员工提供早期护理和康复，让他们早日返回工作岗位。有计划地提高各级政府及事故保险机构监管人员在心理健康方面的知识、能力和水平，并将某些容易造成心理问题的行业及工种列为规制的重点领域，制定全面的预防战略，形成工作场所心理健康提升计划。

第三，从企业和员工的视角，工作设计是减少员工压力和紧张感的重要环节。通过科学地设计工作内容和流程，发现影响员工心理和身体健康的危险因素，为员工提供体面、舒适的工作条件，提升员工对心理健康的认知能力，从而预防心理问题的发生。同时，企业管理层必须认识到心理疾病的危害性，通过定期调查分析并改进存在的问题，鼓励所有员工参与到风险评价中，根据实际工作感受提供降低心理压力的方法。

第四，从社会的视角，职业安全与健康司及其他规划机构向企业和公众提供心理健康的信息，特别是处理心理压力的方法。为企业管理者、安全与健康专家、职工代表、产业公会、企业医生提供培训和学习指导与操作手册，普及针对心理压力的风险评价方法，提供心理健康治疗的科学方法及学习资源。

第五，从研发的视角，在职业安全与健康司的主导下，将缓解工作压力和紧张感的实用工具和研究成果推广到企业和员工。在“新工作质量倡议”中，将工作场所心理问题列为研究课题，及时追踪企业和员工出现的心理健康问题，不断开拓和验证新的解决方法。同时，在传统与现代工作方法、工作环境与生活环境对健康工作的影响中，引入公共政策研究，通过国家、地方和团体的多方讨论，提供高质量的对策与建议。

第四节　日本的职业安全与健康规制

日本位于亚洲东部，山地和丘陵占总面积的71%，且多数山为火山，资源相对匮乏，尽管工业生产所需原材料主要通过进口但却成就了举世闻名的制造业，属于技术领先型的资本主义国家。目前，日本的工业和服务业高度发达，但生产中的事故率却长期保持在较低的水平。日本政府通过不懈的努力，不断完善职业安全与健康的法规及相关政策，实施严格的监管措施不断改善工作环境和条件，使日本不但成为亚洲经济强国，也成为世界上安全生产成本最低的国家之一。日本的职业安全与健康规制可以从三个方面来分析：一是介绍职业安全与健康规制主体和规制机构；二是职业安全与健康规制有关的法律体系；三是职业安全与健康规制体系及特点。

一、日本职业安全与健康规制主体及规制机构

（一）政府规制机构——厚生劳动省

日本负责职业安全与健康的中央机构是厚生劳动省，为了保障近5209万的雇员能够在安全的条件下工作[①]，厚生劳动省在全国各行政区域内都设立了“劳动标准检查办公室”，负责从法定工作时间、安全与健康标准和最低工资三个方面对雇主进行监管。产业安全与健康部是厚生劳动省设置的专门负责规制的机构，其组织结构如图5-2所示。

产业安全与健康部的规制活动可以分为两种：一是定期检查，主要是根据计划按月进行，或者是基于以往事故情况进行检查，对事故原因进行调查并为如何阻止事故的再一次发生提供对策等；二是根据员工的报告，在接到雇员的申请后，厚生省将派专人对工作地点进行特殊的安全检查。厚生省的劳动标准监管人员作为特殊的司法检查员，如果发现严重违反相关规定的情况，可以立即进行调查，并依据《刑事诉讼法》追究相关人员的法律责任，并将案件移交至检察院。表5-3为近15年日本厚生劳动省在职业安全与健康规制方面的数据。

① Statistics Bureau. “Ministry of Internal Affairs and Communications”. Economic Census for Business Frame, 2009.

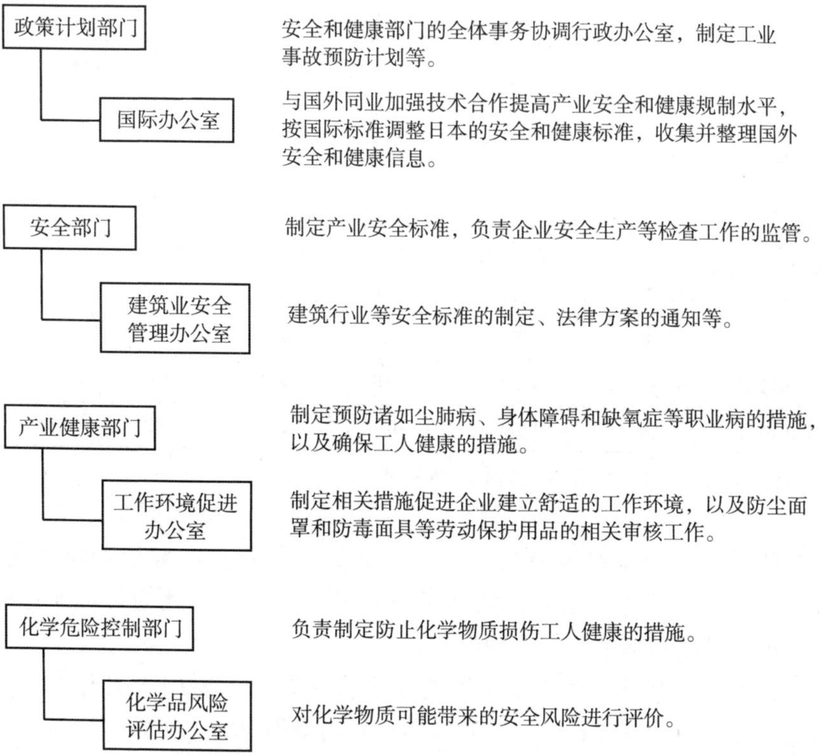

政策计划部门　安全和健康部门的全体事务协调行政办公室，制定工业事故预防计划等。

国际办公室　与国外同业加强技术合作提高产业安全和健康规制水平，按国际标准调整日本的安全和健康标准，收集并整理国外安全和健康信息。

安全部门　制定产业安全标准，负责企业安全生产等检查工作的监管。

建筑业安全管理办公室　建筑行业等安全标准的制定、法律方案的通知等。

产业健康部门　制定预防诸如尘肺病、身体障碍和缺氧症等职业病的措施，以及确保工人健康的措施。

工作环境促进办公室　制定相关措施促进企业建立舒适的工作环境，以及防尘面罩和防毒面具等劳动保护用品的相关审核工作。

化学危险控制部门　负责制定防止化学物质损伤工人健康的措施。

化学品风险评估办公室　对化学物质可能带来的安全风险进行评价。

图 5－2　日本厚生劳动省产业安全与健康部组织结构

表 5－3　2000～2014 年日本厚生劳动省职业安全和健康规制情况　单位：起

年份	定期检查	根据报告检查	按主要行业分提起司法起诉案件			
			总数	制造业	建筑业	商业
2000	147773	38743	1385	342	637	102
2001	134623	41444	1346	315	624	106
2002	131878	43898	1328	322	568	121
2003	121031	46009	1399	346	593	122
2004	122793	43423	1339	312	571	113
2005	122734	41003	1290	303	525	106
2006	118872	40234	1219	286	470	97
2007	126499	40254	1277	308	458	122

续表

年份	定期检查	根据报告检查	按主要行业分提起司法起诉案件			
			总数	制造业	建筑业	商业
2008	115993	44432	1227	295	484	92
2009	100535	48448	1110	285	375	114
2010	128959	44736	1157	268	400	102
2011	132829	41047	1064	253	352	98
2012	134295	37253	1133	260	406	97
2013	140499	34322	1043	231	369	79
2014	129881	31709	1036	215	392	96

资料来源：日本厚生劳动省官方网站，2016 年。

2015 年，日本厚生劳动省发布最新的职业安全和健康规制架构，即：制定《工业事故预防计划（2013～2017）》，并以此为目标通过以下四项活动实现对雇员的全面保护：

（1）基本措施：建立安全和健康管理系统，主要用于提升工作场所安全与健康管理工作的效率和效果；采用培训等方式实施安全与健康方面的教育；提高雇员的安全和健康意识，通过举办全国性的“工业安全周”等活动增强员工的认知，同时建立“零事故奖励机制”激励员工和企业共同努力降低职业伤害；促进自愿的安全和健康管理活动，出版并宣传“风险或危害的调查指南”等手册，提高化学品安全数据库（SDS）、职业安全与健康系统（OSH－MS）的使用率。

（2）职业安全保障措施：提高机器使用的安全性，宣传并在实践中应用《机器安全标准综合指南》，通过对照安全标准进行检查，或通过安全认证等方式预防由于机器原因产生的事故；提升建筑安全施工水平，由雇主负责施工中的安全管理与指导，帮助中小企业提高对分包商进行安全生产管理的力度；加强特殊承包商安全管理的力度，全面降低事故发生率；强化对制造业、建筑业、交通运输业、林业和服务业等易出现事故领域的监管力度。

（3）职业病的预防措施：加强对化学品的监管，根据法律法规的要求禁止将某些化学品暴露在工作场所；鼓励并支持企业进行化学品安全管理；加强对化学品在“有害”和“有毒”方面的分类标注工作，并在化学品安全数据库（SDS）中公布；全面禁止涉及石棉的生产活动及产品；促进对粉尘危害的预防；在“工作条件、生产和健康”三个方面实施严格的规制措施，避免尘肺病、腰肌劳损、电离辐射、中暑、缺氧等职业危害的产生。

（4）职业健康保障措施：提升对心理健康和加班等方面的管理，以《管理和改善员工心理健康指南》为依据对劳动者进行保障，并为需要长时间加班的员工配备医生，为其提供相应的指导；按地域设立健康咨询办公室，改善工作场所的健康问题；通过宣传的方式，强化雇主对被动吸烟负面影响的认知，努力为员工创造更健康的工作环境。

（二）非政府组织——规制活动的主要参与者

日本的事故率和职业患病率常年保持在较低的水平得益于大量非政府组织的参与，比如：“日本产业安全与健康协会”“产业医学研究院”“日本安全和健康高级信息中心”“日本建筑安全生产和健康协会”“日本陆地运输安全和健康协会”“日本海港运输安全生产和健康协会”“日本森林和木材工业劳动事故防止协会”以及“日本矿业安全和健康协会”。这些机构人员不多（一般不超过100人，还有外聘人员），常年帮助企业进行安全与健康培训，或进行有关安全生产的深入研究。由此可见，日本政府和社会对安全生产给予了相当大的关注，其中比较突出的有以下三个非政府组织：

1. 日本产业安全与健康协会（JISHA）

日本产业安全与健康协会，英文全称“Japan Industrial Safety and Health Association”，简称JISHA，它是1964年根据《产业事故预防组织法》建立的。JISHA是由雇主组成的具有法人地位的社会团体，其经费的15%左右来自政府拨款，40%以上来自信托经营，近40%来自会员会费。JISHA的宗旨是致力于工作事故的预防，减少职业病的发生，创造安全、舒适的工作环境，保证劳动者的职业安全与健康。目前，JISHA在职业安全与健康方面的活动主要有以下七项：

第一，企业安全管理支持计划——风险评价与职业安全与健康管理系统。为了降低职业事故率，日本厚生劳动省要求企业实施风险评价，并在企业内部建立相应的管理系统。为了帮助企业达到法律法规的要求，JISHA提供完整的课程培训帮助企业了解与执行风险评价，学习对管理系统的审核等内容，并为企业提供在工作场所降低机器使用事故率、减少化学品对员工的职业伤害等方面的培训内容。如果企业提出申请，JISHA 会派专家进行实地考察，为企业设计切实可行的风险评价方案，帮助企业介绍或设计相应的安全与健康管理系统。同时，如果企业达到厚生劳动省和国际劳工组织的标准，JISHA 可以提供职业安全和健康方面的认证服务。比如：2013 年 JISHA 新推出“中小企业职业安全与健康认证”服务，对于达到要求的企业将授予“优秀安全企业”的资格，目前已经有 65 家中小企业率先获得该认证。

第二，教育培训活动。JISHA 的教育支持活动主要有以下三个方面：一是，为企业不同层级的人员提供职业安全与健康教育，对高层管理者提供安全与健康管理能力方面的培训，对新入职员工提供安全意识培训，帮助员工了解在各自的工作岗位中如何实现职业安全，降低事故和伤害发生的概率；二是，为企业负责安全培训人员提供技术教育，提高培训者的业务能力，并在东京和大阪设有专门的教育中心，这是厚生劳动省职业安全与健康培训的扩展部分。三是，开展“零事故运动”，培养全社会的安全意识，促进各行业的中、高层管理者和普通员工积极参与到事故的预防活动中，发现身边出现的安全和健康隐患，寻找解决方法，从而实现“零事故”的最终目标。JISHA 认为，避免事故发生的前提条件是提高管理层的认知，否则任何先进的技术和体系都无法体现其实用性与价值。因而，JISHA 特别重视对高层管理者、直线经理的安全教育培训，根据行业特点提供从理论到实践的多种课程模式，帮助企业管理者将安全与健康的理论贯彻到日常工作中。

第三，身体和心理健康支持。为了保证员工在工作场所的身心健康，JISHA 提出了“健康促进计划”，即实现员工“身心整体健康”。健康促进计划提倡从年轻人抓起，树立“健康是工人和企业的资源”的理念。1988 年，政府修订了《产业安全与健康法》，其中明确提出：企业应当采取措施保持并不断提升员工的健康，同时为员工提供健康教育和医疗建议。同年，政府颁布《全民健康促进计划》，JISHA 以该法为准则，开始为会员提供健身、营养和健康指导，并定期邀请专家为员工提供最新的健康教育和培训活动。为了解决员工心理压力大等现实问题，JISHA 开发并提供心理健康指导工具以提高员工对自身压力水平的认知，帮助他们及时解决存在的心理问题。

由于日本的少子化现象越来越严重，出现了青壮年劳动力短缺的情况，越来越多的老年人成为劳动力市场的重要补充。针对日本老龄员工的实际特点，JISHA 专门开办了“预防跌倒——减缓身体机能衰退”的讲座，帮助他们提高工作质量，用科学的方法保障他们的工作安全和健康。

第四，技术支持——根据企业需求提供订制服务。根据企业需求，JISHA 派遣专家帮助企业分析生产设备、生产方法、工作环境和生产过程中存在的安全或健康问题，为企业提供解决问题的方案。另外，JISHA 可以根据不同企业的需求，对那些没有被列入危险范围但可能对员工健康产生危害的化学品提供安全技术分析，包括：化学品的检验、使用过程中的极限值和安全操作方法等。

在法律法规的要求下，JISHA 执行对灰尘、铅、噪声、视屏显示终端的光照度、局部排风系统的转速、有机溶剂和特定化学物质等使用情况可能对员工产生职业伤害的检测。根据结果提供对策建议用于工作环境的改善，并为相关人员提供内部培训。JISHA 依靠技术优势为企业和员工提供技术检测服务，比如：根据员工的血型、尿液或头发检测结果，观察是否存在化学品伤害等。

随着中小企业的快速成长与发展，它们成为日本职业安全与健康规制的新课题。由于这些企业的规模小，成立时间短，且分布在不同的行业，经济实力和安全技术水平相对较弱，JISHA 近年制作了大量相应的指导与建议手册用于解决中小企业在职业安全和健康中可能出现的问题，并积极为他们提供相应的技术支持。

第五，信息推广与宣传。JISHA 按月出版职业安全与健康杂志，生产并销售相关的宣传海报及其他产品，并在其官方网站上为普通民众提供防止事故的相关知识与信息。每年秋季，JISHA 都会举办全国产业安全与健康大会，包括颁奖、优秀企业的经验介绍等活动，由专家进行主题演讲，为与会者提供职业安全与健康的最新信息与经验。在倡导职业安全的“绿十字”活动中，JISHA 为企业提供安全设备的最新咨询。JISHA 每年 7 月 1 ~7 日组织“全国安全周”，10 月 1 ~7 日组织“全国职业健康周”以及“年末岁首安全运动”，通过广泛的宣传促进劳动安全观念在全民中的普及。

第六，国际合作。JISHA 通过参与世界与亚太地区职业安全与健康大会的方式，积极开展国际交流与合作。通过技术合作的方式，与其他国家进行防灾减害的信息交流，并通过提供培训、举办海外论坛等方式开展国际合作。

第七，调查研究——化学物质的毒性检测及安全测试。受政府和企业的委托，隶属于 JISHA 的日本生物鉴定研究中心负责采用动物实验方法进行化学品的毒性检验，采用微生物和培养细胞进行诱变实验，通过最终检测数据为降低化学品对工作场所内员工造成的职业伤害提供对策建议。

2. 日本安全与健康高级信息中心（JAISH）

日本安全与健康高级信息中心的英文全称是“Japan Advanced Information Center of Safety and Health”，简称 JAISH。信息中心成立于 2000 年 2 月 17 日，在厚生劳动省的领导下，该中心通过互联网发布免费信息，用户可以获得产业安全和健康的基本数据，比如：劳动事故案例、法律和规制条例、最新的管理动态，还提供东京和大阪产业安全博物馆的链接地址。JAISH 通过展示三维电影的方式，使人们可以通过计算机模拟真实的工伤事故，加强对生产事故危害的认识，提高防范意识。为了完成既定的训练课程，JAISH 发给每名受训者一张塑料卡片，里面保存着持有人技能认定的综合信息。

3. 日本职业安全与健康国际中心（JICOSH）

日本职业安全与健康国际中心的英文全称是“Japan International Center for Occupational Safety and Health”，简称 JICOSH。1999 年 7 月，由厚生劳动省和日本工业安全和健康组织设立，并负责上述机构指派的工作。伴随着快速发展的经济全球化，越来越多的日本企业开始进行海外交流，但是国外的工业安全和健康信息、相关法律、规制内容以及劳动力的使用状况等信息却难以获得，而且国家之间安全和健康的水平又各不相同，日本公司很难采取有效的安全和健康管理措施或者采取适当的安全防范对策。JICOSH 通过加强国际交流与合作，为各类企业以及需要的用户提供所需要的劳动安全信息，促进了本国经济的发展。

JICOSH 的运作经费一部分来源于事故赔偿保险中日本企业缴纳的保险费，机构运作的目的在于为日本企业的海外活动提供帮助。JICOSH 也负责对日本安全与健康组织机构就相关的法律和规制内容进行详细的解释，提供交通事故、致命工业事故和职业病的数据及预防指导方针，对工业和与建筑机器及叉车发生事故的情况进行调查及特别说明。JICOSH 也提供大量的培训工作，培训主要针对的人群有安全官员、培训专家和雇员等，主要是提高受训者分析安全生产存在问题的能力，并鼓励他们独立解决相应的问题。比如：把近期事故案例作为培训材料，或者给出事故发生的详细情况，或者先给出暗示然后要求参与者指出在这种情况下哪些部分存在危险，之后会指出实际发生情况，最后进行评论并详细说明几项预防措施。近年来，JICOSH 还提供与安全和健康相关的规制信息，并且召开安全和健康研讨会，提高劳动安全规制的效果。2008 年该机构结束相关工作，其职责合并到 JISHA。

二、日本职业安全与健康规制法律体系

（一）明治维新到第二次世界大战结束（1868～1945 年）

近代的日本，通过对外发动侵略战争和内部的明治维新，使经济得到了较快的增长，刺激了近代工业的发展。日本在 1911 年通过了《工厂法》，1916 年正式实施。日本在第一次世界大战中大发“战争财”，工业化程度得到较大提高，战后一举从“债务国”转变为“债权国”，实现了农业化向工业化的转变。当时，日本的轻工业是工业产值的主要贡献者，依靠工人的低工资和长时间劳动实现工业增长。受战后欧洲各国经济复苏、关东大地震和昭和经济危机等因素的影响，日本的劳资矛盾日益加深，不断爆发大规模的罢工斗争。在这种背景下，为了缓解民众的不满，1927 年日本首次开展“安全生产周”的活动，并将“绿十字”作为“安全”的标识，1929 年开始实行《工厂事故预防和健康（保健）条例》。日本在摆脱经济危机和国内社会矛盾的过程中，极力发展军事工业，企图通过侵略战争达到目的，最终战败并使整个社会和经济陷入崩溃的边缘。这一阶段对劳动者的安全与健康保障还处于初级阶段，带有强烈的政治色彩，其间颁布的法律规章及重要事件见表 5－4。

表 5-4　　1868~1945 年职业安全与健康规制法律法规及重要事件

年份	法律法规或重要事件
1911	颁布《工厂法》，1916 年实施
1927	“绿十字”图标代表职业安全
1928	发起“国家安全周”活动
1929	颁布《工厂事故预防和健康（保健）条例》
1932	设立国家工业安全大会
1933	颁布《船舶安全法》
1935	实施《压力容器控制条例》
1936	实施《土木工程和建筑管理条例》
1942	成立工业安全研究机构

（二）战后经济复兴期（1946~1955 年）

第二次世界大战中，日本的经济和社会环境受到严重破坏，经过 1946~1955 年这十年的艰苦努力，从战后一片废墟中恢复到战前水平。这一阶段的煤炭和钢铁产业发展迅速，刺激并带动其他行业的共同发展。然而，这种快速发展为人们带来希望曙光的同时，也带来了工伤事故频发的恶果。大量的工作事故不仅夺去了员工的生命，还给正常的生产活动和社会经济发展带来负面影响。在这种情况下，日本政府加强了对职业安全与健康规制的立法与管理。1947 年，在厚生劳动省下成立劳工局，履行原厚生劳动省的职业安全与健康监管职能，颁布《职业安全与健康条例》。1952 年，发起“零事故”运动。20 世纪 50 年代，日本的工业化进入高速发展期，当时对工业生产环境及产生的废气、废水、化学品等产生的危害还没有科学的认知，结果造成严重的工业污染和公害病。1956 年，由于日本氮肥公司排放没有经过处理的废水，导致熊本县居民因汞中毒引发“水俣病”，使无数家庭遭受到巨大伤害。同一时期，富山县出现一种“痛痛病”，其原因是所在地的水和粮食被工业排放的镉污染，导致受害民众全身各部位都产生疼痛感。这些触目惊心的事件使日本政府意识到，如果劳动者的健康和工作生活环境受到破坏，那么通过工业改变国家命运的梦想将会成为无法实现的空话。因此，日本政府在职业安全的基础上，将规制的重点扩大到职业健康领域。1953 年，日本在第四届工业健康周的活动中，将“白十字”作为工业活动中“健康”的代表图案，成立国家职业健康大会（1967 年更名为“国家工业健康和安全大会”）。这一时期的相关法律法规及重要事件见表 5－5。

表 5－5　1946～1955 年职业安全与健康规制法律法规及重要事件

年份	法律法规或重要事件
1947	颁布《劳动标准法》，劳工局成立，实施《职业安全与健康条例》
1950	发起“国家职业健康周”活动
1951	《预防四乙基铅危害的管理条例》
1952	发起“零事故记录运动”
1953	全国安全健康组织成立，“白十字”标识代表职业健康，召开“全国职业健康大会”
1955	颁布针对矽肺病的特别保护法

（三）经济高速增长时期（1956～1973 年）

从 1955 年开始，日本进入经济高速增长的阶段，20 世纪 60 年代 GDP 的平均增长率达到 10.12%[①]，工业在这一时期得到全面复苏与成长。比如，日本通过海上警备队的舰船订单，逐渐恢复造船业，凭借不断提高的技术水平和大量专业人才的努力，造船业在 1956 年首次超过英国，位居世界第一位。20 世纪 60 年代中期，电气机械和运输机械等组装型部门的增长速度超过钢铁、石油化工等基础原材料部门。1961 年，日本在生产过程中因事故死亡人数达到 6712 人，是日本历史上职业事故死亡人数的最高峰。为了加强安全生产和减少伤亡事故的发生，日本政府在 1961 年制定了《高压环境安全和健康条例》；1962 年颁布《起重机和其他相似设备安全条例》；1964 年颁布《工业事故预防组织法》，正式成立“日本产业安全与健康组织”。然而，这些法律规章还不能对快速发展的日本经济和不断出现的新情况起到有效的监管，重大事故和职业伤害依然时有发生。1964 年 7 月 14 日，东京都品川区宝组

① 侯力、秦熠群：《日本工业化的特点及启示》，载《现代日本经济》2005 年第 4 期，第 35～40 页。

胜岛仓库发生火灾，燃烧物是露天存放且危险性极高、易爆炸的硝化棉。该仓库并没有储存危险品资质，更没有按规定向相关部门申报备案。起火后发生了两次爆炸，不但给灭火工作带来难度，而且还由于爆炸产生爆炸冲击波导致现场的两座仓库倒塌，造成近百名消防员伤亡。这次事故日本国民领受到了惨痛的教训，并从此加强对危险品的审核与监管。1965 年，日本将代表“安全”的“绿十字”和代表“健康”的“白十字”合并在一起，成为日本职业安全与健康的统一标识。1968 年，日本一家塑料凉鞋厂的生产工人因接触正已烷导致职业中毒，有近百人的中枢神经系统受到影响。同年，日本的九州、四国等地区出现皮疹、眼结膜充血等症状患者，后期则出现肝功能下降、坏死直至死亡等情况。经过调查后发现是当地一个食用油厂在生产米糠油时，因管理不善，违反操作规程使米糠油中混入了在脱臭工艺中使用的热载体多氯联苯，造成食物油污染，最终导致近千余人死亡。这两起事件被列为“世界八大公害事件”，其共同点就是对化学品毒性的认识不足，在生产过程中缺乏安全监管，导致短期内造成大量人员死亡。这些事故表明：生产事故与职业伤害并不只限于生产者本身，也会对周边环境和普通民众带来难以估量的损失，实施严格的职业安全与健康规制迫在眉睫。因而，这一时期的法律法规明显多于前两个阶段，见表 5 -6。

表 5 -6　1956 ~1973 年职业安全与健康规制法律法规及重要事件

年份	法律法规或重要事件
1956	成立职业健康研究机构
1958	制定“工业事故预防五年计划”
1959	实施《锅炉和压力容器安全条例》
1960	实施《尘肺病法》
1960	将每年 7 月 1 日定为“全国安全日”
1960	颁布《预防有机溶剂中毒条例》
1961	颁布《高压力下工作安全和健康条例》
1961	为中小企业安全措施提供特殊融资，为中小企业提供全面的医疗检查服务
1962	颁布《起重机及其他设备安全条例》
1964	颁布《工业事故预防组织法》，日本工业安全与健康协会和日本安全与健康协会成立

续表

年份	法律法规或重要事件
1965	安全与健康标识合并为一个整体，“绿十字奖”首次授予先进个人
1967	颁布《预防铅中毒条例》，横滨国立大学成立“安全工程系”
1968	颁布《预防四烷基铅中毒条例》，发起企业管理者工业安全讲座，“绿十字展览”首次亮相职业安全与健康大会
1968	颁布《预防空气污染法》
1968	颁布《噪声控制法》
1969	颁布《高空吊车安全条例》，召开第 16 届世界健康大会
1971	颁布《预防特殊化学品危害条例》，颁布《办公场所健康标准》，颁布《预防缺氧症条例》
1972	颁布《产业安全与健康法》，颁布《产业安全与健康条例》等

（四）经济低速增长阶段（1973～1990 年）

1973 年 10 月，第四次中东战争爆发，石油提价和禁运导致原油价格飞涨，从而引发第一次石油危机，最终成为战后资本主义最大的一次经济危机。日本受危机的影响，工业化生产力受到重创，经济增长速度由快转慢，进入缓慢发展阶段。20 世纪 70～80 年代中期，日本经济从“投资主导型”转向了“出口主导型”，石油危机后的 1974～1980 年期间 GDP 年平均增长速度均超过了 10%，出口对拉动经济增长的作用明显提高。1974～1985 年，出口对整个 GNP 增长的拉动上升至 34.5%，迅速跨入世界先进国家行列，并一跃成为仅次于美国的世界第二大经济体。为了摆脱危机带来的负面影响，日本开始调整产业结构，通过培养技术人才的方式发展新型工业，比如：新陶瓷、半导体等新兴行业得到快速发展，但这些材料在生产制造过程中频繁发生粉尘爆炸。20 世纪 80 年代，日本生产事故总体呈逐年下降，但是中小企业的安全与健康管理体制还不健全，管理者和员工对可能发生的事故隐患认识不足，导致事故频繁出现。同时，重大恶性事件却有所增加，比如：1982 年 8 月，日本大阪市 AS 树脂制造厂连续发生两次爆炸，由于所处地区住宅密集，导致 6 人死亡和 198 人重伤，共计 1733 栋房屋受损。1982 年 8

月，日本石油化学联合工厂进行塑料制造时，由于停电事故使水冷却重合罐的搅拌设备发生故障，导致排气通道发生爆炸，之后由于重合罐发生异常反应最终形成大爆炸，造成6人死亡，204人受伤的重大事故。同时，随着日本起重机向大型化和自动化发展，容易产生的危险因素却没有及时向操作工人普及，导致学习和适应能力较弱的中高龄员工发生事故的比例明显增加。比如：1984年5月，由于货物超载100公斤导致作为电梯的起重设备的滑轮部件开裂，令同时搭乘的4名工人受伤；同年8月，重达25吨的起重设备在作业中载人吊箱起升钢丝脱离支承滑轮槽，导致坠落事故致3人死亡。这些事故的主要原因是操作人员缺乏安全操作知识和必要的训练，作业前和作业后不进行检查和保养，以及相应的安全监管缺失等。

这一阶段，为了解决生产事故，日本几乎是年年颁布与劳动安全和健康有关的法律规章。比如，1973年开始发起“零事故全员参与运动”，建立东京安全和健康教育中心；1978年在大学中设立职业与环境健康专业；1982年发起建筑业“安全工作周期活动”；1983年对《工业安全和健康条例》进行部分修订（如工业机器人的安全措施）；1984年成立建筑行业安全和健康培训中心。在政府颁布一系列配套规章制度的同时，企业也采取了相应的措施提高安全生产的水平，职业安全和健康的观念开始被中小企业接受。这一时期的法律法规见表5－7。

表5－7　1973～1990年职业安全与健康规制法律法规及重要事件

年份	法律法规或重要事件
1973	颁布《防控日用品有毒有害物质法》
1975	实施《工作环境测量法》
1976	印发《化工厂安全评价指南》
1977	发起“中小企业健康管理补贴计划”
1978	设立劳动卫生与环境卫生学
1979	颁布《粉尘危害预防条例》
1981	发起“中小企业工作环境管理补贴计划”

续表

年份	法律法规或重要事件
1982	提倡建筑行业“安全工作周期活动”，日本生物鉴定研究机构成立
1982	颁布《关于高龄员工健康服务条例》
1983	部分修订《工业安全和健康条例》
1984	建筑行业安全和健康培训中心成立
1988	颁布《防尘面具标准》
1990	颁布《防毒面具标准》

（五）经济低迷阶段（1991 年至今）

20 世纪 90 年代，日本处于经济发展泡沫的形成时期，这期间职业安全与健康方面的立法基本上没有太大的改进。20 世纪 90 年代到 21 世纪最初几年，日本进入经济停滞时期，被称为“失去的十年”。根据《居安思危：警惕经济繁荣背后的隐忧》一文，1990 年泡沫经济开始破灭以来，日本经济基本上是处于危机和停滞状态；1996 年稍有好转，1997 年、1998 年再次处于危机之中，而且是战后以来最严重的一场危机。这场“亚洲危机”加剧了日本经济的病症。在这一阶段，日本政府采取了多项措施刺激经济复苏，包括发展信息技术产业，投资基础设施建设，鼓励企业技术创新，加强与中国和美国的国际贸易等。在政府努力拉动经济发展的同时，与职业安全和健康相关的法规并没有停滞不前。1992 年，在《产业安全与健康法》中加入“创造舒适的工作环境”等内容，之后根据实际情况每几年就会修订一次；1998 年，启动第 9 个“工业事故预防五年计划”；1999 年，发布《职业安全健康管理体系指导方针》，成立日本职业安全健康国际中心；2000 年，日本安全和健康高级信息中心（JAISH）成立；2003 年，启动第 10 个“工业事故预防五年计划”；2005 年，颁布《石棉危害预防法》（因工业事故死亡 1514 人创历史新低），之后根据实际发展状况又多次进行修订。受人口老龄化、生活方式等多种因素的影响，日本从青年至中壮年劳动力对工作压力的负面感受越来越突出。日本频繁出现因为加班、心情抑郁和焦虑等带来的伤亡事故，逐渐成为社会关注的新问题。2000 年，根据日本厚生劳动省的数据，属于“过劳死”的人数达到 143 人，其中近一半人是由于工作导致的循环系统疾病（心脑血管疾病、缺血性心脏病等）和精神紊乱，近1/3则感到生活无望而选择自杀。为了应对员工心理压力增大、自杀率不断提高的社会问题，日本厚生劳动省在2006年3月印发《提升员工心理健康关怀的指导建议》。近年来，厚生劳动省在进行大量调查后，根据加班可能引发的问题起草并颁布防止过劳死的法律规章，并在企业中大力推进“员工帮助计划”，缓解员工及其家庭成员的心理压力，帮助他们实现工作与生活的平衡。通过上述法规的颁布、实施与监督，日本政府逐步将工作的重点放在确保更高水准的安全与卫生工作中，推进雇主自觉、积极地开展安全卫生活动，减少工作场所的事故隐患，实现零事故的目标。这一时期的法律法规见表5-8。

表5-8　1991年至今职业安全与健康规制法律法规及重要事件

年份	法律法规或重要事件
1992	部分修订《产业安全与健康法》
1997	京都召开“职业呼吸系统疾病第九届国际大会”
1999	成立“日本职业安全与健康国际中心”（JICOSH）
2000	成立“日本安全与健康高级信息中心”（JAISH）
2002	修订《预防核辐射规定》
2003	修订《尘肺病法》
2003	颁布《锅炉操作规程》《压力容器操作规程》
2004	颁布《办公场所环境卫生标准条例》
2005	颁布《预防石棉伤害规定》（2006年、2009年、2011年曾修订）
2006	颁布《石棉健康损害救助法》
2006	颁布《提升员工心理健康关怀的指导建议》
2011	日本与约旦签订核能使用协定
2014	《过劳死预防和改善法》《预防过劳死促进条例》

三、日本职业安全和健康规制的方法及特点

（一）劳动安全法律体系完备，便于实际操作与监管

日本政府非常重视法律体系的适用性，对法律法规进行详细的说明，使之与不同的情况相对应，规制机构、雇主和工人都可以非常清楚地了解自己在安全生产中负有的责任。与劳动安全和健康相关的法律体系可以细分为以下四大类：

第一类：工业安全和健康法。包括：工业安全和健康法规，高压环境工作下安全和健康法规、授权检查机构条例、工业安全和健康顾问条例等共计 17 项。

第二类：工作环境测量法。包括：工作环境测量法强制法令，工作环境测量强制条例。

第三类：尘肺法。主要是指尘肺法强制条例。

第四类：工业事故预防组织法。

在对法律、法规进行划分的同时，日本职业安全与健康规制机构特别强调，有效的安全管理体系对于进行连续有效的监管有非常重要的作用，特别是要根据工作的场所的大小和部门进行具体的实施。《产业安全与健康法》不能“一刀切”用于全部企业，要对工厂、公司和自主经营的个体工作场所进行详细说明，并且通过立法的形式对劳动安全的负责人进行详细的说明，做到安全生产权力与责任相统一。

日本制造业的职业安全与健康管理体系如图 5－3 所示。

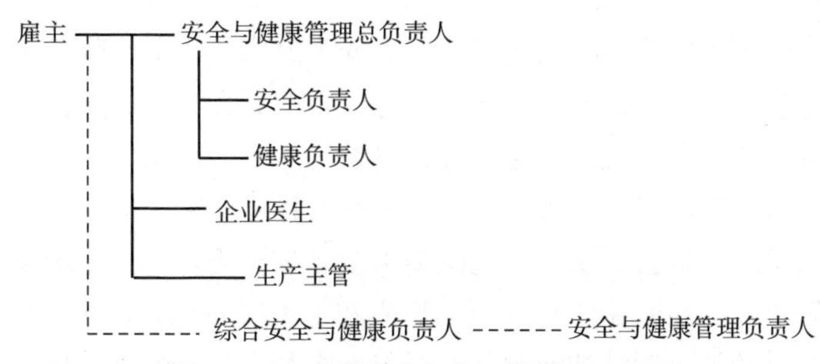

图 5－3　日本制造业安全与健康管理体系

通过图5－3可以清晰看出安全与健康责任的划分情况，每一项安全生产责任又具体对应不同的行业类型，日本职业安全与健康规制机构又根据行业内企业人数的不同规定设立不同的岗位。

应设立安全与健康管理总负责人的主体有：（1）林业、矿业、建筑、交通和清洁行业雇用人数达到100人及以上工厂；（2）制造业、电力、煤气、供热、水业、通信、家具和小商品批发业、燃料零售业、旅馆、高尔夫设施、汽车服务和机械服务等行业雇用人数达到300人及以上的企业；（3）所有雇用人数达到1000人及以上的工厂。

应设立安全负责人的行业有：在上述①②规定的企业中，雇用人数达到50人及以上的企业。

应设立健康负责人的行业有：在上述①②规定的企业中，雇用人数达到50人及以上的企业。

应设立企业医生的行业有：所有雇用人数达到50人及以上的企业。

应设立生产主管的行业有：危险或有毒作业场所，包括高压工作场所。

应设立综合安全和健康负责人的行业有：（1）造船厂雇用50人及以上工人的企业，包括承包商雇用的人员；（2）雇用30人及以上工人的隧道，桥梁建筑工地和其他使用压缩空气的企业，包括承包商雇用的人员；（3）除了上述之外雇用50人及以上的建筑企业，包括承包商雇用的人员。

这些内容详尽的条款不但使企业操作起来简单易行，也为职业安全与健康规制机构的检查提供了法律依据。

（二）重视非官方组织的重要性，通过授权加强劳动安全规制的效果

日本政府非常重视各级组织在劳动安全方面的作用，除了中央一级的厚生劳动省安全生产与健康部，还有大量的非官方组织进行劳动安全法律、规章的贯彻实施。除此之外，又根据行业的不同成立劳动安全协会，并且有专门的机构负责教育培训工作，并要求在达到标准的企业成立安全与健康委员会。安全与健康委员会（安全委员会、健康委员会与安全和健康委员会）由工作场所的雇主和工人代表组成，共同研究和解决工业安全和健康领域的问题。安全与健康委员会至少每个月召开一次会议，开会时间为3天，如果会议占用了非工作时间，委员会成员将会

得到加班工资。委员会明确规定了负责调查和检查的事项，比如：保护工作免受危险和健康损害的基本事项，调查事故的原因及制定防止事故再次发生的措施；安全（和健康）规则的准备；安全（和健康）教育的实施计划准备工作；防止由新机器、设备和采用材料引起的危险（和健康损害）等。安全与健康委员会的成员组成情况有明确的规定，这里以安全委员会为例：

安全与健康总监作为委员会的主席，可以由雇主从相关工作场所负责全局管理的人中提名，但是获得提名的人应当来自负责安全监管的部门或曾经从事过安全监管事务，包括主席在内的一半成员由工会推荐，能够代表大多数工人的意见（没有工会的企业，由工人代表推荐）。

在发挥各级组织监督作用的同时，日本政府也通过专门的制度对各类机构进行授权，共同加强对企业的劳动安全检查。《产业安全和健康法》对特种机器和设备规定了详细的检查方法，比如：锅炉、起重机、防尘面罩的检查等，并且指定对从事危险性工作的工人进行专门培训的机构。厚生劳动省及地方负责劳动安全的部门通过授权的方式指定相关机构从事检查工作，并且把指定机构对外公布。包括：（1）授权在生产过程中检查的机构，这些机构负责锅炉（废热锅炉）的结构检查。授权对操作情况检查的机构，负责对特定机器设备操作情况的检查，比如：锅炉、超重机等。授权个人检查的机构，负责二级压力容器、小型锅炉等的检查。授权劳动保护产品类型检验的机构，负责对防尘面罩、安全帽的类型进行检验。（2）已注册的检验机构，应特定资格人的要求检查机器设备（专门的自愿性检查）。指定的验证机构，对资格证进行检查，授权的顾问检查机构，对工业安全和健康情况进行的指导性检查。（3）指定的培训机构，对从事特定工作的工人提供培训课程，对于资格证考试提供实际培训。

通过授权的方式从不同方面完善了劳动安全检查的内容，同时采用明确的授权标准接受公众的广泛监督。日本政府要求相关检查人员需要具备特定的资格认证，大部分授权机构要求是法人，并且拥有检查所需的设备和器械，培训机构需要具备培训设施，有财务支持或者能说明检查费用的来源等。

（三）根据本国劳动力实际状况制定合理的职业安全与健康规制政策

日本青壮年劳动力逐年减少，劳动人口不足问题日益严重。根据日本发布的《老龄社会白皮书》，2006 年日本总人口为 1.2777 亿，65 岁以上的老龄人口为 2660 万，老龄人口占日本总人口的 20.8%，每 5 个日本人中就有一位是老年人，日本成为世界排名第一的老龄化国家。为了缓解劳动力不足的现状，2006 年 4 月 1 日《高龄者雇佣安定法》开始施行，有工作意愿与能力的人员将可以工作到 65 岁。2016 年，日本厚生劳动省发布的人口推算数据显示：日本 65 岁以上的老龄人口数量为 3461 万人，占总人口的 27.3%，老年人数总量与比例都创历史新高，预计到 2030 年 65 岁的老龄人口比例将达到 31.5%。日本目前有数量众多的老年人口重新参与劳动，老年人口的职业安全与健康也成为未来关注的重点。随着年龄的增长，人体的各项生理机能逐渐降低，并且个体差异增大。日本对老年人的劳动安全进行了详细研究，采取专项措施提高老年人职业安全水平。年纪较大的劳动者在工作中最容易发生的事故就是跌落或滑倒，针对这种情况日本政府提倡对从事相关工作的老年人进行身体检查；简化操作设备便于老年劳动者使用，防止由于设备按键复杂导致操作不当引发事故；对老年人可以从事的工作进行划分，并对从事某种工作所需要的技能和感知能力也要求雇主做出明确的规定等。日本政府通过上述相关措施使继续从事工作的老年人能够享受基本的劳动保护，提高了从业者的劳动安全。

日本政府现在非常注意劳动者在工作中负担增大的情况，不断调整劳动安全卫生对策。日本厚生劳动省 2007 年 5 月 16 日公布的数字显示，在 2006 ~ 2007 年的财政年度中，日本全国共有 355 人因过度工作而患重病或死亡。这一数据创历史新高，同比增长 7.6%。然而，这一比例并没“驻足”，厚生劳动省提供的数据表明：截至 2015 年 3 月，日本判定的“过劳死”案件达到 1456 件，成为历史最高值。为了缓解劳动者对工作环境感到有压力或者心理负荷过大的情况，日本政府制定了“心理健康计划”，推动精神卫生管理的发展，推广“工作场所防止自杀手册”确保咨询机制的健全。日本政府还要求雇主削减加班时间，并且促进带薪休假，防止劳动者超负荷劳动。另外，随着经济和社会结构的发展变化，日本越来越多的女性参与就业，就业形式呈现多样化。针对出现的新情况，日本政府致力于“创造舒适的工作环境”，不分性别，使全民都能得到较高水平的劳动安全保护。

（四）细分接受安全和健康培训的人群，提高安全规制的效果

日本政府非常重视安全教育工作，不但设立专门的机构进行教育培训，而且根据工作性质的不同对工人的劳动安全设立了特殊的培训内容。为了防止工业事故，日本政府要求在较大风险下操作机器的工人或者在有害工作条件下工作的工人，都要获得资格证或者完成技能训练课程才能上岗，也要求雇主提供特殊的教育培训确保工人的安全和健康。日本政府对劳动安全和健康教育方面的规制主要有以下三方面的内容：

1. 雇佣期间和转岗期间的教育

雇主在雇用员工工作以及改变工人工作内容的时候要求提供安全和健康的课程。培训课程内容涉及：操作危险设备或是接触有毒物质时应注意的信息和正确的操作方法，操作步骤和操作前的设备检查，紧急事故的处理和疏散等与劳动安全相关的事项，并且根据企业类型不同对非工业类型的企业列出了减免教育内容的具体规定。

2. 特殊教育

对于危险和有害物质的操作不限于获得资格证或者强制性完成技能训练课程，日本政府要求雇主为从事相关工作的工人提供特殊教育。教育主要针对的行业和人群有：操作小型锅炉、操作承重小于 5 吨的吊车或承重小于 1 吨的活动吊车、操作升降高度不超过 10 米的工程车、缺氧环境下的工作、弧形焊接、磨损轮胎的替换和检验操作、压力机器金属模具的装配和拆卸工作、操纵工业机器人等相关的危险性工作。教育的内容由职业安全和健康的特殊教育条款规定，要求培训机构提供讲义和实际操作培训。以弧形焊接的教育内容为例：要求讲授弧形焊接的知识，弧形焊接的设备等，弧形焊接的工作方法，相关的法律和规章并且指导工人进行实际操作。

3. 对领班（或工头）的教育

这项教育针对的人群是在工作中直接进行生产管理的领班或工人，要求雇主为这些领班（或工头）提供特殊的安全和健康教育。日本政府明确规定了要求进行这种教育的行业，包括：建筑业、制造业（除食品和烟草加工制造业，纺织业，报业或出版印刷业）、电力和煤气供应业、汽车修理业、机器修理业。对教育的内容也做出了具体规定：工作方法的制定和分配工人工作的事项、指导和管理工人的事项、设备操作

和车间管理与控制的事项、出现异常情况时采取的措施、防止工业事故的指导思想等相关学习事项。

4. 对新分配工作的工人的教育

这项教育主要针对建筑行业。因为建筑工地很多工人属于不同承包人，重新分配工作后的第一周事故发生率非常高。针对这种情况，规制机构要求雇主为新手设立教育课程并讲解每项工作之间的联系，以及提供场地和材料进行培训，培训过程由相关承包人负责执行。

（五）把加强中小企业的职业安全与健康规制作为未来工作的重点

日本政府非常重视中小企业的发展，充分发挥他们在经济生活中的作用。但是研究发现，工伤事故的发生率随着企业规模的减小而增高，由于中小企业经营基础比较薄弱，对安全设施的投入是非常有限的，因此必须由防止工伤事故的团体促进其自觉地开展安全生产预防管理工作，相关机构通过电子杂志等新型手段为中小企业提供安全卫生信息，促进中小企业提高劳动安全水平，保障劳动者的安全和健康。

（六）关注员工心理压力问题，加强健康规制的力度

根据《过劳死频发困扰日本企业23%员工每月加班超80小时》一文，2015年12月电通公司的年轻员工因为无法承受苛刻的工作环境和超时工作而选择自杀。2015年，日本厚生劳动省对2万名员工进行了问卷调查后发现：近1/4的企业要求员工每月加班时间超过80小时，有超过1/3的员工认为自己处于高度疲劳状态。节奏快、压力大、时间长的日本工作文化已经成为一种严重的社会问题，并衍生出一个特定名词——“过劳死”。为了保障员工的健康权益，日本政府近年来加大对心理健康的关注度，主要通过以下两大支柱加强规制力度：

1. 第一支柱：健康规制体系

（1）心理健康规制的新内容。2014年，日本在修订的《产业安全和健康法》中加入“心理压力检测”这项新内容，主要用于检测员工承受心理压力的程度，为需要“长时间工作”的员工提供面谈指导并由医生实施心理健康检测，为实施心理健康措施而设立的心理委员会等机构负责员工心理压力的调查及相关事宜。

（2）心理健康规制中的雇主责任。经过修订的《产业安全和健康

法》在2015年12月正式实施，要求雇主应当建立心理压力检测系统。这一系统建立的主要目的在于预防员工由于工作带来的心理健康问题，提高员工自身对心理压力的认知，同时督促企业改进引起压力的工作环境。修订的法案中对“心理压力检测”的规定主要有以下六方面：企业应当通过厚生劳动省认定的医务人员和其他专业人士为员工进行心理健康检测；心理压力测试结果由医生和其他执行测试的人员通知员工，不经员工同意不得向企业通报相关情况；如果接受检测的员工提出申请，企业应当安排相应的医务人员进行面谈；企业不得以测试结果为由威胁员工或进行调动及解雇；企业应当根据医生的建议采取适当措施改进工作条件，比如：根据员工的实际情况改变工作地点、工作内容、缩短工作时间和减少熬夜加班的次数等；企业应当按照心理健康指导方针实施相应的活动。

同时，企业应当以《员工心理健康保障和改善方针》（2006年3月）为基本原则，制定符合本企业的相关制度，并且应当包括如下六项内容：建立健康调查委员会负责调查和讨论；制定员工心理健康提升计划；从员工自身、管理层、产业健康专员、外部专家和机构四个方面促进员工心理健康水平的提升；通过教育培训和信息分享、工作环境的鉴定与改善、心理健康问题的检测与报告制度、重返工作支持计划四个具体步骤实施心理健康计划；保障员工个人信息；关注体系内部各机构的具体执行情况。此外，企业还应当制定《预防与应对工作场所自杀》《由于心理健康问题重返工作岗位的支持计划》等相关文件。

（3）地方劳动部门和劳动标准检查机构的相关规制条款。企业除了遵守厚生劳动省等机构的规章外，还应当执行所在地员工劳动保护部门的相关规定。

2. 第二支柱：政府支持——提升工作场所心理健康措施

（1）实施全面的支持计划。规制机构对企业在实施心理健康保障措施、预防心理问题、员工心理早期监测、适度治疗、帮助问题员工返回工作岗位等方面的工作给予全面支持。政府提供的支持计划包括以下四方面：为需要咨询建议的企业提供帮助，应企业要求去工作场所提供现场协助，帮助企业制订员工重返工作计划，为企业管理者提供教育培训等。

（2）建立信息资讯平台。2009年，创建心理健康门户网站——

“心的倾听”，由政府提供与工作场所心理健康相关的综合信息。

(3) 其他支持计划。在职业健康促进中心为产业健康会员提供心理健康培训等课程；以地域为单位，由所在地区的产业健康中心为健康关爱体系不健全的小型企业提供帮助；在全国19个定点劳灾医院设立“员工心理健康电话咨询”热线，实时帮助员工解决相关问题。

第五节 国外职业安全与健康规制体制经验借鉴

本章对美国、英国、德国和日本的职业安全与健康规制进行了分析，选择上述国家作为研究对象主要是因为：(1) 按照职业安全与健康规制发展历程来看，上述国家在工业经济快速发展的初期都曾经历过高伤亡率，其后都通过规制改革取得了明显的效果。这些国家的共同特点就是改革不是表面化，而是从深层次进行的改革。每一项规制政策都有法律、法规作为执行的依据，并且设立了专门机构执行职业安全与健康规制政策。虽然，这些国家都属于发达国家，但与中国所经历的阶段具有一定的相似性，具有很强的借鉴作用。(2) 这几个国家的规制体制都各有特点。美国是世界上对职业安全与健康规制内容研究最广泛的国家之一，德国是世界上最早颁布工伤保险法的国家，英国是世界上现代劳动立法的先驱，日本是世界上安全事故率最低的国家之一。(3) 按照事故“易发期”所处的经济发展区间及时间跨度来比较：美国、英国的“易发期”处于人均GDP在1000~3000美元之间，时间跨度分别为60年(1900~1960年) 和70年 (1880~1950年)；战后新兴的工业化国家日本的“易发期”则处于人均1000~6000美元之间，时间跨度缩短为26年 (1948~1974年)，研究日本高效的规制体制对中国的职业安全与健康规制及对策研究有重要的借鉴价值。

基于上述理由，本书对上述国家的职业安全与健康规制进行比较分析，其对我国的借鉴与启示主要表现在以下几个方面：

一、健全的法律体系是职业安全与健康规制的基础

职业安全与健康规制是一个不断演进的历史过程，一项规制政策又

是以立法作为基础来实行的。因此，完整的规制法律体系对规制政策是否有效率起到决定性作用。任何一个国家的法律体系都是在不断地调整中逐步完善的，国家要根据具体的经济发展状况和可能产生的规制需求进行修订。

在职业安全与健康规制的法律体系中一般都有一个主体法，并附以相关的法规形成完整的法律体系。日本以《工业安全和健康法》作为主体法，在此基础上又颁布实施各行业的劳动安全标准，根据相关的法律成立专门的规制机构具体执行法律赋予的职责。健全的法律体系不只表现在法律的制定上，更重要的是实施后的效果，以及随着新形势变化的改进情况。英国以《工作健康安全法》为主体法，政府根据实际情况进行改进，减少法律在规制过程中的滞后性。要求在法律条款中使用简洁的语言，明确责任和义务，并且要对已经颁布的法律进行评估，考察劳动安全规制的效果。不仅日本和英国，其他两个国家成功的职业安全与健康规制都是以健全的法制为基础的，这是保证规制政策有效执行的基础。

二、赋予规制人员必要的权力并加大企业违规成本

一项法律和规制政策无论多么完整，如果没有真正的实施都将失去意义，在加强执法力度的同时增加违规的成本会对违规者产生威慑作用。

对执行规制政策的监察人员赋予必要的权力是保证规制力度的重要一环，如果只是停留在对企业提出建议的程度或者监管权力不明确，那么规制政策对企业来说就没有重要影响。因此，必须赋予规制机构和规制人员必要的执法权力。比如：英国明确规定规制人员可以随时进入工作场所，对企业进行监管时拥有的处罚权力等；日本根据相关法律规定对非官方同业组织授权，并且由厚生劳动省制定得到授权机构的标准、授权的组织应负责的具体事项等，配合政府共同加强职业安全与健康的规制监察；德国也通过授权的方法赋予同业公会一定的检查权力，帮助政府处理一部分劳动安全规制事务。

严格的执法检查可以保证规制政策的实施，但如果只是采用反复的检查或警告对企业也不会产生太大的压力，因此还要对违规企业采用高

额罚款，企业很有可能因为违反规定导致破产，甚至会面临刑事诉讼。规制机构的这种做法加大了企业违规的成本，在法律上对企业产生了威慑作用。比如：美国对于违反劳动安全相关规定而造成劳动者伤害的负责人最高可以判处终身监禁，英国对造成死亡事故的企业负责人可以以故意杀人罪起诉，德国对违规企业施以重罚，可能会导致企业破产。因此，许多企业自身就非常重视法律要求，努力采取各种安全措施尽量避免事故发生，自觉遵守职业安全与健康规制政策。

三、充分发挥各级组织的力量并加强国际合作

职业安全与健康规制政策的实施和执行不能只靠政府一家，应当充分发挥各级组织的力量，调动多方积极性共同提高规制的水平。比如：德国通过同业公会和工会共同检查企业可能存在的安全隐患，并要求企业及时改正。英国在控制安全风险方面集合了政府、雇主和工会的力量共同致力于提高安全生产水平。

在加强本国职业安全与健康规制的同时，各国广泛开展国际交流与合作。日本设立“职业安全和健康国际中心”，专门负责劳动安全方面的海外交流，了解国际最新的安全与健康信息，并为本国企业提供政策咨询。德国和英国都积极与欧盟组织成员国合作，通过劳动安全交流和科研合作共同提高国内的职业安全与健康规制水平。

四、根据本国的劳动力特点确定职业安全与健康规制的重点领域

目前，各国在职业安全与健康规制方面的侧重点不同，但其共同点都是放在最易发生事故的行业和人群上。确定规制重点可以将政府有限的资源集中使用，提高这些领域内的规制效率。比如：美国越来越多的未成年人在业余时间参与生产过程，这部分人群由于低龄、缺乏培训教育成为目前美国工伤事故的高发群体。因此，美国指定专门的机构对未成年人的劳动安全进行监管，总结事故多发的原因，并要求雇主、教师和家长严格注意。日本老年人口在劳动力市场所占的比重不断提高，所以日本政府把规制的重点和未来的监管目标放在老年人口的劳动安全方

面。德国也有专门的机构对老年劳动者的职业安全与健康进行专项研究，并且负责实施相关的规制政策。通过侧重点的不同开展专项研究，根据本国发展的实际状况确定规制的专项研究重点，可以大大提高规制的效果和效率。

五、设立职业安全与健康准入（退出）制度

政府采取规制政策减少劳动风险的有效措施就是实行准入和退出制度，通过这种方法把达不到安全标准的个人或行业排除在外，对达不到安全规定、存在事故隐患的企业实行退出制度，从而有效减少事故的发生率。准入制度在职业安全与健康规制中一方面表现为要求个人取得相应的工作资格证，一方面表现为对企业实行安全达标的准入或退出制度。比如，美国对于不具备安全生产条件的企业坚决予以关闭。1969年，美国根据《煤矿安全与健康法》关闭了约2000多家安全不达标的煤矿，虽然煤炭年产量下降，但煤矿事故死亡人数减少了近70%①。美国国家职业安全和健康机构通过专门研究，对特殊行业（如建筑业）使用未成年人的条件作了具体规定，通过这种方式设立进入规制。英国对于高危险或需要特殊监控的行业实行许可证制度，严防不合格企业进入造成生产事故。各国全部都对工人持证上岗做出了要求，其中德国最为严格，在正式成为一名行业工人前必须接受专门的学习，接受正规的安全培训。通过这种方式，工人素质普遍较高，从企业内部减少了事故的发生率。

六、促进科技成果在职业安全与健康规制中的应用

随着生产设备的不断改进，人们面临的风险与以前相比有很大的不同。为了减少新情况下的风险程度，各国都非常重视使用科技手段提高安全生产的水平，而且广泛认识到科学研究需要多方的共同协作。因此，政府一方面拥有自己的科研机构，另一方面在尽可能的范围内与相关科研机构合作，同时开展广泛的国际交流与合作。比如，日本在危险

① 朱晓超、康理诚：《美国煤矿安全启示》，载《财经》2004年第25期，第38~39页。

行业使用机器人代替人进行生产，并与相关科研机构合作进行技术研发，在企业中推广并提高科技成果的应用。英国政府非常重视安全生产的科技投入和开发，每年投入巨资进行科学研究，并且在劳动检查方法上也采用计算机管理手段，做到数据精确可查，对企业进行分级然后确定对应的规制标准。德国在煤矿行业是科技成果应用最广泛的国家之一，大量采用计算机、电子监控等手段参与生产过程，不但有效预防了事故的发生，也为事故发生后的紧急处理提供了技术支持，最大限度地减少了伤亡率。

七、培养职业安全与健康文化环境，减少人为事故伤害

职业安全与健康文化如同企业文化一样对于经济发展具有十分重要的作用，发达国家不但重视职业安全与健康规制的实施，还把安全文化建设作为规制改革的一项重要补充。比如，德国专门设有职业安全和健康展览，并把它作为政府劳动安全规制机构的补充，作为与公众交流和传播安全文化的窗口。日本政府设立了安全博物馆，通过安全和健康高级信息中心使人们能够使用计算机模拟事故场景，增强人们对安全生产的认识。

人是生产活动的主体，由于人为原因造成的事故成为安全生产中的最大杀手。与其他引起安全事故的因素相比，人为原因引发的事故可以通过预防而大幅减少。一方面，通过对从业人员的培训来减少事故的发生。美国政府为企业培训提供免费咨询计划，并且设立专门的劳动安全课程，适用对象包括全体劳动者。日本政府在培训中还对转岗和新分配工作的工人进行专项培训，避免在新工作岗位的适应期变为事故的高发期。德国政府在输出工人的职业学校专门设置了实践学习的课时，确保在上岗前就熟悉基本操作。除此之外，德国政府在学校教育中普及“安全和健康”教育，从小就形成了良好的安全文化氛围。发达国家在培训中又根据具体情况对不同的人群进行重点培训，年轻人和未成年人是各国越来越重视的劳动安全培训对象，减少他们由于人为原因给自己和社会造成的损失。日本政府根据老龄化的特殊国情在职业安全与健康规制中将老年劳动力作为关注的重点，将创造舒适的工作环境作为未来劳动安全的发展目标。另一方面，通过对大众的宣传教育达到预防的目的，

这种方法影响力大而且覆盖面广。比如，德国政府将安全生产的研究成果印成简单实用的刊物发行；日本政府通过纪念日的方式每年都举行全国性的安全活动，传播安全理念，提高公众对安全生产的重视。英国政府通过印制免费读物的方式向企业和公众发放，增强日常劳动安全知识的积累。通过专业培训劳动者不但达到了上岗工作的要求，而且形成了企业和劳动者主动预防的强烈意识，将安全文化看作是生产和生活的一部分。

八、制定未来职业安全与健康规制的发展目标

成功的规制政策必须保证实施的连续性，由于经济和社会的发展情况各不相同，因此各个国家都根据现有的劳动安全状况制定未来的发展目标，并且努力为实现远景目标打下基础。应当说，各国的终极目标都是相同的，就是要实现劳动者的最大安全保障，把政府的外在规制变为企业和工人自身防范的内在动力。虽然在制定远景目标时侧重点各不相同，但是各国均在多方面进行了积极有益的探索。

任何一个国家的职业安全与健康规制体制都是与本国的经济发展和社会背景紧密结合的，我们不能完全照搬其他国家的发展模式，但是可以借鉴其他国家在劳动安全规制方面取得的成功经验，达到“他山之石，可以攻玉”的效果。

第六章　新常态下中国职业安全与健康规制改革方向及对策

职业安全与健康规制属于社会性规制的内容，是政府规制的重点内容之一。目前，中国的职业安全与健康规制体制已经建立起来，具备了保障劳动者工作安全的规制法律体系和相应的规制机构。新常态是中国经济和社会发展难得的机遇，也是考验职业安全与健康规制的重要时刻。为了保证“十三五”规划的顺利实现，职业安全与健康规制必须通过改革与创新适应新发展、新变化和新需求。通过分析新常态下职业安全与健康规制面临的主要问题，我国规制的发展趋势及对策主要体现在以下几个方面。

第一节　评价政府职业安全与健康规制效果：“成本—收益”法

职业安全与健康规制要靠政府规制机构和规制人员来完成，日常的规制活动会产生数额巨大的规制成本。政府规制的实施将直接影响经济效率，从而产生相关费用，如效率成本、转移成本、反腐败成本等（谢地，2003）。国外发达国家在考察职业安全与健康规制政策效果的时候，都将规制活动产生的成本和收益进行对比分析。目前，我国的职业安全与健康规制也需要形成成本—收益观念。要对规制者本身进行规制，采取激励与约束机制减少政府由于委托—代理关系产生的效率成本。改善政府在职业安全与健康规制中的“缺位”和多职能部门共同管理的“越位”情况，构建规制机构职能明确、立法规范、执行高效的劳动安全规制政策。适当引入非政府组织参与规制活动，促进企业自觉遵守劳动安全的相关规定，减少政府规制成本，提高规制收益。实行规制机构经费审计制度，接受社会的广泛监督，重大的职业安全与健康规制政策实行听证会制度，确保规制政策的制定、执行符合成本—收益原则。职业安全与健康规制的本质是为了保障劳动者的权益，帮助用人单位更科学、合理地使用劳动力，实现社会的良性发展。规制政策并不是越严越好，也不能完全依靠市场经济，而是兼顾公平与效率并实现劳动者和用人单位的帕累托最优，即：保证用人单位可以实现盈利的同时保障劳动者的职业安全与健康，使双方在规制政策下形成各自的最优效用组合，而此时执行的监管活动符合成本—收益原则，是一种理性的、适度的规制政策。

一、提高职业安全与健康规制机构的执行效果——由激励促收益

目前，中国职业安全与健康规制机构的职能关系已经比较清晰，改变了过去规制机构职能交叉、权责不清的情况。但是，要保证规制活动的效率和效果，除了完善的法律体系和机构外，更重要的是各级机构的具体监管活动。为了保障劳动者的职业安全与健康，中央政府制定规制的总目标和具体标准，通过各级政府的执行不断降低工作风险和职业危害。地方政府在职业安全与健康规制过程中，有时会受到地方利益的驱动，偏离中央政府设定的安全生产规制目标，出现中央政策到地方层层减弱的情况。从委托—代理理论的视角，中央政府就是职业安全与健康规制活动的委托人，而各级政府为代理人。当委托人和代理人的信息不对称时，委托人将一部分任务授权给代理人，此时由于两者的收益函数不相同直接给目标任务的完成带来很多问题，这时自然而然地产生了对职业安全与健康规制的激励问题。根据对中央政府和地方政府委托—代理关系的分析，这种目标的不一致性主要是由于“激励空缺”的存在，激励与约束不协调，代理层级过多以及激励适用人群太少和难以调动全体积极性等原因造成的。因此，在职业安全与健康规制改革中，应努力解决为什么激励、激励的原则和怎么激励三个方面的问题。

首先，激励是提高规制效果降低成本的最优选择，它可以有效地解决规制执行过程中的信息不对称问题。诺贝尔经济学奖得主莫里斯认

为，中国经济面临着许多特殊的问题需要特殊的分析才能解决。激励问题是所有经济面临的一个核心问题，中国经济改革要解决的似乎也是个激励问题。[①] 激励理论是在委托—代理理论的基础上发展并完善的，主要研究在信息非对称情况下合约的设计，激励代理人的行动与委托人的目标相一致。要减少利益不一致和信息不对称所引起的代理成本，就需要建立以代理人业绩为基础的激励型报酬方案，通过风险分担和激励兼容来激发代理人努力工作。根据激励强化理论，人的行为是对以往所带来的后果进行学习的结果，这个后果分为两种情况：一种是奖励（正激励）；另一种是惩罚（负激励）。如果人们因为某种行为受到了正激励，那么他就可能会重复自己的行为；但当某种行为遭到惩罚时，可能会停止这种行为，也可能继续进行，这时受到负激励的程度会影响理性人的行为。在解决地方政府与中央政府职业安全与健康规制目标不一致的问题时，为了提高规制效率，可以引入负激励规制，同时适当提高负激励的程度。比如：2016 年 8 月，国务院办公厅颁布《省级政府安全生产工作考核办法的通知》，明确要求各级政府提高安全生产责任性，通过“党政同责、一岗双责、失职追责”的方式，促进安全生产形势的根本好转。为了保证对各级政府实施考核时的公正性，采取量化分数的方式，将考核结果划分为四个等级。各省级政府每年报送一次年度安全生产自评报告，并接受国家安委会的现场核查抽查。对于发生特别重大事故的省份，采用“一票否决”的方式，直接评定为不合格。对于考核结果为优秀的省级政府给予表彰，并将结果抄送中央组织部、中央综治办、中央文明办，并向社会公开。通过这种方式，可以有效地监管地方政府在职业安全与健康规制中的执行情况，并通过抽检、打分的方式改变中央政府信息不对称的劣势，从根源上提高地方政府监管的主动性和积极性，最大限度地实现地方政府与中央政府规制目标的一致性。

其次，遵循“参与约束”和“激励相容约束”相结合的激励原则。对地方各级政府及公职人员的激励不同于企业内部的激励研究，因为公共部门本身固有的特点使激励问题变得更加复杂。参与约束是指代理人从接受合同中得到的期望效用不能小于不接受合同时能得到的最大期望效用，而代理人“不接受合同时能得到的最大期望效用”由他面临的

---

① 郝英奇、刘金兰：《动力机制研究的理论基础与发展趋势》，载《暨南学报》（哲学社会科学版）2006 年第 6 期，第 50 ~ 56 页。

其他市场机会决定；[①] 激励相容约束是诱使代理人不偷懒，促进代理人努力工作，使认真工作的净收益大于怠工得到的净收益的机制。2014年，习近平总书记在"三严三实"的讲话中提出："用权为民，按规则、按制度行使权力；要脚踏实地、真抓实干，敢于担当责任，勇于直面矛盾，善于解决问题，努力创造经得起实践、人民、历史检验的成绩。"代表中国最广大人民的根本利益是中国共产党的一贯追求，受到人民拥护是政府业绩得到肯定的重要标志，是各级政府努力实现的目标。这表明，对于各级政府来说，政绩不能只用经济发展速度这一个指标来衡量，应当将促进全社会的和谐与稳定发展作为总体目标。经济效益和劳动安全并不是矛盾体，而是一对相互促进的共同体。职业安全与健康不仅是一个国家经济发展的问题，而且还是关乎民生的社会问题，而全心全意为人民服务是实现这一目标的唯一途径。因此，在激励各级政府提高规制效果的活动中，激励的参与约束就是：降低工作风险，保障劳动者的职业安全与健康是提升政府执政能力的重要内容和最优选择。为了保证各级政府在监管活动中按规则、按制度行使权力，中央政府实施激励相容约束，即：党中央要求政府工作要转变思想观念，任何时候都不搞特权、不以权谋私，增强推动改革发展的自觉性、自律性和责任心，对于只当官不干事、只揽权不担责的行为给予严惩。在职业安全与健康规制活动中，要求各级政府必须担负安全监管的主要职责，严格执行法律法规的要求，保证所在地区将经济发展与劳动者的安全保障作为同等重要的目标。

最后，设计地方政府激励机制解决"怎么激励"的问题。主要从以下三个方面实施：

（一）设立职业安全与健康规制的具体目标，细化监察工作内容

根据目标激励理论，明确主要工作目标是提高工作效率的源泉，清晰的目标是提高工作绩效的保证。目标激励理论的主要内容有：工作任务、职责和责任的详细说明；工作的时间跨度；如何对绩效进行评估等。因此，在职业安全与健康规制的完善与改革中要对安全生产监管机构的公职人员详细划分工作的目标，对工作内容进行定性和定量分析，

---

① 张维迎：《博弈论与信息经济学》，上海三联书店、上海人民出版社1996年版。

尤其要注意对定量指标的制定。定量并不是指查处了多少违规生产的企业，罚款额有多少，而是指细化工作任务。因此，中央政府要明确地方政府的责任和义务，各级地方政府要将所有企业的安全生产情况记录在册，并且将任务分解；对于具体监察部门，则要求每个部门确定每年检查单位的数量，隐患的整改率要达到指定的标准，对于重点高危行业要增加每年检查的次数，事故的结案率以及死亡事故罚款额收缴等都要有明确的规定。只有指标细化才能达到规制的目的，通过量化的方式才能使规制的效率提高。

（二）完善激励制度，增强个体工作动力

一项激励政策是否能起到期望的效果，或者说这种激励政策会对代理人产生多大的影响主要受几个因素的影响：

首先，努力与绩效之间的关系。在对地方政府职业安全与健康规制指标进行量化的同时，也要对考核奖励指标进行细化，明确考核奖励的等级和标准，使监管人员在工作中能够产生一种激励。这种激励是一种“显性激励机制”，就是委托人为了激励代理人与自己的目标相一致，根据所观测到的代理人行动和结果作为奖惩的依据。

其次，个体绩效和组织奖励的关系。这种关系体现在组织奖励的可信性和执行度方面。如果个人绩效与组织的奖励关系不太密切，或者很难执行，那么规制人员就不会有动力去努力工作。目前中国对规制人员的惩罚性条例多于激励，缺少国家级的激励条款，且多以地方制定的标准为主。不少地方的激励条款制定得不够详细，往往流于形式，对规制人员缺乏承诺性。因此，应当从中央一级制定统一的激励方案，地方政府要根据实际情况进行灵活细致的调整，同时加入组织奖励的执行度，从而对规制人员产生更大的激励。

最后，奖励与个人期望价值的关系。在一般情况下，当奖励与个人期望价值相差不多时，个体就会非常有动力认真工作，提高自己的努力程度。对规制人员采取扩大经济收入是一种直接的方法，在对职业安全与健康规制机构监察人员进行精神激励的同时，不能忽视物质方面的激励。随着经济的快速发展，社会各阶层的收入变化较大，规制人员的薪水相对较低，这种状况不但会影响他们工作的积极性，也为“寻租”和“索租”提供了机会。比如，煤矿行业高发的事故率与官煤勾结和

权钱交易有很大关系。因此，提高规制人员的收入水平，加强利益激励很有必要。高薪未必高效，仅靠单纯的物质激励不能达到良好的效果，必须在激励的同时辅以必要的约束。目前，世界上比较成功的类似做法有新加坡的“中央公积金”制和香港的“退休保证金”制，即按职务高低、工作年限和薪金水平，根据不同的扣留比例累积“公积金”，一旦出现违法乱纪的情况，不仅“公积金”会被扣掉，甚至连领取退休金的权力也会丧失。我国可借鉴这一经验建立一种类似的“公职金制度”，对规制人员实行激励和约束。

（三）扩大激励的覆盖面，充分调动全体规制人员的积极性

根据投入—产出的基本原理，规制人员在得到正激励后，不仅注重自己投入和所得的绝对报酬，还会关注于其他人的情况，通过比较考察自己报酬的相对量，即根据自己的努力程度、工作经验、时间等投入与薪酬、职位晋升、奖励等所得进行比较，同时还会与其他人进行横向的对比考察是否公平合理。其公平等式为：自身所得/自身投入 = 可比的他人的所得/可比的他人投入。当人们认为投入和所得不公平时，将直接影响以后工作的努力程度和积极性。目前，国家对职业安全与健康规制机构的公职人员普遍采用考核机制，但在考核中受到奖励的人数很有限，对普通规制人员的激励相对较小，而大部分的基层工作都是由普通的规制人员完成。因此，今后在制定激励政策上，应当力求公平，将奖励的程度和范围尽量扩展到大多数规制人员上，平衡其投入与所得的相对量，提高劳动安全规制的效果。

（四）通过授权激励减少职业安全与健康规制中的多层级代理关系

在中央政府和地方各级政府的委托—代理关系中存在着多重代理关系，而且地方政府还存在面对多个委托人的共同代理关系。委托人越多，各级政府对不同代理任务的努力成本的替代性就越强，显性激励在公共部门的作用就越小。地方政府除了负责经济发展、社会稳定、加强安全生产等多项任务外，还要接受中央各级部门的检查，越是基层政府接受的监督越多。在完善的激励制度下，中央政府完全可以制定和依据相关的法规对地方各级政府进行授权，激励下属对某些行业的职业安全与健康规制负起责任，根据实际情况采取对策及时处理。当然授权不等于放权，

主要通过这种方式使地方政府不受过多的干预，减少由于层级代理关系过多带来的劳动安全规制效率低下的情况。因此，可以建立外部激励和内部激励两种制度，即外部激励主要在防止代理人受到利益驱动偏离委托人目标时使用，而内部激励是代理人从内心中真正受职业荣誉感、工作责任感、时代使命感而出现的。内部激励的形成对于解决地方政府与中央政府规制行为不一致的问题具有重要的意义，但其建立并非一日之功，需要通过经常性、持久性的教育、培训和良好的社会氛围等共同形成。

二、在重点领域实施有效的规制政策——抓主要矛盾降成本

新中国成立至今，以煤矿百万吨死亡率为代表职业安全规制取得显著成效，安全生产形势实现“三个持续下降”，但是在提升整体安全与健康生产水平方面必须实施有效的规制政策，为全面建成小康社会提供安全保障。实施有效的职业安全与健康规制离不开完善的法律法规体系，“有法可依，有法必依，执法必严，违法必究”是建设和谐的法制社会必须遵循的16字方针，也是职业安全与健康规制应当坚持的基本原则。2017年，国务院颁布《安全生产“十三五”规划》，明确未来重点监管的六大领域，即：煤矿、非煤矿山、危险化学品、烟花爆竹、工贸、职业健康。规制政策不但要考虑成本与收益，更要通过“抓重点”的方式注重实施的效果。国家安全生产监督管理总局将从根本上完善职业安全与健康规制体制，淘汰落后工艺、技术和产能的小企业，积极关注并应对新型生产方式、新材料、新工艺可能带来的职业危害，提高企业主体责任意识，使安全监管执法活动更规范、更具权威性。通过这些专项行动，可以看出政府正在着手解决安全生产领域的根源问题，并且采取坚决的措施进行整改。因此，未来的发展趋势就是要走“立法、检查、预防”为主体的道路，用创新思路深入推进职业安全与健康领域的改革，中央与地方各级政府将紧密配合严格执法检查，加强企业对安全生产的投入和全社会安全意识的培养，积极预防事故发生，共同提高劳动者的工作质量和安全健康水平。

三、提高用人单位的主观能动性降低政府强制规制的成本

职业安全与健康规制是有成本的。在规制过程降低成本，有助于提

高收益和规制的效率。目前，用人单位的职业安全与健康主体责任意识还没有建立起来，部分中小企业还将其视为增加成本的多余项目，从主观上对应当承担的风险防范责任有抵触情绪，导致国家不得不通过反复检查督促企业提高安全保障能力和水平，这是形成规制成本的重要原因之一。因此，降低这种主观原因带来的成本，就必须从根本上让用人单位认识到安全生产能够带来的巨大经济和社会收益，形成风险控制的积极性和主动性。目前，我国在政府规制成本比较高的领域，或者已经取得明显成效的行业，可以采取激励措施促进用人单位主动改进安全生产不足的部分。比如：为了保障劳动者的安全权益，国家要求用人单位必须参加工伤保险。原来的工伤保险费率政策是 2003 年制定的，根据行业风险等级实施 0.5%、1%、2% 这三种费率标准。由于工伤保险采取单位缴费而个人不缴费的方式，所以部分用人单位觉得费用较高而通过不与员工签订劳动合同等方式逃避责任。为了适应社会发展的新常态，2015 年 10 月 1 日我国开始执行新的工伤保险费率政策，将原来的三类行业风险标准扩大到八类，明确各行业差别费率从一类至八类分别控制在该行业用人单位职工工资总额的 0.2%、0.4%、0.7%、0.9%、1.1%、1.3%、1.6%、1.9% 左右。同时，对企业采用浮动费率，实行差别费率主要是依据工伤事故和职业病频率的情况。一类行业分为三个档次，即在基准费率的基础上，可向上浮动至 120%、150%，二类至八类行业分为五个档次，即在基准费率的基础上，可分别向上浮动至 120%、150%，或向下浮动至 80%、50%。通过费率的调整，不但没有降低参保职工的待遇，而且还可以减轻企业的负担，提高企业参保的积极性。

通过经济调节手段促进企业加强安全生产，可以提升工伤保险的预防作用，有效地保障劳动者的安全。如果企业上一年度事故率高，那么将会在来年适用较高的费率，增加工伤保险缴费额。使用这种经济杠杆将有效地激励企业增加安全投入，主动预防事故。通过这种方式，国家可以减少劳动职业安全与健康规制的成本，提高安全规制的效率，这是一种正激励。同时，国家也可以采用负激励的措施刺激用人单位注重安全生产，即：通过不断加大重点行业违规的处罚成本，刺激企业加强安全生产。从未来发展趋势来看，国家这种负激励的政策不会减弱，国外的实践经验已经证明，高额处罚会对企业产生很强的威慑作用。因此，规制活动必须以提高用人单位主体责任为着眼点，将“被动检查”转变为“主动整改”，实现职业安全与健康规制“低成本、高效率”的预期目标。

第二节　促进以工会为代表的社会团体参与规制活动

根据对中国职业安全与健康规制的具体分析发现：非政府组织参与规制活动的比例较低，在规制活动中发挥的作用较小。相对比而言，发达国家的非政府组织、企业和工会等多元主体共同参与安全规制活动，可以对规制政策的制定提出建议，通过授权参与规制监管。这种以政府为主导，非政府组织为补充的模式可以提高全社会参与职业安全与健康规制的积极性，通过相互独立、相互促进的行为主体形成“积极预防，以人为本”的劳动安全观念，弥补政府规制出现滞后和失灵，同时对政府的规制行动起到监督作用。比如：德国通过同业公会和工会共同对企业的安全隐患进行排查；英国通过在企业内部设立安全助理帮助雇主调整和实施有关工作安全的措施；日本则通过授权的方式将安全生产检查的权力下放给不同的非官方机构，完善劳动安全监察的内容等。

新常态下中国职业安全与健康的规制主体仍然是政府，在规制活动中居于主导地位，但是经济结构转型与升级使规制创新已成为必然趋势，其主要体现在以下两个方面：一是传统行业的监管活动仍然需要细化。以煤矿行业为例，矿工岗位对学历、技能的要求不高，同时因为工作的危险性提供一个相对较高的“补偿性工资”，因而吸引大量劳动力，形成供给大于需求的现实状况。① 因此，在劳动安全无法保障，或者对安全生产存在质疑，甚至在自己的合法权益被侵犯时，都不敢轻易提出。通过前面章节对煤矿企业劳动安全的分析就可以清楚看到，矿主在安全不达标的情况下，工人依然会选择继续接受工作。工人对工资和安全水平的选择转变为对就业和失业的选择。② 在这种情况下，政府的职业安全与健康规制是保护工人合法权益的手段。但这种规制政策很大

① 蔡昉、都阳、王美艳：《中国劳动力市场转型与发育》，商务印书馆2005年版。

② 肖兴志等：《中国煤矿事故频发的博弈解释》，载《财经问题研究》2007年第7期，第28～34页。

程度上却只能在宏观层面发挥作用，具体到企业内部的微观层面作用就会减弱，所以当前迫切需要工会组织来保障工人的利益。二是新常态下出现大量新型职业危害，尽管已经给从业者带来伤害，但是由于技术评测等原因尚未被列入职业风险目录，预防、控制、立法等方面还处于空白区。比如职业压力和心理问题已经从过去人们观念中的“个体事件”转变为一种普遍现象。由于其具有复杂性、长期性和隐私性等特点，因而产生的危害和后果更持久，同时也会给未来经济转型和发展带来不利影响。因此单纯依靠政府执行所有的监管活动，不但无法面面俱到，而且也不现实。那么，新常态下以工会为代表的非政府组织，是否能够充发挥优势，提高新常态下的规制水平，就需要从效率和效果两方面进行论证。

一、工会参与规制活动的效率和效果分析——以员工心理健康为例

目前，由工作带来的心理障碍已经成为影响劳动者职业健康的新问题，受经济条件、认知水平和专业性等多种因素的影响，用人单位还没有承担起主体责任，而员工对心理健康服务的需求却越来越大。在规制政策存在盲区的情况下，工会作为代表劳动者权益的群众组织可以发挥重要作用。因为，从工会性质上看，它是在党的领导下，由各类员工自愿结合而成的群众组织；从承担的责任上看，它是广大劳动者权益的代表；从工作内容上看，它在不同发展阶段通过各类服务满足了员工的需求。然而，尽管工会具有上述优势，但对于心理健康服务来说，提供者通常都是由受过专业训练的人员担任，这对于工会现阶段还很难实现，只能通过向专门机构“购买”的方式为员工提供服务。在这种情况下，必须考察工会提供服务的效率和效果：一是工会的购买行为，是否比用人单位具有更高的投入与产出比（效率）。二是工会向专业机构购买服务，能否实现为员工提供高质量服务的目标（效果）。

（一）效率分析：工会与用人单位

心理健康服务的效率，是指在工会与用人单位都选择购买服务时，比较双方的投入—产出比。这种效率的比较可以采用博弈的方法分析双方的最终行为和选择结果。由于用人单位发展规模、人数、类型差别较

大，为了简化博弈分析提出以下三个假设条件：

条件1：对于心理健康服务项目，工会与用人单位都有两种选择，即：工会（提供，不提供），用人单位（参与，自行购买）。

条件2：如果工会选择为会员单位提供心理健康服务，可以通过招标等方式选择专业机构，活动产生的相关成本记为 C_1，购买服务的费用由参与该项目的用人单位共同缴纳，每个单位缴纳的费用记为 C_2，参加的单位越多其承担的费用越低。如果用人单位自行购买服务，选择专业机构花费的时间、人员等成本记为 C_3，购买同样服务的议价能力通常弱于具有“团购”性质的工会，其成本记为 C_4，则 $C_2 < C_4$。

条件3：由工会提供或单位自行购买的服务是同质的，员工在服务中获得同样的心理健康提升水平。其中，工会获得的社会收益记为 R_0，这种收益主要通过效用来体现，是满足员工和用人单位的需求而带来的社会正能量；而参与和自行购买服务的用人单位都会从员工心理健康的改善中获益，因而其收益均记为 R_1。根据上述条件可以形成如下矩阵（见图6-1）。

		工会	
		提供	不提供
用人单位	参与	$R_0 - C_1$，$R_1 - C_2$	0，$R_1 - C_2$
	自行购买	$R_0 - C_1$，$R_1 - C_3 - C_4$	0，$R_1 - C_3 - C_4$

图6-1　工会与用人单位在心理健康服务中的矩阵图

通过分析发现，提升员工心理健康水平的最优选择是（工会提供，用人单位参与）。在这个过程中，工会、用人单位和员工的收益均会增加，形成一个合作博弈并最终提升转型期的整体利益，因而工会在提供心理健康服务方面具备高效率。

（二）效果分析：工会与专业机构

当工会向专业机构购买心理健康服务时，就会形成“委托—代理”关系，即：工会作为委托人，专业机构为代理人。由于委托—代理关系具有非对称信息的特点，所以工会主要面临两种影响服务效果的风险，即：合同订立前的逆向选择和订立后的道德风险。为了减少购买协议前出现的逆向选择，工会可以采用信息调查、招标等方式规避风险，从而挑选最佳的专业机构。在协议订立后，作为代理人的专业机构能否达到委托人设定的目标，成为衡量工会提供服务效果的主要内容。这一阶段容易出现的道德风险主要有以下几方面：一是服务目标的转移。如果专业机构期望与工会长期合作，可能会将服务的重点放在如何与工会保持较好关系而非提高服务质量上，容易滋生“寻租”等腐败行为；二是监管成本的提高。如果工会对心理健康服务不了解，缺乏获取信息的直接渠道，就必须通过制度设计、增派人手、对项目进行反复监测等方式考察专业机构的工作行为，监管成本会随着服务项目和专业难度的增加而提高，当监管成本高于工会实际承受能力时会使监管流于形式；三是基于成本而非质量的服务原则。如果工会无法获取专业机构在提供服务质量和水平方面的真实信息，那么代理人就有机会选择只达到考核目标但自身收益较大的服务行为。当专业机构遇到较复杂的情况，需要调整变通或后续跟进时，往往会选择只完成协议要求而非选择最优解决方案，这种收益最大化的理念会给服务质量的提升带来负面影响。因此，要降低信息不对称带来的风险，工会的最优选择是采取分段购买服务的模式，与专业机构形成“委托—代理—共建”的关系，即：工会参与对专业要求较低的初级心理需求服务，将专业技能要求较高的中、高级服务委托给专业机构。这种模式使工会不但可以直接面向员工，动态了解他们心理需求的变化，而且还能获得专业机构在服务行为和水平等方面的信息，有效地降低监管成本，并在遇到复杂突发问题时，通过沟通与协调快速提供对策，从而有效地解决全面购买模式下容易出现的监管难、灵活性低和服务质量难以控制的情况。

二、工会参与规制活动的模式

为了满足转型期广大职工对心理健康服务的迫切需求，工会可以通过向专业机构分段购买的形式，在“委托—代理—共建”关系的基础上建立“心理健康服务共享中心”，即：PHSSC 模式。[①] 它是一种通过

① PHSSC 是 psychological health service shared center 的首字母缩写。

引入市场运作机制，并基于网络技术和数据分析方法为员工提供服务的创新管理模式。因此，员工心理健康服务的工会模式是指：以 PHSSC 为核心，以会费作为服务经费的主要来源，由专业人员提供服务并收集相关数据进行分析和趋势预测，制定相应的管理与监督机制，通过专业服务保障并提升劳动者的心理健康水平。简言之，工会模式是包含五项主体内容的“轮状”服务方式，见图 6－2。

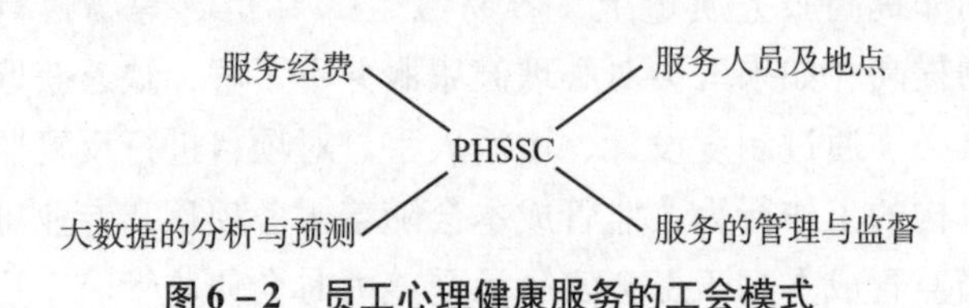

图 6－2　员工心理健康服务的工会模式

（一）PHSSC 的服务原则及层级

PHSSC 是“心理健康服务共享中心”的英文缩写，建立原则是：首先提供专业和标准化服务，确保服务方式、服务内容和服务流程的统一和规范；其次采取“按需服务”的方式，根据员工实际心理健康需求对服务内容进行动态调整；最后以“广覆盖、低负担”的方式，缓解中、小微企业的经济压力，同时吸纳广大员工参与，成为用人单位和员工在转型发展期的合作伙伴。PHSSC 共包括三个层级，见图 6－3。

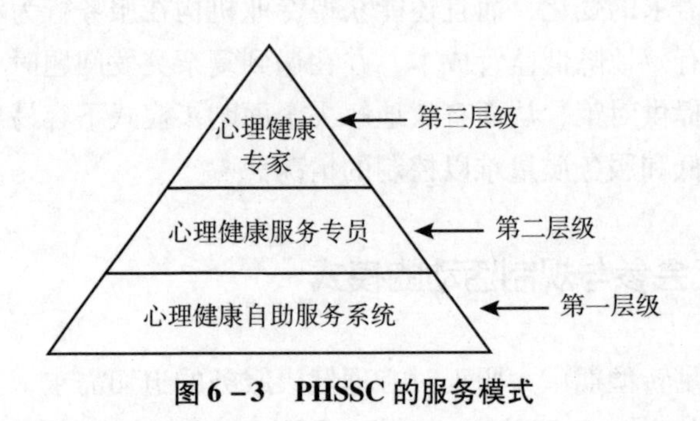

图 6－3　PHSSC 的服务模式

第一层级：员工心理健康自助服务系统，以网络和客户端为渠道，具有时效性、科学性和普及性的特点。服务内容包括：心理健康知识汇编、自测自评体系、问卷调查、案例分析、新闻及年报数据、查询及留言系统等。员工在工会网站注册登录后，以会员身份进行自助查询，并享受相关服务。这一层级的服务可以帮助员工完成对心理健康知识的基本认知，适用于解决初级心理问题。

第二层级：由心理健康服务专员提供服务，以接听电话或预约面谈为主，具有疏导性、专业性的特点。服务内容包括：处理人际交往关系、缓解工作压力、控制情绪、提高工作满意度、家庭关系处理、教育培训和医疗保障等。这一层级的服务主要为员工提供交流和咨询的渠道，适用于解决普通类型的心理问题。

第三层级：由心理健康专家提供服务，除了具备第二层级的特点之外，还具有干预性、应急性的特点，通过电话交流或面谈的方式对较复杂、特殊或突发性的心理问题给予帮助。服务内容包括：心理疏导、危机干预与处理等，适用于前两个层级无法解决的心理问题。

（二）PHSSC 的经费来源

中央鼓励群团组织在国家法律和相关规定许可的范围内，通过多种方式筹集资金。因此，PHSSC 的经费可以通过两种方式筹措：一是工会的会费；二是目前不具备建立工会条件的单位缴纳的服务费。由于专业心理咨询机构的服务费用较高，现阶段的主要购买群体还仅限于大型企业和跨国公司，经济承受力是中小企业获取服务的主要障碍。如果由工会统一购买，采用竞标的方式，择优选择一家或几家心理咨询机构提供服务，不但可以提高服务的质量和水平，还可以大大降低服务的使用成本，成为众多中小企业员工“用得起、靠得住”的福利项目。在 PHSSC 模式的三个层级中：第一层级免费提供给全部员工使用，第二、三层级主要由工会会员和缴纳服务费的员工使用。

（三）PHSSC 的服务人员及地点

在 PHSSC 的三个层级中，第一层级的自助服务系统可由工会完成，需要两组工作人员：一是 IT 技术人员，主要负责网站建设、系统升级与后台维护等工作。二是信息管理人员，主要负责：运用手机 APP、微博、微信等新媒体平台加强对工会服务项目的宣传；通过与大型门户网站的合作，向员工普及心理健康知识，吸引更多的中小微企业及员工参与；利用互联网快速传递信息的功能，采用 24 小时留言回复的方式即时反馈相关咨询；对出现的疑难专业问题与心理健康专员或专家进行沟通和信息反馈。这部分人员的选拔与组建由工会负责，可以从内部选聘经验丰富的员工或从外部招聘具有相关工作经历的资深人士，通过组建团队的方式由工会提供办公场所。第二、三层级的心理健康服务专员和专家，一般由专业机构的人员担任，办公地点设在其所在机构内部，不由工会提供。为了提高心理健康服务质量，所有层级均设有数据收集人员，由工会统一负责定期汇总。

（四）心理健康大数据的分析与预测

基于 PHSSC 建立的工会模式不仅可以为员工提供心理健康服务，更重要的是在使用过程中对产生的海量数据进行提取，针对有意义的数据进行深度分析。比如：通过对自助系统中搜索、浏览、用户留言以及专员和专家接待频次、咨询热点等数据的分析，对用户行为进行预测，并以此对心理健康服务内容进行改进、完善和精准推送。工会按月、季、年公布员工心理健康实时监测状况，建立并完善不同产业员工心理健康数据库。由工会牵头，定期召开职工心理健康座谈，邀请第三方专业咨询服务机构、不同行业的中小企业代表、具有人事管理等经验的资深员工等对收集的数据进行诊断与分析。通过课题研发等方式，与专家学者、高校及科研院所展开合作，采用科学的统计分析方法进行趋势预测，并将相关数据与报告提供给行业协会、政府决策机构和公共部门，提高工会的工作效率和全社会对职工心理健康的重视。

（五）服务的管理与监督

为了保证员工心理健康服务的质量，由工会和专业机构共同制定三项基本文件：《心理健康服务工作守则》《服务人员绩效考核办法》《第三方监督评价指标及说明》，并从以下三个方面进行管理与监督：

第一，服务人员：由工会制定心理健康服务的总目标，分解为层级目标和个体目标。根据对每一个职位的工作分析，制定相应的绩效考核标准和评价方法。比如：PHSSC 中的第二层级专员，采用“360 度”绩效评价方法，由工会所属部门管理者、同事和求助咨询的职工共同对其进行评价，考核周期为每月一次。根据考核情况，对出现的问题及时进行纠正，对优秀员工给予表彰，鼓励员工尝试对工作内容和方法进行创新，并在全系统内部进行推广，提高心理健康服务的水平和质量。

第二，工会购买服务的行为：由工会向全社会发布“心理健康服务招标活动”信息，所有操作环节实行公开化、透明化，严格遵守相关法律法规的要求，依法按章进行项目的购买。同时，工会各级机构应当公布监督电话、信箱等联系方式，杜绝“暗箱操作”和腐败行为。

第三，经费来源及使用：为保障经费来源的合法性与使用的合规性，应当采用第三方监督评价的方法，由工会聘请具有独立承担民事责任，稳定且信誉好的专业评估机构对经费进行审计与监督，并定期将相关报表向全社会公布，提高工会的公信力，增强各类用人单位和职工参与的信心。

因此，要充分发挥以工会为代表的多元主体参与规制活动，一方面需要壮大这些组织的覆盖面，比如：各单位应当根据《工会法》的规定组织工会，“企业、事业单位、机关有会员二十五人以上的，应当建立基层工会委员会；不足二十五人的，可以单独建立基层工会委员会，也可以由两个以上单位的会员联合建立基层工会委员会，也可以选举组织员一人，组织会员开展活动。”通过加强工会组织建设，不但可以减少损害工人利益的情况，而且还有利于组织的长期发展，对加强职业安全与健康规制也具有重要的作用。另一方面要由政府制定完整的授权标准和详细规范的安全检查条例，提供成熟的专业人员，在此基础上中国完全可以采取非政府组织等社会团体辅助的方式协助政府完成劳动安全规制的任务。在发挥社会团体作用的同时，还要有相关的制度配合。比如，这些组织的资金来源、责任和权力，对这些组织的监管等。社会团体通过审查获得政府授权后，资金可来源于政府拨款、对用人单位安全培训的收入、会员会费收入等多种渠道。这些组织需要具有法人资格，并且配备相关的检查设备和专业人员，按照国家的要求执行一部分监督工作。在授权相关社会团体时，要提高这些组织对工作的责任感，并且实行授权过程公开化，广泛接受社会各界的监督。要不断完善监督举报机制，对于一经核实的举报内容给予重奖。广泛利用传媒和群众监督的力量，多渠道地收集发布信息，坚决维护人民群众对安全生产的知情权、参与权、诉求权和监督权，可以共同促进职业安全与健康规制目标的实现。

第三节　构建并完善老年职业安全与健康规制体制

随着人口老龄化的不断加剧，老年人口成为越来越宝贵的资本。除了合理地开发老年人力资源，更重要的是保护并提升老年劳动者的安全和健康。所有参与社会生产活动的劳动者都有权力获得职业安全与健康的保护，老年职业安全与健康监管的构建和完善将成为未来职业安全与健康规制的重要内容。

一、通过“保障、创造和提升”三个层级构建规制框架

在现行退休年龄制度下，老年就业者是有意愿并有能力再次进入劳动力市场的特殊人群，这一群体将随着人口老龄化的发展而不断壮大。在职业安全与健康保护方面，老年就业群体与劳动适龄人群的重要区别在于：规制体系具有“边开发、边保障、相互促进、共同提高”的特征。这主要是因为老年就业人口在完成法定劳动周期后，可以再一次进入劳动力市场，成为劳动适龄人口不断减少情况下的有力补充。如果老年从业者的劳动安全无法得到有效保障，将打击他们就业的信心和动力，使有能力就业的老年人无所事事地打发退休生活，不但会增加社会养老保障的负担，还会使宝贵的劳动力白白流失。因而，完善老年职业安全与健康规制体系的重要作用是通过老年人力资源开发，为实现新常态下“十三五”规划目标提供人力资本。为了弥补现有的职业安全与健康规制体制与未来发展趋势的差距，可以通过“保障、创造和提升”三个层级来构建并完善老年职业安全与健康规制框架。

（一）保障老年就业者劳动安全的基本权益是完善规制体制的第一步

建议在《劳动法》《劳动合同法》《老年人权益保障法》的基础上，根据老年劳动者的就业现状，比如：女性从业比例高于男性、非全日制用工形式较多等特点，专门制定老年劳动安全方面的法律规范或指导建议。根据不同行业的职业特点和从业要求，制定相应的老年劳动安全标

准，比如：根据1~6级职业风险，结合老年人生理机能特点，对不同年龄段的老年劳动者可以从事的工作范围和不适合负担的工作内容进行明确规定。因此，规制体系的完善在横向上，通过补充行业安全规程的方式，依风险确定老年劳动者可以进入的领域；在纵向上，根据岗位特点和工作内容，确定适合老年人工作的职位。通过纵横交错的方式，为用人单位和劳动者提供用工行为、维权等方面的法律依据，使可能发生的劳动争议或纠纷有法可依、违法必究。

（二）创造安全与健康的老年人就业环境是实现“保障与开发”的重要环节

老年就业法律法规和安全文化意识是老年就业环境的宏观层面，用人单位提供的就业环境则属于微观层面。创造安全与健康的就业环境，在未来规制活动中应当将重点放在中小企业，主要原因有两点：一是大型企业在劳动安全保护方面投入较多，通常有专门的部门和人员负责工作条件的改善；而中小企业通常面临资金与人员紧张问题，不但没有过多的精力进行专项研究，而且投入过多会增加企业运营的费用，多种因素最终导致老年就业环境无法得到有效提升。二是中小企业已经成为吸纳就业人口最多的企业类型，随着适龄劳动人口的减少，中小企业面临的现实问题就是使用中青年劳动力的成本会不断增加，同时还面临着企业文化塑造、员工培训、人才流失等情况。因此，中小企业比大企业更有动力去寻找降低人力资本的方法，他们不但关注老龄化，更希望通过对老年人群的再次开发实现战略目标。同时，重新进入劳动力市场的老年人有一个共同特点：无论是出于经济收入目的，还是发挥余热，都会非常珍惜工作机会，尽力在工作中体现个人价值。因而，从需求和供给两个方面，一方面中小企业成为老年人就业的“主战场”，另一方面老年人是中小企业“性价比”最高的资本。要充分发挥老年人力资本的优势，最根本的条件就是由用人单位为他们提供安全与健康的就业环境，延长工作寿命。所以，规制机构应当注重对用人单位安全保障工作进行特殊的监管，比如，要求用人单位根据岗位要求进行风险评估，明确区分出哪些情况容易对老年劳动者造成伤害；根据用工需求和经济活动要求，对适合老年人的工作岗位尽量采用弹性工作方式，设计适合他们的工作时间和劳动强度。

（三）积极应对老年人就业问题，全方位提升老年安全与健康规制的水平

新常态下老年就业人数的增加，不但是全社会面临的新问题，也是安全生产监管机构的新挑战。从执法依据方面，需要规制机构根据老年职业安全与健康的新特点尽快出台新的监管指导建议，使监管活动有理有据；从规制人员知识储备方面，需要加强老年人身体机能特点、工作风险管理等方面的培训，选聘具有老年学经验背景的工作人员参与监管活动；通过与科研院所、国际组织的交流与合作，共同解决老年职业安全与健康规制中面临的新问题，采用科学的方法提升规制水平。

二、将老年社会团体作为职业安全与健康监管活动的重要补充

尽管立法是老年人就业权益的重要保障，但是按章办事则需要全社会的参与，尤其是当老年劳动保护意识尚未形成时，还需要依靠群众组织共同参与监督与管理过程。社会团体是群众组织中具有代表性的一个，在世界社会经济发展中已经发挥了重要作用。在中国新常态发展模式下，社会团体可以从群众监督和建言参与两个方面继续在老年职业安全与健康规制中发挥其优势。比如，全国老龄工作委员会是国务院主管全国老龄工作的议事协调机构，由中央组织部、中央宣传部、中国老龄协会等 32 个单位组成，负责研究、制定老龄事业发展战略，指导、督促和检查各省、自治区和直辖市的老龄工作等内容。由全国老龄委代管的社会团体有中国老龄产业协会、中国老龄事业发展基金会、中国老年学学会、中国老年大学协会。因此，老年社会团体可以充分利用社会影响力和专业组织优势，对老年就业者进行职业安全与健康需求调查，分析用人单位安全生产中存在的问题，提供各行业老年安全保护的先进经验，向相关规制机构提供咨政建议。除此之外，各级工会、行业协会要积极吸纳老年就业者的加入，为他们提供工作安全权益保障和反映问题的渠道，成为沟通劳动者、用人单位和监管部门的纽带。

三、加强老年职业安全与健康的预防性规制

无论是劳动适龄人口还是老年就业者，“预防胜于监管”是职业安全与健康规制水平提高的重要前提。预防性规制主要从认知、医疗和培训三个方面入手。

从认知视角采取预防性规制措施，可以通过主题宣传活动提高从业者和社会对老年职业安全与健康的重视。比如：每年6月是国务院批准的“安全生产月”，可以将“保护老年就业权益，提高安全意识”作为活动主题，面向社会普及老年就业安全常识，强化用人单位安全生产责任主体意识，宣传先进典型经验，倡导老年劳动安全文化，提高老年人参与安全生产的积极性，帮助他们了解保持健康的科学方法，促进多方力量参与老年劳动者的保护，提升老年人力资源的利用效率。

从医疗视角进行的预防性规制，主要有两方面的目的：一是提供老年健康标准，成为用人单位选聘老年求职者的医学支撑，更重要的是为老年人提供自身健康状况的科学评价，使他们在求职中目标更明确，定位更精准。这种预防性规制可以由卫生部制定适用老年人的分年龄段行业健康标准，比如：根据55～59岁、60～64岁、65～69岁男性和女性的生理特点，结合职业风险或行业特点发布身体机能指标，通过量化的方式将健康状况分为“适合工作、基本适合和不适合工作”三类。通过公开招标的方式确定在符合资质的医院或专业机构设置老年就业健康评估体检中心，为有就业需求的老年人进行专项健康检查。这种健康评价方法不但为用人单位和老年求职者提供方便，而且还可以突破地域的限制，方便劳动力的流动。二是通过定期健康检查可以为老年人建立医学档案，为老年人提供辨别疾病风险、及早防治的重要信息，帮助老年人保持身体机能，减缓衰老和功能损失。同时，由卫生部和地方各级政府负责对健康评估中心进行管理，定期评价工作质量，并向社会公开发布结果。卫生部及各级医疗机构可以通过网络、微信、手机APP等社交传媒方式提供保持老年健康的保健常识，及时解答用户对老年职业卫生、健康风险等方面的疑问。

从培训视角进行的预防性规制，首先应当在实施培训之前由职业安全与健康规制机构制定培训手则，要求所有老年培训内容必须符合《安

全生产法》《职业病防治法》《劳动法》等法律法规的要求。预防性培训可以从三个方面展开：一是由政府举办老年职业安全与健康常识性培训，通过报纸、广播、网络等途径发布授课信息，为老年就业者提供免费学习的机会。二是采用政府购买服务的方式，向符合老年培训要求的高等院校或教育机构、企业提供经费，向参加学习的老年求职者免费提供不同行业专业知识与实践操作方面的学习内容，主要侧重于安全工作行为方面的培训。三是由安全与健康规制机构批准、符合老年安全生产培训的专业机构，可以通过有偿收费的方式提供相关培训课程。

四、强化用人单位的安全主体责任

目前，用人单位对老年劳动者的安全保护良莠不齐，总体上还没有承担起职业安全与健康保障的主体责任。用人单位对老年劳动保护的认知还较弱，安全文化观念还没有普及，很多中小企业还面临经费不足等困境。在这种情况下，要提高用人单位的主体责任，除了完善的法律法规和严格的监管活动外，细化的安全指导性文件是一种效率高而低成本的方法。因此，规制机构可以向不同行业和类型的用人单位发布《职业安全与健康评价模板及制定原则》，由各单位按要求制定适合本部门的老年安全工作手册，并告知从业者，同时接受上级规制机构的定期检查和群众社会团体的监督。评价模板主要包括以下内容：

（一）工作设计评价

工作需要很多员工共同完成，而这些个体之间的差异较大，符合职业安全与健康的工作应当设计为适合大多数普通员工，而不是以最优秀和身体最健康的个体为标准。因此，用人单位在向员工分配工作时，必须充分考虑到同一岗位不同年龄、性别员工可能会产生的差异，避免由于工作要求较高产生工作负荷较大等情况，降低发生事故和伤害的风险。同时，要制定老年员工的工作风险汇报机制，明确不同层级的安全责任主体和紧急事故联系与报告制度。

（二）工作模式和时间评价

尽管老年员工的身体素质无法与年轻人相比，但是在老龄化发展趋势下，可以采用“扬长避短”的方式充分发挥他们的优势。用人单位可以根据工作需求合理安排老年员工的工作模式和工作时间，评价内容包括：首先，在工作任务之间，老年员工是否可以得到足够的休息。其次，工作地点是否需要固定在单位。最后，老年员工是否适应加班或倒班，如果无法避免，老年员工是否可以选择工作时间和地点等。

（三）身体保护评价

身体机能会对劳动者的生产率产生很大影响，如果在工作中提早对员工实施劳动保护，可以有效地降低员工进入老年期身体机能的衰老速度。由于参与普通工作的老年员工最容易因为听力和视力的下降而影响工作，事实上这两项身体机能确实随着年龄的增长而下降。这里以听力和视力保护为例，用人单位对已经出现听觉和视觉问题的员工，应当采取替代措施保障他们的劳动安全，主要通过自我评价的方法，根据现有保障情况进行筛查，比如：是否根据工作需要为员工提供降噪措施，如果噪声无法减少时，是否提供听力保护设备；是否在工作中根据老年员工的实际情况，通过灯光警报闪烁的方式给听力下降的员工提供安全保护提示；是否提供定期视力检查，明确某些特定岗位对视力的最低要求；工作中的电子显示设备是否能够使老年人阅读更顺利；文件材料的字体或背景颜色是否让老年人的理解更容易等。

（四）心理压力评价

尽管随着年龄增长，老年人会出现反应慢等情况，但是却可以通过工作的精确度和经验来抵消这种负作用。[①] 但是很多老年劳动者在就业时，往往因为年龄大而不自信，产生一种年轻人没有的心理压力。除了身体因素以外，心理压力对老年人的影响不可小觑，用人单位应当将心理问题和压力管理列入职业健康风险评价中。用人单位在进行老年心理压力评价时，应当从造成压力的来源和程度进行风险调查，见表6-1。

---

① Health and Safety Executive：Self-reported work-related illness and workplace injuries in 2006/07：results from the Labour Force Survey，Sudbury：HSE Books，2008.

表 6-1　　老年就业者心理压力风险评价表

部门：　　岗位：　　入职时间：　　从事本专业年限：

姓名：　　年龄：　　性别：

	项目	1 分	2 分	3 分	4 分	5 分
压力源	身体状况					
	社交人际关系					
	工作时间					
	工作量					
	工作薪水					
	技能欠缺					
目前承受压力程度		□可接受，能够自行调节 □有压力，根据个人情况再观察一段时间 □压力较大				

注：打分采用李克特五分制量表法，分数越高代表压力越大。

用人单位应当定期对老年就业者进行心理压力测评，并根据量化结果有针对性地采取措施进行压力疏导，降低情绪波动给老年人带来的不利影响。比如，企业对内部老年员工进行心理压力风险评价，发现技能欠缺的分值较高。如果要保持老年就业者在工作中的积极心态，通过培训更新员工技能是这种情况下最适合的一种解决方案，它将极大提升老年人的自信心，更好地与不同年龄段的员工配合并使用新技术、接受新思想。在培训时，要充分考虑到老年人的学习能力和自尊心。国外研究表明：老年人更偏好在职培训，采用一对一的学习模式，更能接受老年同事的指导与培训，希望在培训开始前能够根据学习内容进行沟通。① 因此，企业要提升老年员工在工作中的健康水平，应当将良好的饮食、身体运动和精神活动结合在一起，通过心理压力评价促进老年人力资源的有效开发。

① Kiss P, De Meester M and Braeckman L. Differences between younger and older workers in the need for recovery after work. International Archives of Occupational and Environment Health 2008: 81 (3).

第四节　将商业保险与工伤保险相结合提高劳动保护水平

我国的工伤保险在保障劳动者安全和健康方面已经发挥了巨大的作用，但是工伤保险是社会保险中的一种，现阶段保障水平较低，还不能为劳动者提供较高层次的保障。目前，商业保险在我国还没有真正进入安全生产领域，但是根据国外发达国家和地区的经验，商业保险与社会保险相结合的模式已经被证明是提高职业安全与健康水平的有效方法。新常态下，面对新兴行业、老年劳动力和重点行业安全问题给传统监管带来的挑战，商业保险应当发挥更积极的作用。

一、在高危行业推行强制性安全责任保险

目前，商业保险公司提供的责任保险产品都对被保险人风险类型有明确的限定，通常仅为工伤保险属于1~3类的劳动者提供保障，然而安全事故频发和遭受重大伤害的劳动者往往集中在4类及以上的行业。除了无法规避的客观原因而导致的事故，由用人单位疏忽、不作为等主观原因造成的事故比比皆是。在现阶段单纯依靠法律条款和规制机构的监管是难以在短时间内提高企业的主体责任意识，还需要通过多方监督和经济手段作为补充，达到规制的预期效果。

现在很多省市开始采用“安保互动”的方式作为工伤保险的重要补充，即将安全生产与商业保险相结合，通过政府推动、市场运作的方式，运用经济手段促进用人单位承担主体责任，保障劳动者的职业安全与健康水平得到不断提高。根据国家安监部门的数据，海南省采用立法形式强制推行安全生产责任险，将安保险与安全生产经营许可证挂钩，使高危行业的用人单位投保3500万元获得近350亿元保障，解决从业者缺少安全保障的后顾之忧。因此，各级安全监管机构、用人单位可以尝试将以责任险为主要形式的商业保险引入安全生产领域，走发展商业保险促进工伤预防的新道路，从而对安全生产工作起到促进作用。为了克服劳动安全规制人员不够的情况，商业保险机构可以派出专业技术人

员提前进入企业进行实际调查，根据以往事故率确定缴费费率等措施。由于商业保险公司是以营利为目的，因此在企业参保后，为了减少事故发生给保险公司带来的赔付损失，商业保险公司会主动进入企业帮助消除安全隐患。这种安全预防工作是积极的、专业的、有针对性的，在这个过程中，保险公司还会为企业提供最新的安全知识，安全设施改进的建议和工人培训的具体内容等。商业责任保险对于中小企业提高劳动安全也具有重要的意义，他们往往是安全生产的薄弱环节，也是事故高发的重点单位，通过商业保险的介入不但可以起到防范事故的作用，而且发挥了政府规制、执法检查无法达到的作用。

二、根据新兴行业和从业人员特点定制保险产品为劳动者提供保护

快递“小哥”和外卖“骑手”是电商这一新兴行业催生的从业者，他们在工作中主要以电瓶车作为服务工具，完成收发快件和送餐服务。根据第三章的分析，他们以计件工资为主，为了多送件和接订单他们在工作中出现事故的比例在不断上升，然而所在企业却存在不与他们签订劳动合同、不缴纳工伤保险等问题。目前，除了法律要求的工伤保险以外，只有个别保险公司提供商业性的非机动车保险，险种单一，保障范围有限。比如：在投保要求中明确，非机动车主要是指两轮电瓶车或自行车，但是对于快递行业来讲，为了能够增加载货量，将很多电动三轮车作为收发快件的主要工具，但其并不在投保范围内。在可选择的商业保险中，仅提供非机动车驾驶人和第三者责任的意外伤害身故残疾、意外伤害医疗保障，保障额度单一且较少。因此，对于新兴行业中易出现工伤事故的职业，可以由安全监管部门根据所在地区的实际情况出台规定，要求这类用人单位必须购买责任保险。同时，联合商业保险机构设计特殊类型、针对性强的保险产品。比如：根据快递员和送餐员的工作性质，为驾驶合法有牌照的非机动车的劳动者设计定制的综合意外保险，保险项目包括：驾驶人意外和第三者责任保险，适当增加意外伤害医疗的保障额度。如果企业采用团体保险的形式，保险期限为一年，出现员工离职时可以通知保险公司并出具相关手续进行被保险人的变更。如果企业单独投保，可将保险期从通常的 12 个月改为短期，可以通过

天数进行投保，续保实施打折优惠。所在企业的出险事故率低，下一年投保时就可以享受费率下调的政策。

除此之外，随着老龄化趋势的不断加剧，将有越来越多的老年人加入到新常态下的生产经营活动中，非全日制或灵活用工模式也将会越来越普遍，需要商业保险公司设计更多不同类型、适用不同行业的保险产品，共同促进职业安全与健康规制的发展。

第五节 以职业病防治为重点完善职业健康规制体系

目前，中国的生产安全得到有效的控制，事故发生率处于历史最低值，煤矿安全等风险控制进入稳定期。但是，以职业病为代表的职业健康领域仍处于“易发期和高发期”，伴随着经济的高速发展，潜在的不健康因素增加，职业健康规制的任务比较艰巨。在充分利用现有资源的情况下，在短期内改变职业病“只升不降”的状况，还需要完善现有的职业健康规制体系。

一、信息化职业卫生档案和劳动者健康监护档案

《中华人民共和国职业病防治法》第 20 条要求用人单位要建立、健全职业卫生档案和劳动者健康监护档案。职业卫生档案应当包括：“三同时”档案、职业卫生管理档案、职业卫生宣传培训档案、职业病危害因素监测与检测评价档案、用人单位职业健康监护管理档案、劳动者个人职业健康监护档案和法律、行政法规、规章要求的其他资料文件。职业健康监护档案应当包括劳动者的职业史、职业病危害接触史、职业健康检查结果和职业病诊疗等有关个人健康的资料。当劳动者离开用人单位时，有权索取本人职业健康监护档案复印件，用人单位应当如实、无偿提供，并在所提供的复印件上签章。尽管法律明确了用人单位的主体责任，但在实际执行中的效果差强人意。通过安监部门和卫生部门的检查，确实可以提高用人单位的责任意识，但是监管活动带来的规制成本也将不断增加。在劳动者个人职业病防范意识还比较薄弱、用人

单位主动性较差的情况下，单纯采用“行政命令—政府检查—违规处罚”的职业病规制模式很难取得预期的效果，关键症结就是信息不对称，即用人单位有机会“欺上瞒下”。有些地方小企业，尽管生产工艺落后且职业病危害严重，但是因为其可以为地方政府带来经济效益，其违法违规活动仍在继续。有部分用人单位与劳动者不签订劳动合同，或者只为部分员工建立职业健康监护档案，在健康体检后不履行告知义务，以各种理由搪塞劳动者在职业健康方面的问询。

因此，打破职业病“越管越多”这一魔咒，可以通过“向前一步、公开化”的方式转变政府、用人单位和劳动者的角色，即由政府建平台，以劳动者为切入点，监督用人单位行为，实现职业风险信息、劳动者健康信息的对称。具体做法就是由政府建立全国统一的“职业风险查询与控制”平台，主要分为两部分：

一是用人单位职业卫生档案，可以通过营业执照注册号进行登录。参照工伤保险八级分类标准，由用人单位根据所在行业和类型选择对应的职业风险领域，按照国家安监局对职业卫生档案管理规制的要求，在线填写相关内容，并上传相关附件。

二是劳动者职业健康档案，可以通过其唯一的身份证号登录，内容由用人单位进行填写，包括本人自然情况，就业期间不同阶段的身体健康检查情况。其中，入职前进行的体检情况，由用人单位进行填写；工作期间的健康检查，则根据用人单位所在行业的风险情况由不同主体负责填写。比如：工伤风险类别中的第三至第八类，属于有明显职业危害的行业，其现有员工在就业期间的体检应由指定医疗机构负责，体检结果由医疗机构负责录入；而第一、二类风险类型的用人单位，其员工的体检结果可以由用人单位负责录入。

国家安全生产监督管理总局根据信息填报情况，可以实现：第一，实时监控重点高危行业用人单位的风险控制情况；第二，根据职业病相关数据，进行现状分析和趋势预测，及时对问题进行干预，并对未来职业病新发病例或职业危害转移情况进行预警并提供解决方案；第三，根据用人单位填报情况，分行业和类型进行抽查，督促用人单位不断提高主体责任意识和风险管控能力；第四，提供举报通道，为劳动者或其他利益相关者提供信息反馈的渠道，对用人单位、规制执行者起到监督作用；第五，定期发布职业危害控制信息，以月报、季报、半年报、年报的方式，向全社会公开信息，表彰先进集体，对需要整改的单位进行曝光，并向劳动者提供职业病和风险控制等方面的信息。

职业健康规制活动必须有法律文件作为支撑，除了从制度上规范用人单位的主体责任，还应当弥补信息不对称给规制活动带来的不利影响。通过信息化平台，用人单位所属行业及职业危害、风险控制情况可以随时由劳动者查看，在就业选择和风险保障方面预先形成认知。劳动者的职业健康档案由用人单位和指定医疗机构共同填写，可以避免用人单位不认真填写，出现“断档”、漏填，甚至欺骗的情况，减少用人单位不履行体检结果告知责任的概率，可以为职业病新发病例提供“追根溯源”的证据，避免用人单位推脱责任，切实保障就业者的知情权。信息化职业卫生和职业健康档案，使政府的监管活动实现“四化”，即：动态化、数据化、预警化、公开化，而劳动者则由信息被动获得者变化职业危害的监督者，用人单位为了获得市场竞争优势，树立良好的社会形象，会主动采取风险管控措施，通过降低危害为员工提供更好的工作条件和保障措施。可以说，信息化平台使政府、用人单位和劳动者都获得了收益，职业健康规制实现了帕累托改进。

二、通过国际交流与合作提升职业病防治技术

中国职业病防治面临传统风险水平尚未降低，新型职业危害和工作风险又开始增加的局面。由于造成职业病的影响因素较复杂，从预防和治疗技术两个方面都需要投入较多的时间和专业人员进行研究，这对于任何一个国家来说都并非易事。但是，由于职业病普遍存在于世界各国，不同国家职业病的易发病例有很大差别，在防治技术方面也各有所长，所以国际交流与合作可以达到取长补短的作用，使职业病的诊断、治疗和康复活动更有效、更迅速、更准确。

从政府规制机构的层面，通过国际合作，可以形成国家间的数据对比库，共同对职业病的现状和发展趋势进行研究，提供职业病防治技术方面的信息和经验，共同提高控制职业风险的能力。从劳动者的层面，可以通过工会、非政府组织或社会团体组织从业者参加以职业病防治为主题的国际会议或活动，提高公众对职业危害和工伤风险的认知，提升劳动者自我保护的意识。从学术和研究机构的层面，通过职业病防治理

论和技术方面的交流，有利于学习先进方法，结合中国的实际情况形成更有效的防治理论，从科学研究的视角为政府规制机构和相关单位提供适合中国职业病防治的对策与建议。

第六节　加强劳动安全科技投入提高规制水平

目前，安全投入不足是引发事故的主要原因之一。从用人单位的角度，很多企业认为安全投入是一种成本，完全属于“消费活动”，因此不愿意进行投入。实质上，安全投入属于一种“投资活动”和“效益活动”，必要的安全投入是利润的保障，更是员工合法权益的体现。安全投入包括进行安全生产投入的人力、物力、财力，目的是保障企业的生产经营正常有序进行，预防事故发生，保障劳动者的安全和健康。因此，必须树立正确的企业安全投入观，加强对安全生产设施投入、劳动保护投入、安全教育培训投入、安全科研投入、保险投入、事故应急措施投入等，通过事前投入尽量避免事故的发生。从规制机构的角度，安全投入不足主要体现在科技研发方面。新常态下，职业危害呈现出新特点，要应对新情况带来的挑战需要依靠科技手段，提高职业安全与健康的规制水平不但要依靠投入，还要注重科技成果在劳动过程中的应用。国外发达国家依靠科技进步有效的保障安全生产，有专门机构和人员负责科研攻关，为防止生产事故以及排除事故隐患提供了技术支撑。将科技成果应用于规制活动，可以起到事半功倍的效果，不但可以减轻监管人员的压力，而且可以对安全问题进行精准定位。因此，建议规制机构选择高危行业进行科技研发，将被动式监管给各行为主体带来的压力转变为技术应用的动力，主要侧重在以下技术领域：

一、传感智能技术

传感智能（Ambient Intelligence）是指传感器、无线模块和其他 IT 模块构成感应系统对人和环境进行实时监测和信息反馈。将这种传感智能系统安装在工作环境中，可以自动调节室内温度或照明，可以自动适应劳动者的工作特点或改变工作条件的参数。传感技术通过“穿戴”方式应用于劳动保护的服装中，将传感器置于衣服内用于测量员工身体指标，比如：温度和心跳，也可以感知外部环境的温度；传感系统根据测量的指标数据进行分析，当出现重大风险或过度压力的征兆时，就会立刻发出信号或指令。目前，德国在企业中大力推广传感智能技术，并将“穿戴式”传感智能技术应用于德国消防员的安全保护中，取得良好的效果。

二、虚拟现实技术

虚拟现实（virtual reality）是通过计算机建立模型，让使用者不必进入真实环境就可以体验的一种仿真系统，被广泛应用于各种社会生活的各个领域。很多发达国家已经在安全与健康培训中采用“洞穴自动化虚拟环境”，即 CAVE（cave automatic virtual environment），这是一种通过高级可视化设备，以投影式环绕屏幕的方式，结合高分辨率、立体投影和三维计算机图形，使多人同时体验逼真的虚拟环境。虚拟现实技术在职业安全与健康规制中可以应用于两个方面：

一是安全培训。通过虚拟技术使人置身于计算机模拟生成的工作环境中，可以自由走动并从不同的角度观察工作中存在的风险，展现职业伤害可能带来的后果，使员工产生身临其境的感受。这种虚拟技术产生的“沉浸式”体验不但能够加深学习的印象，更能通过触摸等方式加深记忆。在体验过程中，可以监测员工的反应及产生的数据，为评测培训目标和效果提供科学依据。辽宁省沈阳市安监局于 2017 年建立“安全生产宣传教育培训基地项目”，实现安全教育、综合考试、职业安全体验三大功能，并在安全体验馆内建立“3D 穹幕电影”，采用虚拟技术为参与者提供辨识职业风险隐患的能力，增强安全生产意识，提高防险遇险处理的能力。目前，北京、南昌、深圳、扬州等地已经建成了不同规模的安全生产宣教基地。“十三五”期间，广东、浙江等省也有建设意向和设想。

二是分析与制定风险预防措施。由于虚拟现实技术具有仿真环境，可以通过模拟事故出现的不同状况制订防范计划，不但可以节约大量成本，而且使预防措施具有较强的实用性。虚拟现实技术还可以通过数据分析的方式，提供多种方案，由规制机构根据行业特点、所处环境、成本收益等因素制订应急计划和管控规划。同时，虚拟现实技术为防灾、救灾演练提供指导和支持。

三、增强现实技术

增强现实（augmented reality）是将虚拟数据作为真实世界视觉传感的补充，通过3D模型、实时视频等多种方式，将虚拟与真实进行无缝融合的新型技术。增强现实技术是虚拟技术的进一步应用，已经在职业安全与健康领域发挥重要作用。通过增强现实技术，可以帮助高危行业的从业者在工作中由头戴式设备，将虚拟影像叠加到现实场景中，分析相关数据并判断风险，当出现异常情况时会及时提示从业者，提高安全生产能力。对于海上石油钻井平台、煤炭开采、化学品生产等高危行业员工的安全和健康将起到重要的保护作用。安全规制机构可以根据不同行业的特点，提供相应的虚拟数据，并制定增强现实技术的使用指南和规范，发挥科技对提升规制水平的促进作用。

因此，职业安全与健康规制部门应当加大与科研机构和各大高校的科研合作，在财政拨款和专项科研经费的资助下共同进行重点课题的研发，帮助用人单位应用最新的安全科技成果。同时，加强安全卫生等专业人才的培养，积极发展和规范安全检验和检测工作，加强注册安全工程师执业资格认证的管理。在科技进步和安全生产标准方面要注重国际交流与合作，吸取国外先进经验，学习国际前沿的新技术和新的管理模式，提高职业安全与健康的规制水平。

第七节　打造合格过硬的职业安全与健康规制队伍

提高职业安全与健康规制的效果，必须要加强劳动安全规制队伍的建设。目前，我国劳动安全方面的专业人才匮乏，很多安全监管员没有经过专业的学习，甚至一部分用人单位的劳动安全管理人员是其他部门精减下来的非专业人员，在缺乏必要培训的情况下很难胜任工作。在日常职业安全与健康规制过程中，一是不能发现存在的问题，二是发现问题后不能提出有效对策，三是发生事故时无法及时应对，造成“外行人管内行人”的尴尬局面。国外的成功经验已经证明，专业人员在劳动安全检查中具有十分重要的作用。比如：英国的职业安全与健康局在招收雇员时就明确要求从业者必须相关的技能，拥有两年相关工作经验。此外，在工作中英国政府还设有专项经费经常对检查人员进行培训，提高他们的业务技能。因此，加强和提高规制执行人员的专业技术水平是保证职业安全与健康规制效果的前提条件。在目前人才短缺的情况下，一方面应当发展安全生产等专业的高等教育，在高校中增设相关专业，通过设立奖学金、委托培养等方式吸引学生报考；另一方面，要提高安全规制队伍的职业道德，避免吃拿卡要的不良风气，提高专业人员的素质，不给用人单位寻租留下机会。职业道德的建设要形成法规的形式，形成标准，要求规制执行人员从工作礼仪、工作态度、技术标准、规制范围到处罚内容都有法可依，并且能够得到国家的监督。

第八节　培养“以人为本”的职业安全与健康文化观念

职业安全与健康文化是一种意识形态，扎根于人和社会的思想观念，包括社会价值观、安全判断标准、安全操作行为和违规处罚标准等一系列内容。职业安全与健康文化对于提高全社会的劳动安全水平有着重要的作用，因为这种文化的体现是由人来完成的，是内在形成的而不像法律那样是外生强制的。发达国家在控制事故率时都无一例外地从安全文化做起，比如：日本和德国都设有专门的职业安全和健康展览，通过参观学习提高人们对安全生产的认知；德国更是“从小做起”，在学校教育中普及安全知识，并且对授课教师也进行专门的培训；美国和英国等国为企业提供免费咨询，并采用印刷免费读物的形式，用简洁易懂的语言向大众普及职业安全与健康文化知识。良好的安全生产文化需要长时间才能形成，而一旦形成之后将会对社会发展和人的行为方式产生深远的影响。所以，我国的职业安全与健康文化教育首先应从学校抓起，对未来的劳动者培养安全意识；其次，持久大范围的对社会群众进行安全生产法律、预防等内容宣传，使社会成员知法、懂法、守法；最后，对重点行业、中小企业、特殊人群加强职业安全与健康培训。对煤矿、危险化学品等这类行业的劳动安全培训要经常更新，定期进行；加强对乡镇一级中小企业的安全主管人员和劳动者的培训，帮助他们提高安全生产的能力；对农民工等特殊群体专门进行培训，培训内容要简单易懂，加强实际操作培训，增强工人防范风险的能力。

中国的职业安全与健康规制任重而道远，为此要始终坚持“十三五”规划的要求，不断完善职业安全与健康规制机构和法律体系，建立健全完善的职业安全与健康规制体制，以更好地实现劳动安全规制的目标，促进国民经济又好又快地发展和社会主义和谐社会的建设。

参考文献

中文部分:

[1] 埃尔玛·沃夫斯岱特:《高级微观经济学——产业组织理论、拍卖和激励理论》,范翠红译,上海财经大学出版社2003年版,第67~88页。

[2] 埃里克·弗鲁博顿、鲁道夫·芮切特:《新制度经济学——一个交易费用分析范式》,上海三联书店、上海人民出版社2006年版,第33~39页。

[3] 大卫·桑普斯福特、泽弗里斯·桑纳托斯:《劳动经济学前沿问题》,卢昌崇、王询译,中国税务出版社2000年版,第50~53页。

[4] 大卫·桑普斯福特、泽弗里斯·桑纳托斯:《劳动力市场经济学》,王询译,中国税务出版社2005年版,第41页。

[5] 戴维·罗默:《高级宏观经济学》,商务印书馆1999年版,第565页。

[6] 安德鲁·肖特:《社会制度的经济理论》,上海财经大学出版社2003年版,第92~101页。

[7] 蔡昉、都阳、王美艳:《中国劳动力市场转型与发育》,商务印书馆2005年版,第1页。

[8] 常欣:《规模型竞争论:中国基础部门竞争问题》,社会科学文献出版社2003年版,第31~37页。

[9] 陈刚等:《工伤保险》,中国劳动社会保障出版社2005年版,第171页。

[10] 陈宁、林汉川:《我国煤矿企业安全投入的博弈分析》,载《太原理工大学学报》(社会科学版)2006年第2期,第64~66、74页。

[11] 陈曦:《法治视野中的行政规制改革》,载《湖北行政院学报》2003年第3期,第45~48页。

[12] 陈勇:《对国外激励理论的简要回顾和评述》，载《中国财经信息资料》2007 年第 7 期，第 45 ~ 48 页。

[13] 陈钊:《信息与激励经济学》，上海人民出版社 2005 年版，第 14 页。

[14] 程洁:《矿难，谁来埋单》，载《中国社会保障》2006 年第 3 期，第 12 ~ 13 页。

[15] 戴维 · M. 克雷普斯:《博弈论与经济模型》，商务印书馆 2006 年版，第 7 页。

[16] 丹尼尔 · F. 史普博:《管制与市场》，余晖、何帆、钱家骏等译，上海三联书店、上海人民出版社 1999 年版，第 55 ~ 63 页。

[17] 邸振伟、侯天佐:《中央和地方政府利益关系的博弈分析》，载《渤海工学院学报》(社会科学版) 2007 年第 2 期，第 81 ~ 83 页。

[18] 段文斌、陈国富、谭庆刚等:《制度经济学——制度主义与经济分析》，南开大学出版社 2003 年版，第 315 ~ 325 页。

[19] 冯勤超、王丽丽、江孝感:《中央与地方政府交叉事权的委托—代理模型》，载《东南大学学报》(哲学社会科学版) 2005 年第 3 期，第 56 ~ 58 页。

[20] 国际劳工局:《安全健康的工作场所——让体面劳动成为现实》，载国际劳工组织世界工作安全健康日报，2007 年。

[21] 国彦兵:《新制度经济学》，立信会计出版社 2006 年版，第 53 ~ 65 页。

[22] 国家统计局综合司: http: //www. stats. gov. cn/tjdt/zygg/sjxdtzgg。

[23] 郭惠容:《激励理论综述》，载《企业经济》2001 年第 6 期，第 32 ~ 34 页。

[24] 哈尔 · R. 范里安:《微观经济学: 现代观点》，费方域等译，上海三联书店、上海人民出版社 1994 年版，第 24 ~ 31 页。

[25] 黄海波:《电信管制: 从监督垄断到鼓励竞争》，经济科学出版社 2002 年版，第 32 ~ 33 页。

[26] 黄少安:《制度变迁主体角色转换假说及其对中国制度变革的解释》，载《经济研究》1999 年第 1 期，第 66 ~ 79 页。

[27] 黄少安:《制度经济学中六个基本理论问题新解》，载《学术

月刊》2007 年第 1 期，第 79 ~ 83 页。

［28］黄敬宝：《外部性理论的演进及其启示》，载《生产力研究》2006 年第 7 期，第 22 ~ 24 页。

［29］黄新华：《建立适当的政府规制体制——规制政治学的理论主题及其现实意义》，载《新疆财经学院学报》2003 年第 3 期，第 10 ~ 14 页。

［30］黄再胜：《公共部门组织激励理论探析》，载《外国经济与管理》2005 年第 1 期，第 41 页。

［31］黄耀杰、陈晔、徐远：《政府管制的集团利益理论与激励理论述评》，载《技术经济与管理研究》2006 年第 2 期，第 23 ~ 24 页。

［32］胡俊超：《国外激励理论的发展和创新——基于“经济人”假设和放宽假设的分析》，载《企业经济》2007 年第 4 期，第 129 ~ 131 页。

［33］郝英奇、刘金兰：《动力机制研究的理论基础与发展趋势》，载《暨南学报》（哲学社会科学版）2006 年第 6 期，第 50 页。

［34］姜福川：《煤矿事故多发原因的博弈模型分析及预防对策》，载《煤矿安全》2006 年第 9 期，第 65 ~ 67 页。

［35］蒋中一：《数理经济学的基本方法》，刘学译，商务印书馆 1999 年版，第 206 页。

［36］康纪田：《对矿难背后深层次问题的思考》，载《探索与争鸣》2005 年第 5 期，第 28 ~ 29 页。

［37］R. 科斯、A. 阿尔钦、诺斯等：《财产权利与制度变迁——产权学派与新制度学派译文集》，刘守英等译，上海三联书店、上海人民出版社 1994 年版，第 76 页。

［38］库尔特·勒布、托马斯·盖尔·穆尔：《施蒂格勒论文精粹》，吴珠华译，商务印书馆 1999 年版，第 81 ~ 83、285 ~ 589 页。

［39］李稻葵：《转型经济中的模糊产权理论》，载《经济研究》1995 年第 4 期，第 42 ~ 50 页。

［40］李明霞：《两岸职业安全卫生法律比较研究》，中国矿业大学硕士学位论文，2016 年。

［41］李森林：《委托—代理链条末端的变异：“当地人控制”问题》，载《南开经济研究》1996 年第 1 期，第 50 ~ 55 页。

［42］李豪峰、高鹤：《我国煤矿生产安全监管的博弈分析》，载

《煤炭经济研究》2004 年第 7 期，第 72 ~75 页。

[43] 林汉川、陈宁：《构建我国煤矿安全生产保障体系的思考》，载《中国工业经济》2006 年第 6 期，第 30 ~37 页。

[44] R. 科斯、A. 阿尔钦和诺斯等：《财产权利与制度变迁——产权学派与新制度学派译文集》，刘守英等译，上海三联书店 1994 年版，第 384 页。

[45] 刘穷志：《煤矿安全事故博弈分析与政府管制政策选择》，载《经济评论》2006 年第 5 期，第 59 ~63 页。

[46] 刘照鹏：《煤矿安全生产监管的博弈分析》，载《煤矿安全》2005 年第 11 期，第 68 ~70 页。

[47] 刘向晖、柯娜：《职业病危害及其政府规制：以日韩经验观照中国问题》，载《社科纵横》(新理论版) 2010 年第 3 期，第 28 ~29 页。

[48] 罗伯特 · D. 考特、托马斯 · S. 尤伦：《法和经济学》，施少华，姜建强等译，上海财经大学出版社 2002 年版，第 85 ~92 页。

[49] 吕强、王咏军：《试论产权、产权方法在解决外部性问题中的作用》，载《天津商学院学报》2002 年第 1 期，第 20 ~23 页。

[50] 罗杰 · A. 麦凯恩：《博弈论战略分析入门》，原毅军、陈艳莹、张国峰等译，机械工业出版社 2006 年版，第 76 页。

[51] 梅强、陆玉梅：《人的生命价值评估方法述评》，载《中国安全科学学报》2007 年第 3 期，第 56 ~61 页。

[52] 马佳凤：《我国职业病防治的法律规制》，苏州大学硕士学位论文，2014 年。

[53] 诺斯：《经济史中的结构与变迁》，上海三联书店、上海人民出版社 1994 年版，第 127 ~128、225 页。

[54] 潘伟杰：《制度、制度变迁与政府规制研究》，上海三联书店、上海人民出版社 2005 年版，第 119 ~135 页。

[55] 潘石、尹栾玉：《政府规制的制度分析与制度创新》，载《长白学刊》2004 年第 1 期，第 72 ~75 页。

[56] 平新乔：《微观经济学十八讲》，北京大学出版社 2001 年版，第 236 ~252 页。

[57] 平狄克、鲁宾费尔德：《微观经济学》，张军等译，中国人民出版社 2000 年版，第 408 ~416 页。

［58］邱风、朱勋：《中国煤炭行业安全问题及监管对策研究》，载《当代经济管理》2007 年第 4 期，第 57 ~ 60 页。

［59］青木昌彦：《比较制度分析》，周黎安译，上海远东出版社 2001 年版，第 2 ~ 10 页。

［60］让．雅克・拉丰、让・梯若尔：《政府采购与规制中的激励理论》，石磊、王永钦译，上海三联书店、上海人民出版社 2004 年版，第 1 ~ 8 页。

［61］钱颖一：《激励与约束》，载《经济社会体制比较》1999 年第 5 期，第 7 ~ 12、16 页。

［62］思拉恩・埃格特森：《经济行为与制度》，商务印书馆 2004 年版，第 44 ~ 46 页。

［63］童磊、丁日佳：《煤矿安全委托代理的博弈分析》，载《集团经济研究》2006 年第 9 期，第 143 ~ 144 页。

［64］吴伟：《国外政府安全管制研究综述》，载《江海学刊》2006 年第 1 期，第 104 ~ 110 页。

［65］吴东旭、刘剑：《矿山安全检查博弈分析》，载《辽宁工程技术大学学报》2006 年第 6 期，第 7 ~ 9 页。

［66］万希：《西方激励理论的演变及其展望》，载《浙江工商职业技术学院学报》2004 年第 2 期，第 1 ~ 4 页。

［67］王俊豪：《政府管制经济学导论——基本理论及其在政府管制实践中的应用》，商务印书馆 2001 年版，第 1 ~ 3 页。

［68］王俊豪、周小梅：《中国自然垄断产业民营化改革与政府管制政策》，经济管理出版社 2004 年版，第 24 ~ 25 页。

［69］王中昭、陈喜强、曾宪友：《社区政府与社区组织的委托代理关系模型》，载《统计与决策》2006 年第 4 期，第 7 ~ 9 页。

［70］王雅楠：《激励理论综述及启示》，载《科技情报开发与经济》2007 年第 3 期，第 204 ~ 206 页。

［71］王则柯：《新编博弈论平话》，中信出版社 2003 年版，第 7 页。

［72］W. 吉帕・维斯库斯、约翰・M. 弗农、小约瑟夫：《反垄断与管制经济学》，陈甬军等译，机械工业出版社 2004 年版，第 446 ~ 461 页。

［73］许云宵、麻志明：《外部性问题解决的两种方法之比较》，载《财政研究》2004 年第 10 期，第 4 ~ 8 页。

[74] 夏永祥、王常雄：《中央政府与地方政府的政策博弈及其治理》，载《当代经济科学》2006 年第 2 期，第 45 ~ 51 页。

[75] 肖兴志：《基于煤矿利益的安全规制路径分析》，载《经济与管理研究》2006 年第 7 期，第 69 ~ 72 页。

[76] 肖兴志、李红娟：《煤矿安全规制的纵向和横向配置：国际比较与启示》，载《财经论丛》2006 年第 4 期，第 1 ~ 8 页。

[77] 肖兴志等：《中国煤矿事故频发的博弈解释》，载《财经问题研究》2007 年第 7 期，第 33 页。

[78] 肖兴志、齐鹰飞、李红娟：《中国煤矿安全规制效果实证研究》，载《中国工业经济》2008 年第 5 期，第 67 ~ 76 页。

[79] 肖兴志、陈长石、齐鹰飞：《安全规制波动对煤炭生产的非对称影响研究》，载《经济研究》2011 年第 9 期，第 96 ~ 107 页。

[80] 肖舟：《制度变迁模式探论》，载《求索》2006 年第 6 期，第 80 ~ 82 页。

[81] 肖勇：《效率工资、效率工资增长模型》，载《数量经济技术经济研究》2005 年第 5 期，第 58 ~ 66 页。

[82] 谢地：《政府规制经济学》，高等教育出版社 2003 年版，第 1 ~ 27 页。

[83] 新华社：http：//www. cpirc. org. cn/news/rkxw_gj_detail. asp? id = 8469。

[84] 杨光斌：《诺斯制度变迁理论的贡献与问题》，载《华中师范大学学报》（人文社会科学版）2007 年第 3 期，第 30 ~ 37 页。

[85] 杨春：《政府治理私营煤矿外部性问题研究》，载《辽宁工程技术大学学报》（社会科学版）2005 年第 5 期，第 495 ~ 496 页。

[86] 杨亮、张亚民：《我国矿难处罚制度改革的理论基础》，载《内蒙古财经学院学报》2006 年第 2 期，第 5 ~ 8 页。

[87] 尹迁光：《政府如何解决外部性问题》，载《四川财政》2002 年第 9 期，第 6 ~ 7 页。

[88] 尹栾玉：《中国社会性规制模式探析》，载《湖北经济学院学报》2006 年第 1 期，第 19 ~ 24 页。

[89] 伊兰伯格、史密斯：《现代劳动经济学》，潘功胜、刘昕译，中国人民大学出版社 1999 年版，第 221 ~ 240 页。

［90］阎星宇、吕春成：《规制制度变迁的理论基础》，载《山西财经大学学报》2003 年第 3 期，第 8～13 页。

［91］于良春等：《自然垄断与政府规制（基本理论与政策分析）》，经济科学出版社 2003 年版，第 33 页。

［92］钟开斌：《遵从与变通：煤矿安全监管中的地方行为分析》，载《公共管理学报》2006 年第 2 期，第 70～75 页。

［93］朱士华、丁丽：《政府激励机制设计模式探析》，载《玉林师范学院学报》（哲学社会科学版）2005 年第 2 期：第 8～11 页。

［94］朱杰堂：《现代激励理论在规范地方政府行为中的作用研究》，载《郑州航空工业管理学院学报》2001 年第 1 期，第 14～18 页。

［95］张宏军：《西方外部性理论研究述评》，载《经济问题》2007 年第 2 期，第 14～16 页。

［96］张嫚：《规制制度变迁及其对我国经济改革的启示》，载《东北财经大学学报》2001 年第 13 期，第 19～22 页。

［97］张维迎：《博弈论与信息经济学》，上海人民出版社 1996 年版，第 405 页。

［98］张建设、徐悠、王倩：《建筑业工亡赔偿实际值与法定值差异性分析》，载《工业安全与环保》2015 年第 8 期，第 67～69 页。

［99］植草益：《微观规制经济学》，朱绍文译，中国发展出版社 1994 年版，第 1 页。

［100］詹秋月：《西方激励理论的演进与发展》，载《商业经济》2007 年第 2 期，第 27～29 页。

［101］郑爱华、聂锐：《煤矿安全监管的动态博弈分析》，载《科技导报（北京）》2006 年第 1 期，第 38～40 页。

［102］曾海、曹羽茂、胡锡琴：《我国安全事故的经济学分析及对策》，载《经济体制改革》2006 年第 3 期，第 42 页。

［103］曾胜：《用博弈模型分析煤矿事故行为》，载《重庆三峡学院学报》2005 年第 2 期，第 82～84 页。

［104］周敏、肖忠海：《煤炭企业安全生产监管效能的博弈分析》，载《中国矿业大学学报》2006 年第 1 期，第 54～60 页。

［105］赵军、张兴凯、王云海：《我国煤矿安全生产法律法规实效分析》，载《中国安全生产科学技术》2007 年第 2 期，第 87～91 页。

[106] 钟开斌:《遵从与变通:煤矿安全监管中的地方行为分析》,载《公共管理》2006年第2期,第70~75页。

[107] 邹涛、肖兴志、李沙沙:《煤矿安全规制对煤炭行业生产率影响的实证》,载《中国工业经济》2015年第10期,第85~99页。

英文部分:

[1] Alan Marin, George Psacharopoulos. The Reward for Risk in the Labor Market: Evidence from the United Kingdom and a Reconciliation with Other Studies [J]. Journal of Political Economy, 1982, 90 (4): 827 - 853.

[2] Amihai Glazer, Henry McMillan. Pricing by the Firm Under Regulatory Threat [J]. The Quarterly Journal of Economics, 1992, 107 (3): 1089 - 1099.

[3] Arnold Jörg. "The Death of Sympathy." Coal Mining, Workplace Hazards, and the Politics of Risk in Britain, ca. 1970 - 1990 [J]. Historical Social Research/Historische Sozialforschung, Vol. 41, No. 1 (155), Risk as an Analytical category: Selected Studies in the Social History of the Twentieth Century (2016), pp. 91 - 110.

[4] Boal, William M. & John Pencavel. The Effects of Labor Unions on Employment, Wages and Days of Operation: Coal Mining in West Virginia [J]. The Quarterly Journal of Economics, 1994, 109 (1): 267 - 298.

[5] Bruce D. Meyer, W. Kip Viscusi & David L. Durbin. Workers' Compensation and Injury Duration: Evidence from a Natural Experiment [J]. The American Economic Review, 1995, 85 (3): 322 - 340.

[6] Bruce A. Williams, Albert R. Matheny. Testing Theories of Social Regulation: Hazardou Waste Regualtion in the American States [J]. The Journal of Politics, 1984, 46 (2): 428 - 458.

[7] BAuA. Working Programme 2007 - 2010 [EB/OL]. http://www.baua.de, 2007 - 4 - 6.

[8] Cary Coglianese, Jennifer Nash, Todd Olmstead. Performance - Based Regulation: Prospects and Limitations in Health, Safety and Environmental Protection [J]. Administrative Law Review, 2003 (4): 705 - 730.

[9] David Sappington. Strategic Firm Behavior under a Dynamic Regulatory Adjustment Process [J]. The Bell Journal of Economics, 1980, 11 (1): 360 - 372.

[10] David Sappington. Optimal Regulation of Research and Development under Imperfect Information [J]. The Bell Journal of Economics, 1982, 13 (2): 354 - 368.

[11] David Walters, Ton Wilthagen, Per Langaa Jensen. Regulating Health and Safety Management in the European Union [M]. Peter Lang Pub Inc, 2002: 110 - 125.

[12] Diamond Peter. Insurance Theoretic Aspects of Worker's of Compensation [M]. In Natural Resources, Uncertainty, and General Equilibrium System, New York, 1977: 56.

[13] Dixit, Avinash. Incentives and Organisations in the Public Sector [J]. Journal of Human Resources, 2002 (37): 697 - 727.

[14] Donoghue AM. The Design of Hazard Risk Assessment Matrices for Ranking Occupational Health Risks and Their Application in Mining and Minerals Processing [J]. Occupational Med, 2001 (51): 118 - 123.

[15] Edward S. Greenberg. Capitalism and the American Political Ideal [M]. Armonk, NY, 1985: 76 - 80.

[16] Estevao, Marcello & Saul Lauch. The Evolution of the Demand for Temporary Help Supply Employement in the United States [R]. National Bureau of Economic Research Working Paper 7427, 1999.

[17] European Agency for Safety and Health at Work. Priorities and Strategies in Occu-pational Safety and Health Policy in the Member States of the European Union [R]. Bilbao: European Agency for Safety and Health at Work, 1998.

[18] European Agency for Safety and Health at Work. Effectiveness of Economic Incentives to Improve Occupational Safety and Health [R]. Summary of a Workshop Organised by the European Agency for Safety and Health at Work as Part of a European Comference Held during the Dutch Presidency in 2004, 2004.

[19] Foley, Michael P.. Flexible Work, Hazardous Work: The Im-

pact of Temporary Work Arrangements on Occupational Safety and Health in Washington State, 1991 – 1996 [C]. Research in Human Capital and Development, 1998 (12): 123 – 147.

[20] H. Lorne Carmichael. Repuatations for Safety: Market Performance and Policy Rremedies [J]. Journal of Labor Economics, 1986, 4 (4): 458 – 472.

[21] Harriet Orcutt Duleep. Measuring the Effect of Income on Adult Mortality Using Longitudinal Administrative Record Data [J]. The Journal of Human Resources, 1986, 21 (2): 238 – 251.

[22] HSE (Health and Safety Executive). The Costs to Britain of Workplace Accidents and Work – Related Ill Health in 1995/96 [C]. Norwich (UK): HSE Books, 1999.

[23] Hunting, Katherine L., James L. Weeks. Transport Injuries in Small Coal Mines: An Exploratory Analysis [J]. American Journal of Industrial Medicine, 1993 (23): 391 – 406.

[24] John W. Mayo, Joseph E. Flynn. The Effects of Regulation on Research and Development: Theory and Evidence [J]. The Journal of Business, 1988, 61 (3): 321 – 336.

[25] Lanoie, Paul & Sophie Tavenas. Costs and Benefits of Preventing Workplace Accidents: The Case of Participatory Ergonomics [J]. Safety Science, 1996, 24 (3): 181 – 196.

[26] Loewenson, Rene. Assessment of the Health Impact of Occupational Risk in Africa: Current Situation and Methodological Issues [J]. Epidemiology, 1999, 10 (5): 632 – 639.

[27] Lutter, R., Morrall, J. S.. Health – Health Analysis: A New Way to Evaluate Health and Safety Regulations [A]. Working Paper, U. S. Office of Management and Budget, 1992.

[28] K. Robert Keiser. The New Regulation of Health and Safety [J]. Political Sciency Quarterly, 1980 (95): 479 – 491.

[29] Kathryn H. Anderson, Richard V. Burkhauser. The Retirement – Health Nexus: A New Measure of an Old Puzzle [J]. The Journal of Human Resources, 1985, 20 (3): 315 – 330.

[30] K. Robert Keiser. The New Regulation of Health and Safety [J]. Political Science Quarterly, 1980, 95 (3): 479 – 491.

[31] Mark Harcourt. Health and Safety Reform: A Review of Four Different Approaches [J]. Journal of Industrial Relations, 1996, 38 (3): 359 – 376.

[32] Michael Grossman. On the Concept of Health Capital and the Demand for Health [J]. The Journal of Political Economy, 1972, 80 (2): 223 – 255.

[33] Michael S. Lewis – Beck, John R. Alford. Can Government Regulate Safety? The Coal Mine Example [J]. The American Political Science Review, 1980, 74 (3): 745 – 756.

[34] Michael J. Moore, W. Kip Viscusi. Promoting Safety Through Workers' Compensation: The Efficacy and Net Wage Costs of Injury Insurance [J]. The RAND Journal of Economics, 1989, 20 (4): 499 – 515.

[35] Nichols Albert, Zeckhauser Richard. Government Comes to the Workplace: An Assessment of OSHA [J]. The Public Interest, 1977 (49): 39 – 69.

[36] Nathalie B. Simon, Maureen L. Crooper, Anna Alberini. Valuing Mortality Reductions in India A Study Compensating Wage Differentials [R]. Social Security and Risk Management, 1999.

[37] Oi Walter. On the Economics of Industrial Safey [J]. Law and Contemporary Problems, 1973 (38): 669 – 699.

[38] Pea Samuel. Workman's Compensation and Occupational Safety under Imperfect Information [J]. American Economic Review, 1981 (70): 80 – 92.

[39] Pedro, Antao, Soares. Fault – tree Models of Accident Scenarios of RoPax Vessels [J]. International Journal of Automation and Computing, 2006 (2): 107 – 116.

[40] Peter Dorman. The Economics of Safety, Health, and Well – Being at Work: An Overview, Infocus Program on Safework [A]. International Labour Organisation, The Evergreen State College, 2000.

[41] Pransky G, Snyder T, Dembe A, Himmelstein J. Under-report

of Working Disorders in the Work-place: A Case Study and Review of the Literature [J]. Ergonomics, 1999 (42): 171 - 182.

[42] Päivi Hämäläinen, Jukka Takala & Kaija Leena Saarela. Global Estimates of Occupational Accidents [J]. Safety Science, 2006 (44): 137 - 156.

[43] Peter Dorman. Three Preliminary Papers on the Economics of Occupational Safety and Health: An Introduction, Geneva [A]. The International Labour Organization, 2000.

[44] Robert S. Smith. The Feasibility of an "Injury Tax" Approach to Occupational Safety [J]. Law and Contemporary Problems, 1974, 38 (4): 730 - 744.

[45] Sam Peltzman. George Stigler's Contribution Economic Analysis of Regulation [J]. The Journal of Political Economy, 1993, 101 (5): 818 - 832.

[46] Shanmugan K. R. . Compensating Wage Differentials for Work Related Fatal and Injury Accidents [J]. The India Journal of Labour Economics, 1997 (40): 26.

[47] Sean M. Smith. Injuries from Falls to Lower Levels [J]. Monthly Labor Review, 2016 (8): 1 - 11.

[48] Spangenberg S. , Baart & C. Dyreborg, J. et al. Factors Contributing to the Differences in Work Related Injury Rates between Danish and Swedish Construction Workers [J]. Safety Science. 2003 (41): 517 - 530.

[49] Thaler Richard, Rosen Sherwin. The Value of Saving a Life: Evidence from the Labor Market. In Household Production and Consumption, New York, 1975: 86.

[50] The General Conference of the International Labour Organization, Occupational Safety and Health Convention [A]. Geneva, 1981.

[51] Thomas K. Bauer, Andreas Million, Ralph Rotte. Immigration Labor and Workplace Safety [R]. IZA Discussion Paper, 1999.

[52] Tierole, Jean. The Internal Organisation of Government [J]. Oxford Economic Papers, 1994 (46): 1 - 29.

[53] Tim Wright. The Political Economy of Coal Mine Disasters in

China' Your Rice Bowl or Your Life? [J]. The China Quarterly, 2004, 109 (1): 629 -646.

[54] Valentina Forastieri. Information Note on Women Workers and Gender Issues on Occupational Safety and Health [A]. International Labour Office, 1999.

[55] W. Kip Viscusi. Wealth Effects and Earnings Premiums for Job Harzards [J]. The Review of Economics and Statistics, 1978, 60 (3): 408 -416.

[56] W. Kip Viscusi. The Impact of Occupational Safety and Health Regulation [J]. The Bell Journal of Economics, 1979, 10 (1): 117 - 140.

[57] W. Kip Viscusi. Risk by choice: Regulating health and safety in the workplace [M]. Cambridge, MA.: Harvard University Press, 1983: 55.

[58] W. Kip Viscusi. Product Liability and Regulation: Establishing the Appropriate Institutional Division of Labor [J]. The American Economic Review, 1988, 78 (2): 300 -304.

[59] W. Kip Viscusi. The Value of Risks to Life and Health [J]. Journal of Economic Literature, 1993, 31 (4): 1912 -1946.

[60] W. Kip Viscusi. Mortality Effects of Regulatory Costs and Policy Evaluation Criteria [J]. The RAND Journal of Economics, 1994, 25 (1): 94 -109.

[61] W. Kip Viscusi, Wesley A. Magat & Joel Huber. Pricing Health Risks: Survey Assessment of Risk - Risk and Risk - Dollar Tradeoffs [J]. Journal of Enviorment Economics and Management, 1991, 21 (1): 32 - 51.

后　记

“人未有不学而知者。未知而学，学而后知不足，于是愈学，于是愈知不足，于是愈学，旋而复始，成长之道也。”书稿完成之时，我的心情正如孔子在《师道》解惑之责篇中写的这段话。职业安全与健康规制是我在读博士期间的主要研究方向，尽管已经学习了很多年，却愈发感到自己的不足。这部书稿是在博士毕业论文的基础上经过修改而成，通过补充职业安全与健康规制领域的最新内容，查阅国外发达国家和地区的相关资料以及最新的法律法规，结合中国职业安全与健康领域的实际情况，期望通过自己的研究为保障劳动者的安全尽一份绵薄之力。书稿写作中我遇到了很多困难，在查阅资料、理清思路和结构设计等方面得到了恩师的指点、家人与朋友的帮助。

首先，要感谢我的博士生导师林木西教授，老师不但帮助我完成学业，还为我提供进一步研究的机会和空间。同时，非常感谢相关工作人员，为出版此书付出很多辛苦和努力！

其次，要感谢家人的支持与鼓励，让我有前进的动力和克服困难的勇气。其中，要特别感谢完成书稿期间陪伴左右的小儿子，希望和你一同学习，共同成长！

最后，要感谢所有在职业安全与健康规制领域不断研究的专家和学者们，让我有机会分享研究成果和学习经验，在求知路上不断得到新的启发！

“吾生也有涯，而知也无涯。”希望未来自己能够不断精进学业，取得更大进步！

张秋秋
2017 年 10 月